国家出版基金项目
NATIONAL PUBLICATION FOUNDATION

"十三五"国家重点出版物出版规划项目

海 洋 生 态 文 明 建 设 丛 书

基于生态系统的
海岛保护与利用规划理论与实践

张志卫　丰爱平　吴桑云　马德毅　主编

U0195439

海洋出版社

2017年·北京

图书在版编目(CIP)数据

基于生态系统的海岛保护与利用规划理论与实践 /
张志卫等主编. —北京：海洋出版社，2017.3

ISBN 978-7-5027-9534-4

Ⅰ. ①基… Ⅱ. ①张… Ⅲ. ①岛－资源保护－研究－
中国 ②岛－资源利用－研究－中国 Ⅳ. ①P74

中国版本图书馆CIP数据核字(2016)第158467号

责任编辑：苏　勤　安　森
责任印制：赵麟苏

海洋出版社 出版发行

http://www.oceanpress.com.cn

北京市海淀区大慧寺路 8 号　　邮编：100081
北京朝阳印刷厂有限责任公司印刷　　新华书店经销
2017 年 3 月第 1 版　　2017 年 3 月北京第 1 次印刷
开本：889 mm × 1194 mm　1 / 16　印张：20.25
字数：440 千字　　定价：168.00 元
发行部：010-62132549　邮购部：010-68038093　总编室：010-62114335
海洋版图书印、装错误可随时退换

编委会

EDITORIAL COMMITTEE

前 言
FOREWORD

海岛系指四面环海水并在高潮时高于水面的自然形成的陆地区域。在我国管辖海域中，散布大小近万个海岛，海岛岸线总长约 16 700 km，总面积近 $8 \times 10^4 \ km^2$，这些海岛不仅是我国领土的重要组成部分，也是我国重要的生产、生活、生态空间和载体。

我国海岛开发利用的历史源远流长，海岛的资源、环境、经济、军事、权益等价值早就被认知并利用。据王琪等（2011）研究，我国海岛的开发利用经历了渔获采拾、舟楫渔盐获取、航运军事利用以及综合利用等几个阶段，开发方式与开发对象随着时代变迁而发展。早在新石器时代，我国先民就在海岛上采拾贝类并生活，据考证，6000 年前，我国长海县就有人在岛上渔猎耕耘，繁衍生息；商周、秦汉时期，随着需求拓展、生产工具提升和航海技术的发展，海岛作为封地、渔盐获利之地、探索海洋中转之地等功能初步发挥；乃至隋、唐、宋，因倡行海运、开放门户，海岛的航运中转功能得到开发，使许多距岸较远的海岛出现了人类活动；至元、明，海岛军事、权益价值得到认识并利用，海岛"卫所"建设开始；降至明末、清，由于受东南倭患、海盗等海疆问题影响，"海禁""迁界"实施，海岛开发活动逐步受限或中断，更有甚者，鸦片战争发生后，我国一些海岛被强制割让或租用；其后至新中国成立，海岛开发利用虽有心无力，但海洋、海岛的管理在延续。新中国成立初期，海岛特殊价值得到了进一步认识，由军民共同将许多具有重要军事价值的海岛开发成为"不沉的航空母舰"，一些近岸海岛的开发利用渐次兴起；但一些海岛也出现了"谁占有、谁开发、谁使用"的混乱状态。改革开放后，随着沿海对外开放扩大与深入，党和国家对海岛开发保护日益重视。国家经委发布了《关于进一步开发建设海岛的意见》；1988 年，由国家科委、国家计委、国家海洋局、农业部、总参谋部共同组成全国海岛资源综合调查领导小组，对我国管辖范围内所有海岛（主要是面积大于 $500 \ m^2$ 的海岛）的环境要素、自然资源以及开发状况等实施了全方位调查，并开展了海岛开发试验。1999 年，国家海洋局又分批建立了 11 个海岛管理试验点。也就是在这一时期，早期海岛无序开发所导致的诸多问题如管理权限不明、开发方式粗放、生态破坏时有发生甚至海岛灭失等开始显现；恰恰也是在这一时期，一方面公众对于海岛生态系统脆弱性认识在逐步提高，另一方面对海岛利用的需求随着我国经济社会快速发展亦在不断上升，加强海岛开发利用与保护的呼声日益高涨。由此，国家和地方相继出台了一系列法规，对海岛的保护、开发、建设与管理予以规范。2003年国家海洋局、民政部和总参谋部联合下发《无居民海岛保护与利用管理规定》；随后，各省（区、市）和计划单列市相继制定了符合当地实际情况的管理制度。2010年3月1日，《中华人民共和国海岛保护法》（简称《海岛保护法》）颁布实施，该法是我国第一部全面加强海岛保护与管理、规范海岛开发利用秩序的法律，具有里程碑意义。《海岛保护法》进一步强化了对海岛的生态保护和自然资源的合理开发利用；首次确立了海岛保护的原则，即"科学规划，保护优先，合理开发，永续利用"；规定了五项重要的海岛保护基本制度，即海岛保护规划制度、海岛生态保护制度、无居民海岛权属及有偿使用制度、特殊用途海岛保护制度和监督检查制度。

既然海岛保护规划是《海岛保护法》确定的一项法定制度，海岛保护规划的地位如何，规划体系如何构建，如何编制，如何实施管理等一系列问题就成为海岛保护规划编制、实施与管理的关键问题所在。毫无疑问，海岛保护规划是海洋空间规划的一种。海洋空间规划自20世纪50年代末作为一种海洋管理工具提出以来，已经走过了近60年的历程。从最初的单纯以保护海洋环境和人类健康为目的，发展至现在，海洋空间规划已经成为基于生态系统的海洋管理工具之一，同时考虑环境、社会和生态目标，以保护生态过程和空间，保证生态系统支持社会经济发展能力，保障可持续发展为最终目的。事实上，所有空间规划就是基于公共利益规范空间利用，通过规划制定的原则和方案对空间保护与利用进行分配；对开发的控制，是为确保新的开发行为符合特定空间（如城市、海域、海岛等）长远发展的目标；规划的形式越来越适应动态发展的需要，而规划的内容则涵盖了综合目标的空间政策。2006年11月，联合国教科文组织召开了关于利用海洋空间规划手段实施生态系统为基础的海域使用管理的第一次国际研讨会。会议根据各国的海洋空间规划管理实践，总结提出了部分建议：① 海洋空间规划是以生态系统为基础的海洋管理的一个组成部分，区划只是海洋空间规划和海域使用管理手段之一，实际的海域管理需要运用各种法规性和非法规性的手段；② 海洋空间利用的利益相关者参与到管理计划的制订和执行的全过程对管理计划的成效至关重要；③ 跟踪监测和评估是海洋空间规划过程的关键因素；④ 制订海洋空间规划需要调查掌握全面的空间定位清楚的海洋生态系统特征、用海行为及权限信息数据（王权明等，2008）。因此，根据空间规划尤其是海洋空间规划的基本思想和发展趋势，可以将海岛保护规划定义为：海岛保护规划是一种海岛生态系统保护的政策性工具，针对特定区域内的一个或多个海岛，基于一定的战略目标，对空间上的保护与利用进行安排与分配以及为了达到这种安排与分配所部署的一系列行动或措施。海岛保护规划的目标是，基于公共利益规范海岛保护以及无居民海岛利用；特别的，无居民海岛利用通过单岛规划制定的原则和方案进行分配和控制；确保在海岛上新的利用行为符合区域长远发展的目标。

　　所有空间规划重点解决的是，空间发展战略目标如何确定、空间分类与分区如何合理安排、规划技术资料如何快速获取和管理三方面的问题。有鉴于此，2008 年，《海岛保护法》尚在全国人民代表大会审议过程中，国家海洋局第一海洋研究所联合相关单位提出了"基于生态系统的海岛保护与利用规划编制技术及应用示范研究"（项目编号：200905004）项目建议，得到了国家海洋局科学技术司的大力支持，并于 2009 年安排海洋公益性行业专项经费项目予以支持。应该说，国家海洋局科学技术司在《海岛保护法》即将出台之际，安排海岛保护规划编制技术研究非常具有前瞻性，也符合海洋公益性行业专项经费项目要"支持行业性基础性、前瞻性技术研究"的宗旨。该项目于 2009 年 10 月启动，国家海洋局第一海洋研究所为牵头单位，国家海洋局第二海洋研究所、国家海洋局第三海洋研究所、国家海洋环境监测中心、国家海洋技术中心、福建海洋研究所、中国科学院海洋研究所 6 家单位为协作单位，共同承担项目研究工作。该项目的实施，以"基于生态系统的管理"理念为指导，以已有海岛调查包括"我国近海海洋综合调查与评价"专项（908 专项）调查资料为基础，补充必要的调研和调查，就我国不同类型海岛生态特征及存在的问题和开发类型进行了梳理；重点就海岛保护与利用规划编制技术体系、空间分区方法等进行了探索，以期为我国全面制定并实施海岛保护规划制度提供理论与技术支撑。本书就是该项目研究成果的总结。

　　本书综合了项目研究团队多年来对我国海岛资源环境特征、海岛保护与利用规划技术、海岛与保护利用政策及海岛保护规划示范应用的研究成果。全书分为 3 篇，共 12 章。第 1 篇为绪论篇，主要对我国海岛生态系统及开发保护概况进行描述。第 2 篇为技术篇，分析了我国海岛保护与利用规划的总体框架，对海岛保护规划编制的主要技术方法进行介绍，重点阐述了无居民海岛功能分类判别技术、可利用无居民海岛保护与利用分区技术、海岛生态管理与监测技术、海岛规划中遥感技术的应用、海岛规划管理信息系统等；第 3 篇为应用篇，介绍了上述主要技术应用与实现过程。本书提纲由马德毅、吴桑云提出，由多位作者通力合作而成，执笔人分别为：丰爱平、张志卫（第 1 章）；张志卫、丰爱平、吴桑云、马德毅、刘大海（第 2 章）；胡灯进、涂振顺、杨顺良、刘述锡（第 3 章）；张永华、初佳兰、王卫平（第 4 章）；齐连明、李晓冬、张祥国、吴姗姗、许莉（第 5 章）；黄海军、严立文、刘艳霞（第 6 章）；苏天赟、张君珏、康婧、王晶（第 7 章）；赵嘉新、贾建军、蔡廷禄、寿鹿、顾海峰、廖连招（第 8 章）；赵锦霞、王晶、文彤、谷东起（第 9 章）；王晶、张志卫、赵锦霞（第 10 章）；初佳兰、刘述锡、王卫平（第 11 章）；王卫平、刘述锡、初佳兰（第 12 章）；全书由张志卫、丰爱平统稿，吴桑云和马德毅审稿。

　　在项目实施和本书编写过程中，得到了国家海洋局科学技术司、政策法制与岛屿权益司，辽宁、河北、山东、浙江、福建、广西等多地海洋行政主管部门的大力支持；国家海洋局第一海洋研究所丁德文院士、中国海洋大学李永祺教授、大连海事大学栾维新教授、国家海洋局海岛研究中心蔡锋研究员等在项目立项、咨询、成果编制过程中提出了许多真知灼见；感谢海洋出版社的编辑，由于她们的细心编辑，精益求精，本书才得以顺利出版。还有很多部门和单位的领导、专家对本书的编写、出版提供了大量的帮助，难以一一列举，在此一并致谢！

由于编著者在知识积累、文献储备和研究能力方面的欠缺，本书还有许多不完善的地方，甚至还存在谬误，敬请读者诸君批评指正。

编　者

2015 年 5 月

目　次
CONTENTS

第3篇 应用篇

第1篇 绪 论

第1章　我国海岛生态系统及开发保护概况^①

1.1　海岛数量、面积与岸线长度

根据"我国近海海洋综合调查与评价"专项（下称908专项）海岛调查确认，全国海岛总数为10 312个，分布在沿海14个省（自治区、直辖市、特别行政区），49个副省级和地级市，168个县（市、区）。

我国海岛分布不均，若以各海区分布的海岛数量而论，东海最多，约占66%；南海次之，约占25%；黄海居第三位，渤海最少。若以省级行政区海岛分布的数量而论，浙江海岛数量最多，3 820个，约占我国海岛总数的37%；其次是福建，约占21%；往下依次是广东、广西、海南、山东、辽宁、台湾、香港、河北、江苏、上海、澳门、天津（图1-1）。

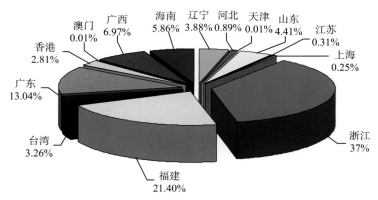

图1-1　全国分省区海岛数量分布

从海岛社会属性来看，绝大部分海岛为无居民海岛，有居民海岛仅569个，占海岛总数的5.6%。大陆沿海11个省（自治区、直辖市）有居民海岛526个，其中省级、副省级和地（市）级政府驻地岛3个，县（市、区）级政府驻地岛13个，乡（镇、街道）级政府驻地岛82个，村级岛和自然村岛428个（表1-1）。

表1-1　我国海岛数量统计表（按社会属性分类）

省级行政区	有居民海岛（个）						无居民海岛（个）	合计
	省级	地市级	县级	乡级	村级及其他	合计		
辽宁			1	9	33	43	359	402
河北		0	0	0	0	0	92	92

---

① 本章中数据除特别说明来源的，均引自"我国近海海洋综合调查与评价"专项（908专项）成果数据。

续　表

省级行政区	有居民海岛（个）						无居民海岛（个）	合计
	省级	地市级	县级	乡级	村级及其他	合计		
天津			0	0	0	0	1	1
山东			1	8	25	34	422	456
江苏			0	1	3	4	28	32
上海			1	2	0	3	23	26
浙江		1	3	32	217	253	3 567	3 820
福建		1	3	16	79	99	2 116	2 215
台湾			2	7	16	25	312	337
广东			2	9	37	48	1 302	1 350
香港	1		0	2	14	17	274	291
澳门			0	0	1	1	0	1
广西			1	2	13	16	705	721
海南	1		1	3	21	26	580	606
合计	2	2	15	91	459	569	9 743	10 312

注：除香港岛以外，香港、澳门地区的其他有居民海岛归入其他类。

从海岛面积大小来看，面积大于 2 500 km² 的特大岛仅 2 个；面积介于 100 km² 与 2 500 km² 之间的大岛 15 个；面积介于 5 km² 与 100 km² 之间的中岛 134 个；面积小于 5 km² 的小岛和微型岛数量最多，约占我国海岛总数的 98%（表 1–2）。

此外，从海岛成因来看，基岩岛的数量最多，占海岛总数的 92.7%；堆积岛的数量次之，占 4.1%，主要分布在渤海和一些河口区；珊瑚岛数量较少，占 2.5%，主要分布在台湾海峡以南海区；火山岛数量最少，主要分布在台湾岛周边，包括钓鱼岛及其附属岛屿等。

从海岛分布位置来看，大部分海岛分布在沿岸区域，距离大陆岸线小于 10 km 的海岛，占海岛总数的 66% 以上；距离大陆岸线大于 100 km 的远岸岛，约占 5%。在沿岸海岛中，有 845 个海岛通过不同方式（桥梁、堤坝、隧道）直接或间接地与大陆相连，占海岛总数的 8.2%。

表1–2　我国海岛数量统计表（按面积大小分类）

省区	特大岛 > 2500 km²	大岛 100~2500 km²	中岛 5~100 km²	小岛			微型岛 < 500 m²	合计
				500 m²至 5 km²	其中			
					1~5 km²	500 m²至1 km²		
辽宁		1	10	345	18	327	46	402
河北			2	82	5	77	8	92
天津				1		1		1
山东			8	345	12	333	103	456
江苏		1	2	18	2	16	11	32
上海			2	6	18	3	15	26

续 表

省区	特大岛 > 2500 km²	大岛 100～2500 km²	中岛 5～100 km²	小岛			微型岛 < 500 m²	合计
				500 m²至 5 km²	其中			
					1～5 km²	500 m²至1 km²		
浙江		2	39	3 418	79	3339	361	3 820
福建		4	20	1 452	36	1416	739	2 215
台湾	1		8	218	10	208	110	337
广东		5	23	782	43	739	540	1 350
香港		1	5	239	14	225	46	291
澳门			1	0				1
广西			8	676	6	670	37	721
海南	1		2	386	10	376	217	606
合计	2	15	134	7 955	236	7 719	2 206	10 312
比例	0.02%	0.15%	1.30%	77.14%	2.29%	74.85%	21.39%	100.00%

从海岛面积的分布来看，全国海岛总面积 77 224.3 km²。其中，有居民海岛面积 7 473.0 km²，占海岛总面积的 9.6%。从各省（自治区、直辖市、特别行政区）来看，浙江省海岛面积最大，其次为上海市（表 1–3）。

表1–3　全国分省海岛面积统计表

单位：km²

省级行政区	第一次海岛调查 （1990年，不含港 澳台）	908专项调查海岛面积			
		有居民海岛	无居民海岛	合计	
				含港澳台	不含港澳台
辽宁	191.5	485.0	16.4	501.4	501.4
河北	8.4	0.0	69.6	69.6	69.6
天津	0.0	0.0	0.0	0.0	0.0
山东	136.3	81.7	29.6	111.3	111.3
江苏	36.5	46.4	12.6	59.0	59.0
上海	1 276.2	1 478.4	72.1	1 550.4	1 550.4
浙江	1 940.4	1 730.6	87.5	1 818.0	1 818.0
福建	1 400.1	1 107.8	48.0	1 155.8	1 155.8
台湾	—	193.3	13.9	207.2	
广东	1 599.9	1 342.1	130.1	1 472.2	1 472.2
香港	—	262.3	47.1	309.4	
澳门	—	17.2	0.0	17.2	

续　表

省级行政区	第一次海岛调查（1990年，不含港澳台）	908专项调查海岛面积				
		有居民海岛	无居民海岛	合计		
				含港澳台	不含港澳台	
广西	67.1	137.0	18.6	155.6	155.6	
海南	48.7	33.4	18.9	52.2	52.2	
合计	6 690.8	6 915.2	564.3	7 473.0	6 939.2	

注：未包括台湾岛、海南岛，且部分省际间争议海岛面积存在重复计算。

　　据 908 专项海岛调查统计，全国海岛岸线长度 16 775.4 km。从各省（自治区、直辖市、特别行政区）来看，浙江省海岛岸线最长，其次为福建省（图 1–2）。

　　从海岛岸线类型来看，基岩岸线最长，约占海岛岸线的 61%，其次是人工岸线约占 26%，砂砾质岸线约占 10%，粉砂淤泥质岸线仅占约 3%（图 1–3）。

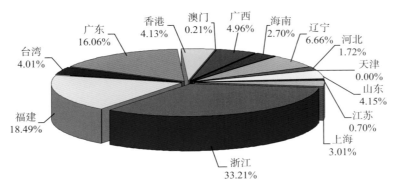

图1-2　全国海岛岸线长度分布

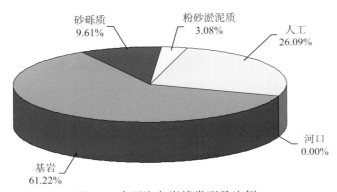

图1-3　全国海岛岸线类型及比例

1.2　海岛环境概况

1.2.1　海岛气候

　　我国海岛跨越热带、亚热带和温带三个气候带。由于地理位置的不同，各岛气候不仅受到纬度的影响，也受到大陆和海洋的影响。因此，各岛的气候特征、气象要素的分布和变化差异比较大。由于海岛四周被海水所包围，受海洋暖湿气流的影响，海岛的气候特征，如气温年较差、年降水量、降水的季节变化、湿度、云量、雾日以及日照百分率等都和内陆有明显的差异。一般情况下，海岛的大陆度小于内陆，海岛气温的日、年较差较内陆小，蒸发量大于内陆（图1-4），海岛气温变化的位相落后于内陆。

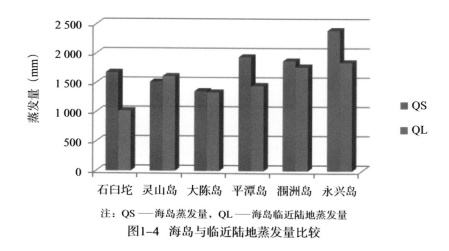

注：QS——海岛蒸发量，QL——海岛临近陆地蒸发量

图1-4 海岛与临近陆地蒸发量比较

由于海岛之间地理位置的差别，形成了各自的气候特征。

渤海、黄海各岛：一年四季分明。冬季严寒、少雨雪；春季，冷暖多变，风多雨少；夏季，温差高，湿度大，降水多；秋季，天高云淡，风和日丽。各岛日照充足，降水量较少，风和降水有明显的季节变化。灾害天气比较重，以大风、暴雨、大雾和干旱为主。

东海各岛：该区气候和渤海、黄海区基本相似，除最南部区域无冬季外，四季分明，气温比较高。冬季无严寒，夏季少酷暑，光照充足，降水充沛，无霜期长，灾害性天气比较严重，南部受热带气旋影响较重。

台湾海峡及南海北部海域：该区属亚热带和热带季风气候，光照充足，热量丰富，终年气温较高，长夏无冬，基本无霜冻，季风较明显，降水充沛，干湿季分明，降水集中在湿季，多灾害性天气。

西沙、南沙群岛：光照时间长，气温高，全年都为夏季，降水比较多，干、湿季分明，灾害天气比较频繁，多热带气旋、暴雨、大风和干旱。

1.2.2 海岛地质地貌

我国海岛，特别是基岩岛，其形态、面积、地质构造、矿产资源等均受沿海大地构造和地质的影响。地质构造是形成海岛的内营力。中生代的印支运动，为海岛的分布轴向奠定了基础，强烈的地壳运动，形成了一系列NE向的隆起和坳陷带，决定了我国海岛分布的基本方向。燕山运动早期，大规模的酸性岩浆侵入活动，形成了较多由花岗岩体构成的隆起。喜马拉雅运动产生了一系列EW向断裂，把NE向隆起带分裂成若干个孤立的山地，决定了我国海岛分布位置的概貌。第四纪冰后期，海平面逐渐上升，使原来与大陆相连的低陆地变为浅海大陆架，当时较高的山地、丘陵露出海面形成海岛，这时候我国海岛的基本形态和面貌就形成了。

我国海岛水文地质条件受地质构造、地貌、大气降水、地层岩性、植被覆盖和海面升降等因素的控制，再加上人为干扰，地质条件十分脆弱，地表水和地下水资源都相当贫乏。我国海岛由于分散孤立，降水量小于大陆地区，降水量季节分布不均，集水面积小，拦蓄条件差，地表水往往大部分流失，得不到很好的利用。由于降水季节不均，往往形成冬春季干旱。我国海岛地下水资源总量较低，主要由松散岩类孔隙水、碎屑岩类孔隙水、碳酸岩类孔隙水和基岩裂隙水四种类型组成。

受到内外应力的联合影响，我国海岛地貌类型齐全，虽不如大陆地貌典型，然而大陆有的地貌类型，海岛上大都存在。主要有侵蚀剥蚀地貌、冲积地貌、洪积地貌、火山地貌、地震地貌、海成地貌、风成地貌、黄土地貌、重力地貌、冰川地貌和人工地貌等。我国海岛地貌类型多样，但其分布也具有一定的规律性，海岛的中部一般高度最大，在较大较高的基岩岛中心，分布各种侵蚀剥蚀山丘。水系从海岛中央向周围放射状排列，在山丘出口形成洪积、冲积扇和各种平原；再向外，是以侵蚀基岩海岸为主要特征的潮间带地貌。在较小较低的冲积岛地区，一般中部是风成丘、沙地及贝壳沙坝；其周围则是潟湖、海滩、沙堤、潮滩等潮间带地貌。

我国海岛第四纪沉积类型比较齐全，与海岸带相比，由于包括台湾岛的中央地区，增加了冰川和冰缘沉积等，因而第四纪沉积类型更丰富。总体上可划分为黄、渤海海岛沉积区、东海海岛沉积区和南海海岛沉积区三个大区，每区可分为基岩岛和冲积岛（生物堆积岛）两个亚类。

1.2.3 植被与土壤

我国沿海 11 个省（自治区、直辖市）海岛植被面积经过初步统计，共有 398 837 hm²，是非常可观的海岛资源。其中海岛植被面积最大的省市为浙江省，占全国海岛植被总面积的 30.22%，其次为广东省和福建省，各占 22.79% 和 19.16%，最低的省市为河北省和天津市，不到 1%。从植物的类型来看，我国海岛植被的主要类型为人工植被（包括草本栽培植被和木本栽培植被），占总面积的约 40%，其次为阔叶林和草丛，均

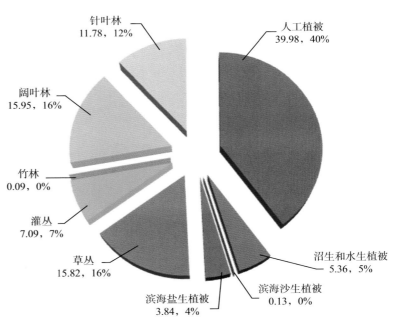

图1-5　我国海岛植被类型的面积百分比

为约 16%，面积百分比最低的类型为滨海沙生植被和竹林，不到 1%（图1-5）。纵观全国海岛植被种类组成、生活型及层次结构特点，综合反映在植被外貌形态上。全国海岛植被现状

均以次生性植被为典型特点。其群落结构则以针叶林、草丛和农作物群落为主体。各岛种类组成单一。但全国海岛跨越热带，亚热带和温带等不同的生物气候带，水、热条件悬殊，地表基质又不尽相同，因此在整体上看，全国海岛发育着多种多样的植被类型。

全国海岛土壤资源具有如下特点：

① 土壤资源数量小。例如广东省，全省的海岛总土壤面积不及大陆一个普通县的土地总面积。海岛土壤资源虽少，但海岛是开发海洋的桥头堡，地位十分重要。

② 土壤类型较陆地少。在沿海地区滨海沉积物上发育的土壤有滨海盐土和滨海砂土。在海岛周围受海流和风浪的冲刷，土壤发育受阻，属于发育的初始阶段，成为石质土。以广东省为例，根据 1989 年广东省海岸带和海涂资源调查成果，全省海岛土壤可划分为 7 个类型 17 个亚类 35 个土属，这些土壤包括陆域土壤和潮间带土壤。各类土壤中以赤红壤和滨海盐土面积最大。

③ 各海岛之间土壤资源数量悬殊。由于各海岛面积千差万别，导致海岛土壤面积大小相差悬殊，表现在海岛中各类土壤比例不一，人均占有土壤资源大小悬殊。

1.2.4 土地利用

全国海岛土地利用总面积为 685 132.15 hm²。从类型来看，以林地为最多，面积达到了 194 156.33 hm²，占到了总面积的 28%；其次是耕地，面积达到了 183 359.13 hm²，占到了总面积的 27%；再次是水利设施用地和住宅用地，分别占到了总面积的约 11% 和约 9%；其他类型相对较少，最少的为公共设施用地，面积仅为 8.1 hm²（图 1-6）。

从地域分布上来看，浙江省海岛土地利用面积最大，为 181 991.57 hm²，占到了总面积的 26%；其次是福建省和上海市，都占到了总面积的 23%；再次是广东省，占到了总面积的 15%；最少的是天津市，面积仅为 5.36 hm²。

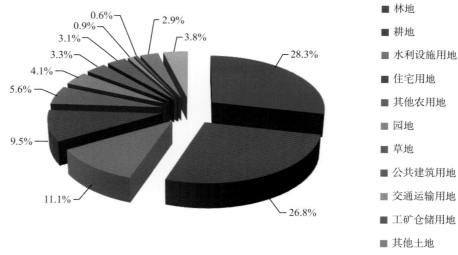

图1-6 全国海岛土地利用类型面积比例

1.2.5　潮间带

我国潮间带类型分为：岩滩、砾石滩、砂质海滩、粉砂淤泥质滩（潮滩）和生物滩。从各类型潮间带面积来看：我国海岛粉砂淤泥质滩面积最大，为 1 345.16 km^2，占潮间带总面积的 68%；砂质海滩和岩滩的面积分居二、三位，分别为 402.67 km^2 和 184.83 km^2；砾石滩面积最小，为 24.95 km^2，仅占潮间带总面积的 1%；生物滩面积较砾石滩面积略大，为 47.03 km^2。从沿海各省海岛潮间带面积来看：由于各省海岛数量以及海岛海岸类型存在较大的差异，因此其拥有的潮间带类型和面积存在较大的不同。其中以福建省的海岛潮间带面积最大，达到 474.62 km^2，占全国海岛潮间带总面积的 20%。

我国海岛潮间带底质主要由 12 种类型组成，由固结到松散、由粗到细分别为：基岩、珊瑚礁、砾石、砂砾、砂、砂质粉砂、粉砂质砂、黏土质砂、砂 – 粉砂 – 黏土、粉砂、黏土质粉砂和粉砂质黏土。其中砂类沉积物可进一步划分为砾砂、粗砂、粗中砂、中粗砂、中砂、细中砂、中细砂、细砂 8 种类型。基岩类底质类型在我国大多数基岩岛都有分布；珊瑚礁类底质类型仅分布在广西、海南两地珊瑚滩上；砾石主要在海岛周边的砾石滩分布；砂砾通常发育在砂砾滩以及沙滩和岩滩的过渡地带；砂是海岛砂质海滩分布最广泛的底质沉积物类型；粉砂质砂和砂质粉砂为海岛上沙泥混合滩的主要底质类型，常分布在粉砂淤泥质海岸的沿岸海岛向陆侧的沙泥混合滩以及较大型离岸海岛的背风、背浪面的海湾湾顶处的沙泥混合滩上；黏土质砂在海岛潮间带上分布较少，仅在部分沿岸海岛的海滩和潮滩的过渡处有小面积分布；粉砂、黏土质粉砂、粉砂质黏土为海岛上粉砂淤泥质滩的主要底质类型；砂 – 粉砂 – 黏土为典型的沙泥混合滩沉积物类型，多分布在水动力环境较弱且物质来源较复杂的海岛港湾区域。

全国海岛潮间带沉积物中有机质的平均含量为 0.59%，其含量在 0 ~ 13.02% 之间；石油类的含量在未检出至 2 228×10^{-6} 之间，平均值为 33.03×10^{-6}；总氮的含量在未检出至 0.91% 之间，平均值为 0.05%；总磷的含量在未检出至 0.26% 之间，平均值为 0.05%；硫化物的含量变化较大，在未检出至 424×10^{-6} 之间，平均值为 34.5×10^{-6}。沉积物中汞的含量在未检出至 8.25×10^{-6} 之间，平均值为 0.06×10^{-6}；铜的含量在未检出至 443.9×10^{-6} 之间，平均值为 22.3×10^{-6}；铅的含量在未检出至 315.0×10^{-6} 之间，平均值为 25.3×10^{-6}；锌的含量在未检出至 416.7×10^{-6} 之间，平均值为 65.2×10^{-6}；镉的含量在未检出至 3.09×10^{-6} 之间，平均值为 0.19×10^{-6}；铬的含量在未检出至 396.9×10^{-6} 之间，平均值为 38.48×10^{-6}；砷的含量在未检出至 198.0×10^{-6} 之间，平均值为 10.84×10^{-6}。

全国各主要海岛潮间带沉积物环境总体尚可，但普遍受到氮、磷的污染，重金属污染状况有所改善，但在局部海岛依然较为严重。综合指数评价结果表明，全国各省市海岛潮间带沉积化学环境质量目前都处于环境允许范围内，但浙江省和辽宁省各海岛的综合污染状况较为严重。此外，上海市的横沙岛和长兴岛、浙江省的大榭岛、福建省的湄洲岛和紫泥岛重金属污染较为严重，应引起重视。

全国海岛调查鉴定出潮间带大型底栖生物 1 470 种。在这 1 470 种潮间带大型底栖生物中，软体动物最多为 497 种，占所有种类的 33.8%；其次是甲壳类的 334 种，占所有种类的 23.4%；多毛类 303 种，占所有种类的 20.6%；其余还有大型藻类 166 种（占 11.3%），其他类 120 种（8.2%）和棘皮动物 40 种（2.7%）。

1.2.6 海岛周边海域

根据 2006—2007 年调查资料，中国近海共出现海洋生物 9 812 种，其中包括 31 个水母新种和 11 个微生物新种。由于不同生物类群的生态习性、繁殖方式、活动能力和生物栖息环境密切相关，因此，生物物种多样性在不同海区、不同季节分布均有变化。中国近海海洋生物种类分布特征为：随着纬度的降低，生物多样性明显上升，海洋生物种数明显增加，即由渤海向南海，海洋生物种类数呈明显上升趋势。海洋生物数量分布的总趋势是黄海、渤海高于东海和南海，通常又以黄海的生物数量为最高。但不同类型的生物，其数量空间分布有不同的特点。

根据 908 专项我国近海海洋化学调查研究成果《中国近海海洋 —— 海洋化学》（暨卫东主编），我国近海几种主要营养盐具有明显的时空变化特征。

渤海各主要营养盐存在明显的季节变化，硝酸盐夏季最低，春、秋和冬季三个季节硝酸盐含量平均值相近，含量季节变化由高至低依次为：春季、冬季、秋季、夏季。亚硝酸盐夏季含量最高，平均值的季节变化由高至低依次为：夏季、秋季、春季、冬季。铵盐夏季含量最高，平均值的季节变化由高至低依次为：夏季、春季、秋季、冬季。活性磷酸盐的季节变化与硝酸盐相似，夏季含量最低，平均值的季节变化由高至低依次为：冬季、春季、秋季、夏季。活性硅酸盐含量平均值的季节变化由高至低依次为：夏季、冬季、秋季、春季。

黄海各主要营养盐存在明显的季节变化，硝酸盐含量由高至低依次分别为：秋季、冬季、春季、夏季；亚硝酸盐含量由高至低依次为：秋季、夏季、冬季、春季；铵盐含量由高至低依次为：夏季、春季、冬季、秋季；活性磷酸盐含量由高至低依次为：冬季、秋季、春季、夏季；活性硅酸盐含量由高至低依次为：冬季、秋季、春季、夏季。

东海不同季节各主要营养盐含量较为接近，硝酸盐冬季含量略高，其他三个季节相似，由高至低依次为：冬季、春季、秋季、夏季；亚硝酸盐含量秋季最高，冬季最低，含量由高至低依次为：秋季、春季、夏季、冬季；铵盐夏季与冬季相同，秋季最低，含量由高至低依次为：夏季＝冬季、春季、秋季；活性磷酸盐秋季与冬季相同，春季最低，含量由高至低依次为：秋季＝冬季、夏季、春季；活性硅酸盐的季节变化含量由高至低依次为：秋季、夏季、冬季、春季。

南海各主要营养盐存在明显的季节变化，硝酸盐夏季最高，秋季和冬季略低于夏季，春季硝酸盐含量最低，显著低于其他三个季节，季节变化由高至低依次为：夏季、秋季、冬季、春季；亚硝酸盐含量秋季最高，夏季最低，季节变化由高至低依次为：秋季、春季、冬季、夏季。铵盐含量春季最高，冬季最低，季节变化由高至低依次为：春季、夏季、秋季、冬季；活性磷酸盐的季节变化由高至低依次为：秋季、冬季、夏季、春季；活性硅酸盐的季节变化由高至低依次为：夏季、秋季、冬季、春季。

1.3 无居民海岛利用状况

无居民海岛所处的环境条件和地理位置与有居民的中心大岛或大陆不同，大多面积小而且分散，受海水环绕和地域空间狭小的限制，绝大部分无居民海岛尚未开发。随着陆上资源的日益枯竭，人们把发展的眼光自然投向占地球表面71%的海洋，而作为海洋开发桥头堡的海岛更是关注的焦点所在。目前我国无居民海岛的开发利用基本处于无序状态，具有很大的随意性，致使一些无居民海岛的自然生态环境等遭到损害甚至破坏。有些小岛由于自然变化或人为随意挖砂、炸礁等面临灭顶之灾。有许多小岛是渔民季节性利用地，由于缺乏管理，酷渔滥捕，已使岛屿陆域资源和邻近海域渔业资源趋于枯竭。

根据全国海岛地名普查的最新成果,我国已开发利用的无居民海岛总数达到3 000多个(表1-4)，利用方式以渔业用岛为主，其次为公用服务用岛、农林牧业用岛、其他类型等，旅游娱乐用岛和工业交通用岛所占比例较小。

表1-4　全国海岛开发利用无居民海岛分类统计表

所属省	海岛开发利用状况分类										
	保护区内海岛	渔业	农林牧业	旅游娱乐	历史文化遗迹	公共服务	工业仓储	交通运输	城乡建设	可再生能源	其他用途
辽宁省	48	136	29	28	5	44	27	5	2	17	78
河北省	1	1	1	3		3	1	4		2	2
天津市			1	1		1		1		1	
山东省	21	152	26	21	8	79	4	28	3	48	26
山东江苏争议		3		3	2	2		3		1	
江苏省		2	1	2	1	8	1	5		3	1
上海市	2		1			3		2			1
浙江省	116	145	299	70	22	506	45	150	17	6	87
浙江福建争议		1									
福建省	43	415	68	27	18	258	31	97	20	9	208
广东省	59	97	32	30	27	178	13	73	2	6	132
广西壮族自治区		377	150	9	3	11		36	4		18
海南省	7	52	20	17	5	28		8		1	41
总计	297	1 381	627	211	92	1 121	122	412	48	94	594

注：表中的开发利用分类统计有重复，如1个海岛存在多种开发利用情况时重复统计。

① 渔业用岛。依托海岛从事渔业养殖生产活动在无居民海岛上非常常见，主要方式有直接利用四周海岸及周围海域从事增养殖生产；在海岛上修建养殖看护房屋、育苗场房及相关设施、工厂化养殖生产；利用海岛筑坝围海进行池塘养殖，甚至直接在海岛上开挖土石方进行围海筑坝建造养殖池塘。这些用海方式致使部分海岛的形貌、生态系统和环境条件遭受破坏，甚至造成海岛灭失。

② 公用服务用岛。为适应军事和航海的需要，我国沿海有比较完善的航标设施，以浙江省为例，浙江省绝大多数的航标和灯塔均建在无居民海岛上，岱山境内已有25个无居民海岛设置了航标并完善了设施，为保障航海安全和国家海洋权益起到了积极的作用。

③ 农林牧业用岛。在众多的无居民海岛中，有些具有良好的植被及淡水等资源条件，附近居民上岛进行种植作物、放养等方面开发活动，也有的充分利用其较好的自然环境和当地条件，进行野生牲畜养殖，为人们提供丰富的野味食物。

④ 海洋保护区。我国已建设海岛类保护区（国家级和地方级）大约有 50 个，北起大连海王九岛海洋景观自然保护区，南至西南中沙群岛自然保护区。保护对象多种多样，有地质地貌、无居民海岛、野生动植物、珍稀濒危动植物、种质资源、文化遗迹等。根据生态经济原则，有选择地划定各种类型的自然保护区：如湿地自然保护区、海滩沿海自然保护区、珍稀与濒危动物自然保护区、原始自然保护区等进行规划保护。

⑤ 旅游娱乐用岛。利用有些无居民海岛环境幽静、山林奇景、鸟语花香之特色，构建适应当地气候条件的生态系统，吸引人们观光旅游、踏青观景，以此为依托开展旅游度假等商业性活动。如舟山市的五峙山鸟岛、普陀区的后门山、嵊泗县的里小山岛等。

1.4 海岛生态系统特征

海岛生态系统，是年轻的兼有陆地和海洋特征的生态系统。从海岛成因看，我国海岛 93% 是大陆岛，海面上升淹没周围陆地形成海岛。海岛平均面积约 0.725 km²，海岛的岸线面积率 1.788 2，陆地则为 0.001 8。

海岛陆地生态系统与海洋关系密切。

从气候上看，海岛气候均属大陆性季风气候，受海洋暖湿气流影响，气候大陆度均大于 50%，气温日较差和年较差较内陆要小；气候变化位相落后于内陆；蒸发量大于内陆。

从植被类型上看，我国海岛植被的主要类型为人工植被（包括草本栽培植被和木本栽培植被），其次为阔叶林和草丛，面积百分比最低的类型为滨海沙生植被和竹林，不到 1%。海岛植物物种多样性贫乏、植被类型单调，以适应性强、分布广的灌木和草本植物占优势。耐干旱、耐瘠薄的树种，旱生性的灌丛或稀疏灌草丛成为海岛主要植被类型。海岛植被种类较陆地少，海岛数量最多的浙江省，根据海岛调查记录维管植物 2 014 种，而陆地至少有 4 550 种，海岛的植物种类只有陆地的 44%；福建省海岛植物种类 1 558 种，陆地有 4 839 种，海岛的植物种类只有陆地的 32%。

从土壤理化性质上看，根据中国科学院南京土壤研究所周静（2003）的研究成果，海岛土壤 pH 值、盐基饱和度、粉黏比、黏粒的硅铝率和硅铁铝率比同纬度相邻陆域土壤高，土体红化率、黏化率比相邻陆域土壤低；海岛土壤区别于陆域土壤的最明显特征是其具有复盐基作用；成土过程的强度均是在海岛低于同纬度相邻的陆域土壤。

从淡水分布上看，海岛地貌多低丘，汇水面积小，地表水少，加之蒸发量大，淡水资源较陆地贫乏。

海岛生态系统人工干预更强。我国海岛植被中，人工植被占近 40%。根据 908 专项调查结果，海岛土地利用总面积占海岛土地总面积的 95.6%，而全国为 69.1%；除去林地、草地，海岛其他类型土地利用总面积为 60.5%，而全国仅为 17.7%。海岛利用程度较全国平均水平强度大。无居民海岛中已经开发利用的有 3 000 多个，已开发利用无居民海岛的海岛总面积 397 km²，占我国无居民海岛总面积的 71.7%。

我国众多海岛的成因、形态各不相同，气候、水文、生物、地质、地貌等条件各有差异，因而构成了各异的生态系统。海岛四周被海水包围，每个海岛都相对地成为一个独立的生态环境地域小单元。其岛陆、岛滩和环岛浅海分别构成不同类型的生态环境，都具有独特的生物群落，保存了一大批珍稀物种，形成了独立的生态系统；又因海岛面积狭小，土地单薄贫瘠，地域结构简单，又与大陆分离，物种来源受到限制，生物系统的生物多样性相对较少，稳定性较差，生态系统十分脆弱，极易受到侵害。

1.5　小　结

本章参考我国 908 专项调查的相关成果，对我国海岛数量、面积与岸线长度，环境概况、无居民海岛利用状况等进行了概述，在此基础上对海岛生态系统的特征进行了分析，为基于生态系统的海岛保护与利用规划编制技术研究及应用示范的开展奠定了基础。

第2篇 技术篇

第2章 海岛保护与利用规划的总体设计

2010年3月1日我国正式实施了《海岛保护法》。这是我国第一部全面加强海岛保护与管理，规范海岛开发利用秩序的法律，具有里程碑意义。《海岛保护法》强化了对海岛的生态保护；促进了海岛自然资源的合理开发利用；切实维护了国家海洋权益；首次确立了海岛保护的原则，即"科学规划，保护优先，合理开发，永续利用"。该法规定了五项重要的海岛保护基本制度，即海岛保护规划制度、海岛生态保护制度、无居民海岛权属及有偿使用制度、特殊用途海岛保护制度和监督检查制度，明确了海岛保护和利用活动应当符合海岛保护规划、无居民海岛属国家所有、无居民海岛利用要报省级人民政府或者国务院审批并缴纳使用金等一系列重大问题。

既然海岛保护规划是《海岛保护法》确定的一项法定制度，海岛保护规划的地位如何，规划体系如何构建，如何编制，如何实施管理等一系列问题就成为海岛保护规划编制、实施与管理的关键问题，也是本研究要解决的问题。

2.1 海岛保护与利用规划的基础理论

2.1.1 海岛保护与利用规划的概念

规划是人们以思考为依据，安排其行为的过程。其往往有两层含义：一是描绘未来，规划是人们根据现在的认识对未来目标和发展状态的构想；二是行为决策，即实现未来目标或达到未来发展状态的行动顺序和步骤的决策。这两层含义也体现了规划的动静结合的性质，其对未来的描绘即规划的定位，是静的内容，其行为决策是规划的实施过程，是动的内容。

海岛保护与利用规划是海洋空间规划的一种。海洋空间规划自20世纪50年代末作为一种海洋管理工具提出以来，已经走过近60年的历程。从最初的单纯以保护海洋环境和人类健康为目的，发展至现在，海洋空间规划已经成为基于生态系统的海洋管理工具之一，同时考虑环境、社会和生态目标，以保护生态过程和空间，保证生态系统支持社会经济发展能力，保障可持续发展为最终目的。事实上，所有空间规划就是基于公共利益规范空间利用，通过规划制定的原则和方案对空间保护与利用进行分配；对开发的控制，是为确保新的开发行为符合特定空间（如城市、海域、海岛等）长远发展的目标；规划的形式越来越适应动态发展的需要，而规划的内容则涵盖了综合目标的空间政策。2006年11月，联合国教科文组织召开了关于利用海洋空间规划手段实施生态系统为基础的海域使用管理的第一次国际研讨会。会议根据各国的海洋空间规划管理实践，总结提出了部分建议：海洋空间规划是以生态系统为基础的海洋管理的一个组成部分，区划只是海洋空间规划和海域使用管理手段之一，实际的海域管理需要运用各种法规性和非法规性的手段；海洋空间利用的利益相关者参与到管理计划的制订和执行的全过程对管理计划的成效至关重要；跟踪监测和评估是海洋空间规划过程的关键因素；制订海洋空间规划需要调查掌握全面的空间定位清楚的海洋生态系统特征、用海行为及权限信息数据。因此，根据空间规划尤其是海洋空间规划的基本思想、发展趋势，可以将海岛保护规划定义为：海岛保护规划是一种海岛生态系统保护的政策性工具，针对特定区域内的一个或多个海岛，基于一定的战略目标，对空间上的保护与利用进行安排与分配以及为了达到这种安排与分配所部署的一系列行动或措施。海岛保护规划的目标是，基于公共利益规范海岛保护以及无居民海岛利用；特别的，无居民海岛利用通过单岛规划制定的原则和方案进行分配和控制；确保在海岛上新的利用行为符合区域长远发展的目标。

2.1.2　海岛保护与利用规划的特点

海岛保护与利用规划除了具备规划工作的目的性、前瞻性和动态性等共同特点外，因其规划区域的特殊性，使得其本身还具有以下几个显著的特点。

（1）综合性

海岛保护与利用规划的综合性主要体现在以下几个方面。

规划内容广泛，涉及海岛内的各个部门各个方面。海岛是一个开放性的由自然、社会、经济系统组成的复杂巨系统，每个子系统又可划分为若干个子系统及诸多的组成要素。海岛保护与利用规划要涉及海岛内的自然、经济、社会、人民生活等各个领域，涉及工业、农业、建筑业、旅游娱乐、交通运输业等社会经济的各个部门，而社会经济的各个部门又都有其各自的专业规划。海岛保护与利用规划要全面协调好海岛内各个系统之间、各个组成部门之间关系。

海岛保护与利用规划的思维方法着重综合评价、综合分析论证，强调各个部门之间、海岛与海岛之间、海岛与大陆之间的相互协调，更要立足于海岛本身的实际情况，注重海岛经济发展与生态环境保护之间的关系，全面地权衡利弊，综合分析论证，实现海岛地区的可持续发展。

海岛保护与利用规划的决策，是多方向、多目标、多方案比选的结果。海岛保护与利用规划要特别注重发挥海岛的地域优势和区位优势，合理开发利用海岛资源，而海岛资源的开发利用往往存在着多种可能性。一个海岛是发展渔业岛、交通用岛还是仓储用岛，或是禁止开发，其方案往往不是唯一的，任何一个方案都能描绘出海岛发展的多种多样的未来蓝图。最后的决策往往是在多方面、多目标、多方案的综合比较中遴选出来。

（2）战略性

海岛规划是战略性的规划，它主要体现在以下方面。

规划的跨度时间长。一般而言，海岛保护与利用规划的期限都在 10 年以上，可以展望到20 年甚至更长的时间以后。由于规划的时间长，必然要求规划的方案有明显的超前性，但又要有近期的重点内容，使得海岛保护与利用规划方案既能知道近期海岛地区发展内容，又可保持远近结合，实现可持续发展。

规划关注的问题是宏观的、全局性的、海岛与海岛之间需要协调的关键性的重大问题。因此，海岛保护与利用规划总是从长远着眼，从宏观着想，讲求区域的整体效益，对于单个海岛的保护与利用规划更应是融入到该海岛所在区域的发展中。

（3）地域性

海岛保护与利用规划的地域性，主要包括以下两方面的意义。

地方特色。海岛作为一种特殊的地理形态，其差别千变万化，基岩岛、泥沙岛；有居民岛、无居民岛；远岸岛、近岸岛等。各岛都有其各自的特殊性，海岛保护与利用规划要因地制宜，扬长避短。

保持规划的完整性。海岛保护与利用规划可包括单个海岛的保护与利用规划，也包括岛群的海岛保护与利用规划及区域性的海岛保护与利用规划，单个海岛的保护与利用规划的编制必须与岛群及附近大陆区域的规划一致，下级规划与上位规划一致，保证规划体系的完整性。

（4）层次性

根据海岛保护管理的不同层级，海岛保护与利用规划也是具有层次性的，可分为全国海岛保护规划、省级海岛保护规划、可开发利用无居民海岛保护与利用规划等。其中全国海岛保护规划是全国海岛保护和利用活动的依据，沿海各省、自治区、直辖市人民政府要依据规划确定的目标和要求，组织制定省级海岛保护规划。省级海岛保护规划应涵盖本身海域范围内所有海岛，包括有居民海岛和无居民海岛。根据海岛保护法的要求，沿海县级人民政府可以组织编制全国海岛保护规划确定的可利用无居民海岛的保护和利用规划。

2.1.3 海岛保护与利用规划的内容

海岛保护与利用规划是描绘海岛区域发展的远景蓝图，是经济建设的总体部署，涉及面很广，内容庞杂。其内容总结起来，主要有以下几方面的内容。

（1）海岛发展定位与发展目标

海岛发展定位的内容包括：发展性质和功能定位，经济增长与社会发展定位，经济竞争力和可持续发展的综合评估与目标定位等。其中功能和确定发展目标是最主要的内容，这部分内容属于海岛保护与利用规划的顶层设计。

（2）海岛保护与利用分类

国家实施海岛的分类管理制度。海岛分类管理是海岛保护规划的基本原则，海岛保护规划要根据海岛的区位、资源与环境、保护与利用现状、基础设施条件等特征，兼顾保护与发展实际，对本省海岛实施分类保护与管理。结合《省级海岛保护规划编制技术导则》（试行），将省级海岛保护与利用规划体系分为三级十小类。

（3）海岛的分区保护

海岛的分区保护是海岛保护与利用规划制度的另一项重要举措。在省级海岛保护与利用规划编制时，各省需根据海岛数量、自然地理属性、生态功能的相关性和属地管理的便捷性等实际情况，确定是否有必要对海岛进行分区管理。有必要的，应确定分区依据，突出区域资源的优越性，论述各分区的状况、范围、主导功能、兼顾功能和发展方向，区内各个海岛的功能应与主导功能兼容，并且不影响主导功能的发展。明确海岛保护的措施和要求。

（4）海岛重点工程建设

为保证海岛保护规划目标的实现，解决海岛开发、建设、保护中的重大问题，应根据海岛地区资源、环境、生态系统的特点，确定需要完成的重点工程。重点工程的内容可涵盖海岛资源调查、生态系统保护、整治修复、可再生能源利用、特殊海岛保护等方面。

（5）海岛保护与利用的专项支撑体系

海岛保护与利用的专项支撑体系规划往往包括经济结构与产业布局、基础设施规划、综合防灾规划等，根据各不同层级及不同实际情况，可对海岛专项支撑体系规划的内容，进行适当增减。

经济结构和产业布局：区域经济结构包括生产结构、消费结构和就业结构等多方面的内容。海岛保护与利用规划以生产结构的分析和制定为重点。从大区域产业分工、市场变化的趋势以及海岛自身条件出发，根据市场需求，提出调整海岛经济结构和推进协调发展的思路，明确海岛地区发展的产业优势，设计相应的产业链，建设产业集群，协调好各产业部门的空间布局。

基础设施规划：基础设施是经济发展和人民生活正常进行的必要的物质条件，也是经济社会发展现代化水平的重要标志，具有先导性、基础性、公用性的特点。基础设施大体上分为生产性基础设施和社会性基础设施两大类。生产性基础设施在海岛地区目前往往面临基础设施建设不完善、居民生活不便的问题，如电力问题、饮用水问题等。

2.1.4 海岛保护规划的定位

2.1.4.1 在我国规划体系中的定位

规划体系是指从不同角度表述规划内容而组成的相互衔接、相互补充和相互影响的各类规划的有机结合体。国民经济和社会发展规划是我国规划体系中的统领性规划。其规划管理体系包括三级三类。即按行政层级分为国家级规划、省（区、市）级规划、市县级规划，按对象和功能类别分为总体规划、专项规划和区域规划。

总体规划是指总体性的规划，对于我国现阶段来说，国民经济和社会发展规划作为国家加强和改善宏观调控的重要手段，是国家层级的总体规划。专项规划是以国民经济和社会发展特定领域为对象编制的规划，是总体规划在特定领域的细化，也是政府指导该领域发展以及审批、核准重大项目，安排政府投资和财政支出预算，制定特定领域相关政策的依据。各类专项规划围绕国民经济和社会发展规划分别定位、功能互补、统一衔接。而国家级专项规划中的重点专项规划的对象是关系国民经济和社会发展全局的特定领域，包括城镇化、能源、水利、科技、教育、文化和综合交通等领域。

区域规划是为实现一定地区范围的开发和建设目标而进行的部署。例如，山东半岛蓝色经济区发展规划、黄河三角洲高效生态经济区发展规划、江苏沿海地区发展规划、珠江三角洲地区改革发展规划纲要和关于支持福建省加快建设海峡西岸经济区的若干意见等。《海岛保护法》中提出应依据国民经济和社会发展规划编制海岛保护规划，意味着国民经济和社会发展规划是海岛保护规划的前提和条件。海岛保护规划是以海岛开发、建设、保护与管理领域为对象的专项规划，是国民经济和社会发展规划在海岛保护领域的细化。总体规划比较宏观而具有指导性，海岛则为关系国民经济和社会发展全局的特定领域之一，因此，海岛保护规划更加具体，二者是依据关系。

2.1.4.2 在海洋规划体系中的定位

2008年国务院批准的《国家海洋事业发展规划纲要》是新中国成立以来首次发布的海洋领域总体规划，是海洋事业发展新的里程碑，对促进海洋事业的全面、协调、可持续发展和加快建设海洋强国具有重要的指导意义。《国家海洋事业发展规划纲要》在国家层面，属于关系国民经济和社会发展全局的国家级重点专项规划；在国家海洋领域，它是总体规划。

根据《海洋规划管理办法（草稿）》，海岛保护规划体系在我国海洋规划体系中的定位见图2-1。

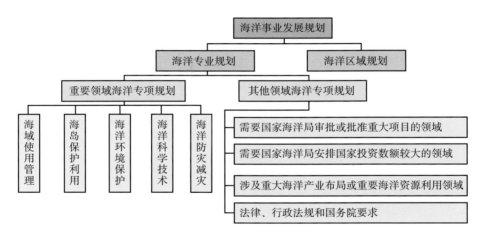

图2-1 海岛保护规划体系

综上所述，在国家层面，《全国海岛保护规划》属于国家级专项规划，但不属于重点专项规划。在海洋领域，《全国海岛保护规划》是海洋事业发展规划纲要在海岛保护领域的细化。

2.1.4.3 在法律体系中的规划定位

在我国规划体系中，有一些规划体系是按照法律规定建立的，如城乡规划法和土地管理法。要弄清海岛保护规划的定位以及其他规划的层级关系，首先要确定海岛保护法与这些法的关系。

我国的法规体系是以宪法为顶端的锥状网络结构。一方面海岛保护法体系是其中的一个支系，受上位宪法的制约；另一方面海岛保护法是仅次于宪法、处于第二位阶的法律，属于行政法系，是上位宪法在海岛保护领域的补充与完善，是海岛保护领域的核心法律。

海岛保护法与宪法是纵向关联，与城市、土地和道路等对象的国家法规是横向关联、地位平等，应相互衔接。这主要是由于海岛保护法所涉及的对象——海岛，尤其是有居民的海岛是一个复合的空间范围，其中包括城市、土地、建筑、道路、文物和水资源等，海岛保护法与这些对象的相关法律存在密切联系。就法律地位而言，这些法的地位是相等的，但分属于不同的部门，应相互衔接。

2.1.5　海岛保护规划与其他规划的层级关系

2.1.5.1　与城乡规划的层级关系

海岛保护规划与城乡规划的关系是规划制订过程中需要重点解决的突出问题。一方面，城乡规划法是"十一五"阶段才逐步完善出台的新法，其在规划衔接、法律关系和词语规范等方面具有其先进性；另一方面，其与海岛保护规划存在交叉的地方比较多。这是因为海岛尤其是有居民海岛是一个复合的空间范围，其中包括城市、建筑、道路、文物和水资源等。

两个规划相互交叉、相互联系。因此，海岛保护规划与城乡规划是法律地位平等的规划，由不同的政府部门编制，两者在原则、衔接、分类分区和详细规划等方面都是相互衔接的。

2.1.5.2　与海洋功能区划的层级关系

《海岛保护法》第九条明确规定：国务院海洋主管部门会同本级人民政府有关部门、军事机关，依据国民经济和社会发展规划、全国海洋功能区划，组织编制全国海岛保护规划，报国务院审批。因此，《全国海岛保护规划》应依据全国海洋功能区划编制。海洋功能区划与主体功能区划类似，带有空间区划性质，具有基础性、综合性和客观性三点共性。从某种意义上说，空间区划是自然和社会发展到一定阶段的表现形式，是基于自然条件的客观体现。从规划关系角度分析，海岛保护规划依据海洋功能区划，但不代表海岛保护规划的层级低于海洋功能区划，这是我国的空间区划体系主要基于自然地理条件和资源禀赋编制，而我国规划体系主要基于社会经济发展编制。前者为空间尺度，后者为时间尺度，时间尺度一直在变化，而空间尺度则相对固定，很少剧烈变化，因此，我国的规划体系自上而下均依据空间区划。但这里的依据与规划间的依据内涵不同。规划领域的依据其内涵代表着上下级关系，而区划和空间性的规划所用的依据其内涵并不能充分代表上下级的关系。因此，海岛保护规划与海洋功能区划法律地位平等，但在具体操作中，海岛保护规划应依据具有空间区划性质的海洋功能区划，两者应相互衔接。

2.1.5.3　与海洋环境规划的层级关系

海岛保护法和海洋环境保护法提及的海洋自然保护区概念没有区别，但海洋环境保护法中所管理的海洋自然保护区范围更广。海洋环境保护法中明确提出国家根据海洋功能区划制定全国海洋环境保护规划，但目前全国海洋环境保护规划尚未正式出台。鉴于全国海岛保护规划出台指日可待，今后在制定全国海洋环境保护规划时，应当加强与全国海岛保护规划的衔接。

2.1.5.4　与海洋经济规划的层级关系

2003 年正式发布的全国海洋经济发展规划纲要其对象是海洋经济，没有专门的上位法，但其在"十二五"规划中具有单列一章的重要地位。规划纲要涉及的主要海洋产业有海洋渔业、海洋交通运输、海洋石油天然气、滨海旅游、海洋船舶、海盐及海洋化工、海水淡化及综合利用和海洋生物医药等；涉及的区域为我国的内水、领海、毗连区、专属经济区、大陆架以及我国管辖的其他海域（未包括我国港、澳、台地区）和我国在国际海底区域的矿区。其规划期为2001—2010年，目前新一轮全国海洋经济发展规划纲要正在制定当中。应当说其目标、内容均与全国海岛保护规划有较大区别。综合分析，全国海洋经济发展规划纲要与海岛保护规划是同级规划。在法律层面，全国海洋经济发展规划纲要的重要性不及海岛保护规划，但在规划层级的重要性要高于海岛保护规划，两者应相互衔接。

2.1.5.5 与海水利用规划的层级关系

2006年发布的海水利用专项规划是国家级专项规划，作为较早的国家级专项规划，海水利用专项规划甚至早于海洋事业规划，具有一定的特殊性，它与海岛保护规划地位相等。我国很多海岛都缺乏淡水资源，因此在海岛上加大海水综合利用是大势所趋。海岛保护规划的十大工程之一是海岛淡水资源保护与利用工程，其目标是保护海岛资源，保障有居民海岛居民生活用水，逐步解决生产用水需求。因此两者联系密切，应加强两者之间的衔接工作。

2.2 海岛保护规划体系构成

为加强对海岛的保护，2009年12月第十一届全国人民代表大会常务委员会通过的《海岛保护法》明确指出：国家实行海岛保护规划制度。海岛保护规划是从事海岛保护、利用活动的依据。按照规定，我国的海岛保护规划制度分为三级三类：三级是指国家级规划、省级规划和市县级规划；三类是指海岛保护规划、海岛保护专项规划和可利用无居民海岛的保护和利用规划。其中，位于最顶端的是全国海岛保护规划，该规划由国务院审批，国务院海洋主管部门会同本级人民政府有关部门、军事机关组织编制。

《海岛保护法》同时规定，制定海岛保护规划应当遵循有利于保护和改善海岛及其周边海域生态系统，促进海岛经济社会可持续发展的原则。这是因为，海岛生态系统是由海岛及其周边海域的生物群落和非生物环境共同构成的动态平衡系统，具有敏感性、脆弱性、复杂性和高流动性等特点。其中敏感性和脆弱性是海岛的特殊性所在，也是其管理的难点所在，决定了陆地上条块分割的管理模式不完全适用于海岛。海岛在生态系统上的特殊性，决定海岛管理应该吸收国际先进的综合管理理念，以生态系统为基础，加强统筹，科学规划，系统规范海岛生态保护和无居民海岛使用，实现海岛的全面协调和可持续发展。

《海岛保护法》于2010年3月1日起开始实施，这是我国为全面加强海岛开发、建设、保护和管理，彻底解决海岛开发利用中问题的关键举措，作为与海岛保护法配套的全国海岛保护规划也正在审批当中。可以预见，未来10年将是我国经济社会发展的重要战略机遇期，也是资源环境约束加剧的矛盾凸显期。保护与管理海岛资源的挑战和机遇并存，海岛生态破坏严重，海岛数量正在减少，无居民海岛被非法占用，这些问题还在威胁着海岛。当前，应积极探索海岛利用的新模式，尽快完成各级各类海岛各项保护规划编制和审批工作，逐步完善海岛保护规划体系，统筹海岛资源的保护和利用，以保护海岛及其周边海域生态系统，合理开发利用海岛自然资源，维护国家海洋权益，促进经济社会可持续发展。

2.2.1 海岛保护规划的层级

党的十七届五中全会和"十二五"规划建议中，反复提到加强"顶层设计"这一全新的概念。顶层设计这一概念来自于"系统工程学"，其字面含义是自高端开始的总体构想。换句话说，在系统工程学中，顶层实际是指理念与实践之间的"蓝图"，总的特点是具有"整体明确性"和"具体的可操作性"，在实践过程中能够"按图施工"，避免各自为政造成工程建设工程中的混乱无序。

从工程学角度来讲，顶层设计是一项工程"整体理念"的具体化。例如，要完成某一项大工程，就要实现理念一致、功能协调、结构统一、资源共享、部件标准化等系统论的方法，从全局出发，对项目的各个层次、要素进行统筹考虑。其着眼于要把做的事情看作一项系统工程，把事物的整体性和可操作性有机结合起来，进行统筹思考和规划。系统是由若干要素以一定结构形式连接构成的具有某种功能的有机整体，一个系统由许多要素共同组成，另一方面，每个要素本身又是更小的要素组成的系统，只是在母系统中作为子系统存在罢了。因此，对待顶层设计应该视为整体设计、系统设计。从其理论内涵的特点来看，主要体现在以下三个方面。

① 整体主义战略。在根据任务需求确定核心或终极目标后，"顶层设计"的所有子系统、分任务单元都不折不扣地指向和围绕核心目标，当每一个环节的技术标准与工作任务都执行到位时，就会产生顶层设计所预期的整体效应。

② 缜密的理性思维。"顶层设计"是自高端开始的"自上而下"的设计，但这种"上"并不是凭空建构，而是源于并高于实践，是对实践经验和感性认识的理性提升。它能够成功的关键就在于通过缜密的理性主义思维，在理想与实现、可能性与现实性之间绘制了一张精确的、可控的"蓝图"，并通过实践使之得到完美的实现。

③ 强调执行力。"顶层设计"的整体主义战略确定以及"蓝图"绘就以后，如果没有准确到位的执行，必然只是海市蜃楼。因此，"顶层设计"的执行过程中，实际上体现了精细化管理和全面质量管理战略，强调执行，注重细节，注重各环节之间的互动与衔接。每个相对独立的系统都可以有自己的顶层设计，都要对顶层设计负起责任，同时不同层级的顶层设计，都要有一个统一的核心的思想。对海岛保护与利用规划而言，把全国的海岛作为一个系统，国家海洋管理部门就是顶层设计的责任人；把省、市、县分别看作系统，各省、市、县也应该有自己的顶层设计。

为加强对全国海岛保护与利用管理工作的宏观调控与管制，"全国、省、市、县"四级海岛保护与利用规划的编制纵向上应该是在明确顶层设计的前提下，从"宏观指导、调控"渐变到"明确安排与实施"的过程，因此海岛保护与利用规划编制的技术路线应以"自上而下"为主，同时积极发挥各级地方政府的主动性并充分考虑利益相关者的利益，以"自下而上"为辅，既要从国家海岛开发利用的需求及海岛保护的目的出发，逐步分解落实到省级、市级及县级，高一层级的海岛保护与利用规划是下一级规划编制的依据，下一级海岛保护与利用规划是上一级规划的具体落实，最终形成一个"全覆盖、多尺度、多层次"的综合区划体系。为此，不同层级的海岛保护与利用规划的定位及主要任务见表 2-1。

表2-1 不同层级海岛保护规划的定位

海岛保护与利用规划层级	功能定位
全国海岛保护规划	全国海岛保护与利用活动的依据，全国沿海省、市、区要依据规划确定的目标和要求，组织制定省级海岛保护规划
省级海岛保护与利用规划	依据上位规划，确定海岛的分类、分区，安排海岛重点保护工程
市、县级海岛保护与利用规划	落实上位海岛保护规划的要求，明确海岛保护与利用的方向
单岛保护与利用规划	海岛保护与利用工作的落实性文件，确定按照海岛保护规划的要求开发利用海岛

2.2.1.1 全国海岛保护规划

依据《海岛保护法》等法律法规、国民经济和社会发展规划、全国海洋功能区划，结合全国土地利用总体规划纲要（2006—2020年）、国家海洋事业发展规划等相关规划，我国制订了《全国海岛保护规划》（以下简称《规划》）。该《规划》经中华人民共和国国务院批准，2012年4月19日国家海洋局正式公布。《规划》分现状与形势，指导思想、基本原则和规划目标，海岛分类保护，海岛分区保护，重点工程，规划实施保障措施6部分。

《规划》是全国海岛保护和利用活动的依据，沿海各省、自治区、直辖市人民政府要依据《规划》确定的目标和要求，组织制订省级海岛保护规划。加强无居民海岛使用权登记发证管理，对不符合海岛保护规划的已用海岛项目要提出停工、拆除、迁至或关闭的时间要求，新建工程项目必须符合海岛保护规划，严格规范海岛开发秩序。

2.2.1.2 省级海岛保护规划

根据《海岛保护法》，沿海省、自治区人民政府海洋主管部门会同本级人民政府有关部门、军事机关，依据全国海岛保护规划、省域城镇体系规划和省、自治区土地利用总体规划，组织编制省域海岛保护规划，报省、自治区人民政府审批，并报国务院备案。

编制省级海岛保护规划，应当以科学发展观为指导，以建设资源节约型和环境友好型社会为目标，围绕海洋产业经济和地区经济统筹发展的要求，体现以岛促海、以点带面的思想，坚持因地制宜、循序渐进、统筹兼顾、协调发展的基本原则，促进海岛经济与生态环境全面协调发展。

省级海岛保护规划的规划区范围应为整个省（直辖市、自治区）域管辖海岛范围。规划期限与国民经济发展规划相适应，分近期、远期两个阶段，近期期限为5年，远期期限原则上为20年，基础数据一般以规划编制的前一年为准。

省级海岛保护规划的主要任务目标是：落实全国海岛保护规划、省级国民经济与社会发展规划、省域城镇体系规划、省级土地利用总体规划、省级海洋功能区规划等相关规划提出的要求，在生态保护优先的前提下，分析海岛开发利用与保护现状，从海岛资源禀赋、区位交通、生态环境敏感性等方面，评估海岛开发利用价值，综合考虑海岛沿岸地区对海岛开发利用的影响，明确海岛开发利用和保护的基本思路及策略，提出省域海岛的分区、分类保护与利用要求，合理部署支撑海岛分区、分类发展的交通、产业、重大市政基础设施等方面的专项规划，提出省域岛群开发与利用的若干重点项目、工程和产品，并对省域主要海岛（群）提出保护与开发利用规划指引。

省级海岛保护规划的主要内容有海岛保护的目标和原则，海岛分类保护的具体措施，海岛分区原则、保护的主要方向和措施，海岛重点保护工程以及规划实施的保障措施。

2.2.1.3 单个可利用无居民海岛保护与利用规划

根据《海岛保护法》，沿海县级人民政府可以组织编制全国海岛保护规划确定的可利用无居民海岛的保护和利用规划。单个可利用无居民海岛保护与利用规划，应与国民经济和社会发展规划、海洋功能区规划、土地利用总体规划、城市总体规划等规划相协调。

单个可利用无居民海岛保护与利用规划，其规划范围一般为海岛岛体及海岛大陆架所属范围。对周边空间距离较近、功能可以互补的邻近海岛，也可根据需要，将其纳入规划范围进行整体性规划。

单个可利用无居民海岛保护与利用规划，其规划期限应与国民经济发展规划相适应，分近期、远期两个阶段，近期期限为 5 年，远期期限原则上为 20 年，基础数据一般以规划编制的前一年为准。

单个可利用无居民海岛保护与利用规划的主要任务目标是：落实上层次相关规划提出的对本海岛的规划要求，协调国民经济和社会发展规划、城乡规划、土地利用规划、海洋功能区划等相关规划，综合评估海岛生态承载能力，确定海岛的发展定位、开发利用方向、发展规模和空间发展形态，提出海岛开发地块的开发强度控制要求，统筹安排基础设施及服务设施，制定综合防灾规划要求，提出海岛开发与利用的若干重点项目以及海岛保护的相关政策措施，实现海岛的合理发展和良性保护。

单个可利用无居民海岛保护与利用规划的主要内容应包括：海岛发展基础条件分析、相关规划影响评价、区域发展协调分析、海岛发展目标定位、海岛土地利用分类结构、海岛分区控制、海岛生态环境保护与建设规划、海岛岸线保护与利用规划、海岛基础设施建设规划以及海岛重点工程建设等内容

2.2.1.4 其他专项规划

根据海岛开发利用的实际及特点等，还可编制海岛保护与利用的专项规划，如为加快边远海岛地区的发展编制边远海岛保护与利用规划；为统筹海岛区域发展编制区域用岛规划等。

2.2.2 海岛保护规划中的分类保护

2.2.2.1 海岛功能分类

海岛分类保护是《规划》规定的海岛保护的方法，也是贯穿于各级海岛保护与利用规划的原则之一。结合《省级海岛保护规划编制技术导则（试行）》，将海岛保护与利用功能分为三级十个类型，具体见表 2-2。

表2-2　海岛保护与利用分类体系表

一级类	二级类	三级类
有居民海岛	特殊用途区域	特殊用途区域
	优化开发区域	优化开发区域
无居民海岛	特殊保护类	领海基点所在海岛
		国防用途海岛
		海洋自然保护区内海岛
	保留类	保留类海岛
	适度利用类	旅游娱乐用岛
		工业交通用岛
		农林牧渔业用岛
		公共服务用岛

（1）有居民海岛

1）特殊用途区域

特殊用途区域是指针对设置在有居民海岛上的领海基点、国防用途、海洋自然保护区所划定的保护区域。

2）优化开发区域

优化开发区域是指有居民海岛上适宜开展优化产业结构、改善海岛及周边海域生态环境和开发利用活动的区域。

（2）无居民海岛

1）保护类

保护类是指在维护国家海洋权益和国防安全方面具有重要价值或者在已建的海洋自然保护区内的海岛。包括以下几项。

①领海基点所在海岛：是指领海基点所依存的无居民海岛或者低潮高地。

②国防用途海岛：是指以国防为使用目的的无居民海岛。

③海洋自然保护区内海岛：是指位于国家和地方海洋自然保护区内的无居民海岛。

2）保留类

保留类是指目前不具备开发利用条件，或者难以判定其用途的无居民海岛。以保护为主，经充分论证确定可以开发利用的，可适度开发利用。

3）适度利用类

适度利用类是指在规划期内，根据海岛自身资源优势以及当地经济社会发展的需要，可进行适度开发利用的无居民海岛，包含以下几项。

①旅游娱乐用岛：是指以开发利用海岛旅游资源、开展休闲旅游活动为主要目的的无居民海岛。

② 工业交通用岛：是指开展工业生产、交通运输所使用的无居民海岛。包括港口航运、桥梁隧道、盐业、固体矿产开采、油气开采、船舶工业、电力工业、通信、仓储、海水综合利用、可再生能源利用及其他工业、交通用岛。

③ 农林牧渔业用岛：是指开展农、林、牧、渔业开发利用活动的无居民海岛。

④ 公共服务用岛：是指科研、教育、监测、助航导航等用岛活动所使用的无居民海岛。

2.2.2.2　海岛功能分类方法

海岛管理的重点是规范无居民海岛的使用、合理安排海岛开发利用规模，有序使用海岛，保留、保护和保存必要的海岛资源。在规划过程中对海岛功能类型的定位是重要的环节。对海岛进行分类就要求对海岛的开发适宜性有所评判，并综合海岛现状、海岛所处区域社会经济状况等，最终进行综合评判。通过一系列的评估，科学地解决海岛是否应当开放，是否应优先开发等问题。海岛保护与利用规划定位流程如图 2-2 所示。

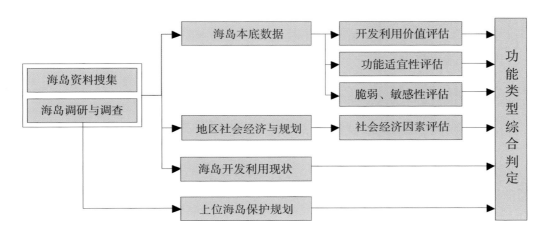

图2-2　海岛保护与利用规划定位流程

（1）上位海岛保护规划有明确规划的海岛

上位海岛保护与利用规划是本级海岛保护与利用规划编制的依据。如果上位海岛保护与利用规划对本级海岛进行了详细的规划或布置了重点的海岛开发与利用工程，则本级海岛保护与利用规划编制时，需对上位规划要求的界限内进行进一步的规划和说明，保证与上位规划的一致性，确定海岛的功能定位。

（2）上位海岛保护规划无明确规划的海岛

1）无居民海岛可开发利用价值评估

从海岛区位交通条件、基础设施保障、一般资源情况、灾害风险等方面，判读海岛开发利用的成本及其开发价值，从而对海岛的开发利用价值及开发难度等进行评估，为海岛是否适宜开发，是否优先开发提供参考。

2）功能类型适宜性评估

功能类型适宜性评估是在海岛开发利用价值评估的基础上进行的，是对具有较大开发价值的海岛进行进一步的评估。从海岛开展某一类活动应满足的资源禀赋、基础保障以及保护和灾害、开发的限制因子等角度进行评估。同一海岛可能适宜多种功能类型，其主导功能或优先功能则通过其他评估实现。

3）社会经济因素评估

社会经济是影响海岛开发的重要因素之一。区域社会经济环境、发展导向及产业传统等，均影响了海岛的发展。社会经济因素的评估为无居民海岛功能优先判定提供了参考。在评估过程中，主要考虑海岛所处区域的规划、经济现状及社会对海岛开发的认知、支持程度。

① 区域及产业发展规划协调、符合性：从空间位置、产业联系、设施体系、生态关联、资源组合等方面全方位分析海岛之间以及岛群与周边海域、陆域城镇之间的区域关系，分析海岛在区域规划、产业规划的地位和功能角色，为海岛优先功能或主导功能的确定提供参考。

② 腹地经济：综合分析海岛腹地，即所依托的主岛或邻近的大陆区域的经济状况，通过人均生产总值、年人均纯收入等经济指标，分析区域经济实力、发展趋势对海岛开发利用的支持程度，区域经济发展水平越高，则海岛开发适宜性越大。

③ 社会环境：从国际区位发展、国家和地方对海岛开发的支持程度、当地群众对海岛开发的支持程度等角度判断社会环境对海岛开发的影响。考虑海岛发展模式的可能性，如依托腹地发展或组团发展，对于面积普遍较小的辽宁海岛，依托大陆或者主岛开发利用可行性更高。

4）开发利用现状

对于法前已经开发利用的海岛，在规划过程中，掌握海岛开发利用类型与方式。在不违背区域社会经济环境和规划、海岛不处于极度脆弱状态、利用现状与海岛适宜的功能类型不相冲突的前提下，海岛可维持开发利用现状。

5）综合判定

对海岛的基本情况群，包括区域位置、岛群规模、海岛类型、海岛关系、岛群空间形态特征、水文地质、地形地貌、天气气候、自然灾害、海域状况（包括水上与水下）、基础设施、社会经济情况等方面进行分析，综合海岛开发利用价值评估、功能类型适宜性评估以及脆弱性评估等评估结果，综合考虑，确定海岛的功能类型。

2.2.3　海岛保护规划中的分区管理

海岛具有极强的属地性和空间分布特征，应当加强分区规划管理。一般依据海岛分布的紧密性、生态功能的相关性、属地管理的便捷性，结合国家及地方发展的区划与规划，立足海岛保护工作的需要，注重区内的统一性和区间的差异性，对规划区内的海岛进行区域划分。区域范围较大的，可以划分二级区，充分分析区域特性，明确区域定位和保护与发展要求等。海岛的分区可分为两类，一类为多个海岛之间的分区，一类为单个海岛的空间分区。

（1）岛群的分区

岛群的分区是根据海岛数量、地理属性、生态功能的相关性和属地管理的便捷性等实际情况，对海岛进行保护与利用为目的的分区规划管理。突出区域资源的优越性，结合海洋功能区划明确各分区的空间范围、主导功能、兼容功能和发展方向，制定各分区的保护措施和管制要求。

① 重点开发分区：区域生态功能与价值特色不突出，适宜开发建设的海岛分区，以开发为主导，兼顾分区生态系统的稳定与健康。

② 重点保护分区：区域生态功能与价值特色显著的海岛分区，以保护为主导，控制开发建设行为，维护分区生态系统的稳定与健康，必要时划定保护带和缓冲带。

③ 生态修复分区：介于上述两者之间的海岛分区，通过总量规模控制实现开发与保护的兼顾，在适度开发建设的同时注重生态恢复或修复，形成自然与人文生态环境的和谐。

（2）单个海岛的空间分区

单个海岛的空间分区，是针对不同用途的用地，赋予相应的开发控制要求，在单个海岛的全岛范围内划定绝对保护区、环境协调区、开发建设区，并提出各分区空间资源有效利用的限制和引导措施。

① 绝对保护区（禁止建设区）：基于海岛生态安全考虑，禁止任何开发建设行为的区域。

② 环境协调区（限制建设区）：根据需要可做适当开发，但对建设项目类型、开发强度等有一定的限制性要求。

③ 开发建设区（适宜建设区）：适宜进行开发建设的区域，对海岛生态系统不会产生明显的不利影响。

2.3 小　结

本章内容在对国土空间规划、海洋空间规划技术等总结分析的基础上，对海岛保护与利用规划的基本概念、特点、内容及定位进行了论述，分析了海岛保护规划与其他规划的层级关系，明确了海岛保护规划在海岛开发与管理中的作用。对规划的技术体系构成进行了探讨，明确了全国海岛保护规划、省级海岛保护规划、单个可利用无居民海岛保护与利用规划的"自上而下"的海岛保护规划层级，并对规划中的分类与分区管理内容进行了介绍，搭建了海岛保护与利用规划的总体设计框架。

第3章 海岛功能分类判别技术

海岛分类管理是制订海岛保护规划的基本原则，各级海岛保护规划要根据海岛的区位、资源与环境、保护与利用现状、基础设施特特征，在明晰海岛生态系统健康及资源环境承载力的基础上，兼顾保护与发展实际，对海岛实施分类管理。本章首先介绍海岛功能分类的预判别技术，即海岛生态系统健康及海岛资源环境承载力评估技术，在此基础上，对海岛功能分类体系及适应性评价方法进行探析。

3.1 无居民海岛生态系统健康评价技术

3.1.1 生态系统健康的研究历程及现状

众多的学者对生态系统健康给出了不同的定义，在这些定义中包括生态系统生理、人类健康、社会经济、伦理道德等方面。

早期的生态系统健康观把生态系统看作一个有机体（生物），健康的生态系统具有恢复力，保持着内在稳定性。但是很多学者认为只强调生态系统健康的生态学方面是不够完善的，认为生态系统健康应包含两方面的内涵：一为满足人类社会合理要求的能力；二为生态系统本身自我维持与更新的能力，前者是后者的目标，后者是前者的基础（李瑾等，2001）。

（1）起始阶段

1941 年，美国著名生态学家、土地伦理学家 Aldo Loepold 首先定义了土地健康（land health），并使用了"土地疾病"（land sickness）这一术语来描绘土地功能紊乱（宋延巍，2006），"健康"一词由医学引入了自然生态学研究领域。

20 世纪 80 年代末，在全球环境日益恶化，生态系统普遍退化的大背景下，Shcaeffer 等人首次探讨了生态系统健康的度量问题，但是并未给出明确的定义（Shcaeffer et al., 1988）。1989 年加拿大著名生态学教授 David Rapport 博士首次提出了生态系统健康的内涵，认为"生态系统健康是指一个生态系统所具有的稳定性和可持续性，即在时间上具有维持其组织结构、自我调节和对胁迫的恢复能力。"（Rapport, 1989）

（2）发展阶段

国外自 20 世纪 90 年代中期以来，掀起了生态系统健康研究热潮。1993 年美国开始实施一项长期的全国森林健康监测计划；1994 年，"第一届国际生态系统健康与医学研讨会"在加拿大首都渥太华召开；1997 年，美国农业部发布了《西南地区森林生态系统健康评价报告》（An Assessment of Forest Ecosystem Health in the Southwest）；1998 年，加拿大学者 Rapport 在其景观健康评价研究中，以河流作为研究案例，总结了测度湿地生态系统健康的指标；1999 年 8 月，由加利福尼亚大学和生态系统健康国际组织联合举办了生态系统健康国际会议；2001 年 6 月联合国"千年生态系统评估"项目正式启动。

（3）海岛生态系统健康研究现状

近年来，随着科学技术的飞速发展，尤其是"3S"技术［遥感（RS）、全球卫星定位系统（GPS）、地理信息系统（GIS）］的发展，使得使用海量数据开展海岛生态系统综合评价成为可能。结合现场调查观测、高分辨率遥感信息提取以及 GIS 技术和景观生态学研究方法，利用海岛植被、土地利用、景观格局、海岛生态、资源、环境等自然要素的信息，结合海岛人文经济数据，通过构建相关评价指标体系和评价模型，可以评价海岛生态系统健康状况。

3.1.2　海岛生态系统健康评价方法

3.1.2.1　评价目的、对象和范围

（1）评价目的

本评价方法是"基于生态系统的海岛保护与利用规划编制技术研究及应用示范"项目的子课题，是海岛保护与利用规划编制技术体系的核心组成部分，因此评价方法应立足服务于海岛保护与利用规划。

"基于生态系统的海岛保护与利用规划"其核心内容之一是海岛生态系统管理。生态系统管理是指在对生态系统组成、结构、功能和动态充分理解的基础上，制定适应性的管理策略，以维持、保护或恢复生态系统结构的完整性和功能与服务的可持续性（沈国英等，2010）。开展生态系统健康评价正是生态系统管理工作的一部分，即帮助决策者对生态系统进行充分的理解，为管理决策提供依据。

本书建立海岛生态系统健康评价方法，旨在识别评价海岛的关键生态要素，从保护海岛生态系统的角度，指导海岛规划"趋利避害"，为形成量化的生态管理目标提供技术支持。

（2）评价对象

基岩类、沙泥类和珊瑚类海岛，包括有居民海岛和无居民海岛。

（3）评价范围

生态系统是指一定时间和空间范围内，生物（一个或多个生物群落）与非生物环境通过能量流动和物质循环所形成的一个相互联系、相互作用并具有自动调节机制的自然整体（沈国英等，2010）。简言之，生态系统由特定空间的生物群落和它们的环境构成。

生态系统是一个广泛的概念，其范围根据研究目的和研究对象而定。一个湖泊、一片草地或一片森林都可以视为一个相对独立的生态系统（沈国英等，2010）。海岛岛陆、潮间带和近岛海域三者的生物群落有较为明显的边界，可单独视为相对独立的生态系统，也可将岛陆、潮间带和近海海域作为整体视为海岛生态系统。本书将海岛生态系统界定为岛陆、潮间带和近海海域的生物群落及其环境组成的生命支持系统。近岛海域的外边界缺少界定标准，本书以海岛周边水深地形为依据，即一般以水下地形由浅－深－浅的转折处为界，这主要适用于湾内或近岸海岛，而外海海岛则可以 5 m、10 m、20 m 等深线为界，视评价对象而定。珊瑚类海岛扩可展至整个环岛珊瑚礁分布区。

3.1.2.2 评价指标体系

（1）指标体系构建指导思想

1）基于海岛生态系统健康内涵建立指标体系

海岛生态系统健康评价指标体系应依据其健康内涵来建立。海岛生态系统健康应包括以下两方面的内涵。

① 生态系统维持原有状态或演化趋势的能力，它既包括维持生态系统的抗干扰力，也包括被干扰后的恢复力。一般而言，生态系统维持原有状态或演化趋势能力取决于它本身的活力和结构复杂性。

② 生态系统满足人类社会合理要求的能力。海岛生态系统健康评价目的是为人类对无居民海岛保护与利用规划提供参考依据，因此指标体系还需体现功利实用的目标。

2）基于压力－状态－响应（PSR）模型建立指标体系

海岛生态系统是一个社会－经济－自然复合生态系统，具有高度复杂性。通过 PSR 体系可以将众多指标合理地组织起来，有利于评价者理清思路，减少重复工作。PSR 模型逻辑性较强，可以充分反映海岛生态系统中各个组分之间的关联，在评价中，可以借助 PSR 模型的思路，更好地将社会经济发展、生态系统状态和管理决策响应之间进行有机的联系，从而阐释其中相互驱动反馈机制，指导海岛保护与利用规划。

3）基于开放性建立指标体系

海岛的生态环境状况受气候带的影响非常大，我国的海岛大致分布于温带、亚热带及热带三个区域，不同的温度、热量、降水等条件使海岛的生物、环境状况有着很大的差异，为体现评价的科学性和针对性，指标体系应考虑采用开放式模型。在生态系统健康内涵和 PSR 模型基本框架内，指标分为必选指标和可选指标，同时允许评价人员根据某个地区海岛或某个海岛的生态特征，对指标体系进行适当的调整。

（2）指标体系选取原则

单个指标无法反映海岛生态系统健康的总体特征，全面选取各项指标则难以搜集全面的数据资料。如何合理地选取海岛生态系统评价的科学指标体系，是海岛生态系统健康评价的关键问题，关系到海岛生态系统健康评价的科学性。然而，海岛生态系统是个综合复杂的生态系统，选取科学合理并具代表性的指标是最大的难点。因此，本书根据海岛生态系统特征拟定以下原则，为指标的选取提供指导。

1）科学性原则

海岛生态系统评价体系是一个集资源、环境以及自然影响因素等方面的综合体系。评价体系的科学性关系到评价的可信度，关系到评价结果准确合理性。各项指标的选取既要反映海岛生态系统特征，又要符合相关性学科标准。指标体系设计要能够客观、科学、完整地反映海岛生态系统状况以及各项评价指标的相互联系。

2）系统性原则

海岛生态系统是一个涉及多个要素的复杂结构系统，具有很强的系统完整性。评价的体系不是简单的各项指标的堆积，而是一个相互契合完整的评价体系。

3）针对性原则

所选指标应具有明确涵义，且具有典型性和代表性，避免选择意义相近、重复的指标，使指标体系简洁易用。

4）可操作性原则

要全面科学地评价海岛生态系统，需有全面的、可靠的数据支持。因此数据搜集是评价的一个重要环节，数据搜集的可行性关系到整个评价的可行性。所以，指标选取时应考虑各项指标数据搜集获取的可操作性，即尽可能采用已有的、为公众所熟悉的度量技术。

（3）评价指标体系的构建

根据指标体系构建指导思想和原则，本书构建4个层级的海岛生态系统健康评价指标体系，即目标层、准则层、要素层和指标层（图3-1）。

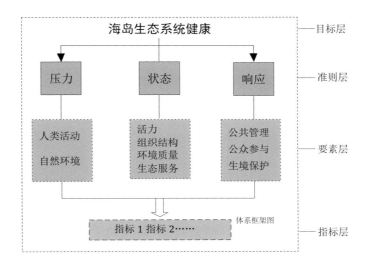

图3-1　海岛生态系统健康评价指标体系框架

1）压力（P）指标

本书将海岛生态系统压力指标分为人类活动因素和自然因素两大类。人类活动因素代表人类活动的干扰程度，包括对海岛生态系统造成间接压力的社会经济发展指标以及造成直接压力的环境资源利用指标；自然因素则代表自然环境对生态系统的驱动压力（表3-1）。

2）状态（S）指标

状态评价是海岛生态系统健康评价中的核心部分，主要反映在人类活动和自然变化驱动影响下，生态系统当前的组成、结构、格局和功能。根据海岛生态系统健康内涵，状态指标设置了活力、组织结构、环境质量和生态服务4个要素层（表3-2）。

① 活力：对于潮间带子系统来说，由于生物种类丰富，生物量最能表征其活力。岛陆的生产者是植被，因此岛陆的活力适合采用植被净初级生产力指标进行测算。近海的生产者为藻类，因此宜采用初级生产力指标进行测算。

② 组织结构：岛陆植物群落的测度指标常有植被覆盖率、物种多样性指数和群落层次等，动物群落的测度指标则主要是物种多样性指数。潮间带生物以 Simpson 指数、Shannon-Weaver 指数等多样性指数表示潮间带物种多样性。近海海域生物一般包括浮游植物、浮游动物、底栖生物和游泳动物，一般以物种多样性指数为最重要的群落指标。珊瑚礁要素只针对珊瑚类海岛，以珊瑚种类数和活珊瑚盖度两个指标反映珊瑚礁组织结构的复杂性。岛陆空间异质性是表征生境复杂性与分布特征的要素，将生境多样性、生境破碎度作为评价指标。

③ 环境质量：环境质量关系到海岛居民的健康和生活，关系到工农业生产活动的正常进行，关系到生态平衡的正常延续，常用的一种表示方法为环境质量指数 E（或 EQI，即 Environment Quality Index）的表述是：

$$E = \frac{1}{n}\sum_{i=1}^{n}\frac{C_i}{C_{si}}$$

④ 生态服务：是指生态系统能可持续提供给人类各种产品和服务的能力，反映生态系统满足人类社会合理需求的能力。本书采用海岛生态系统服务价值和海岛资源环境承载力状况两个指标来反映海岛的生态服务能力。

3）响应（R）指标

生态系统的响应体现的是人们对生态环境保护的重视和采取的行动。本书设置公共管理、社区与公众和生态环境保护三个方面的响应作为响应系统的要素层（表3-3）。

表3-1　海岛生态系统健康评价指标体系——压力系统指标

准则层	要素层		指标层	单位	量化或描述方法	有居民海岛			无居民海岛		
						基岩类	沙泥类	珊瑚类	基岩类	沙泥类	珊瑚类
压力系统	人类活动因素	社会经济发展	人口密度	人/km²	常住人口数量与岛陆面积的比值	●	●	●	○	○	○
			城镇化水平	%	城镇人口占总人口的比例	○	○	○	－	－	－
			年游客密度	人/(a·km²)	年游客人数与岛陆单位面积的比值	○	○	○	○	○	○
			单位面积GDP	万元/km²	单位面积实现的国内生产总值	●	●	●	○	○	○
			单位GDP能耗	吨标煤/万元	每单位国内生产总值所消耗能源	○	○	○	○	○	○
			其他			○	○	○	○	○	○
		环境资源利用	土地利用率	%	开发土地面积占岛陆面积的比例	●	●	●	●	●	●
			滩涂利用率	%	开发滩涂面积占滩涂面积的比例	○	○	○	○	○	○
			单位面积废水排放量	t/km²	废水排放总量与评价面积的比值	●	●	●	○	○	○
			单位面积固废排放量	t/km²	固废排放总量与评价面积的比值	●	●	●	○	○	○
			单位面积化肥施用量	t/km²	化肥施用总量与岛陆面积的比值	○	○	○	○	○	○
			单位面积农药施用量	t/km²	农药施用总量与岛陆面积的比值	○	○	○	○	○	○
			其他			○	○	○	○	○	○
	自然因素		生物入侵	无量纲	生物入侵程度	●	●	●	●	●	●
			年降雨量	mm	年平均降雨量	●	●	●	●	●	●
			年均风速	m/s	年平均风速	○	○	○	○	○	○
			台风、风暴潮灾害频率	次/a	每年遭受台风次数	●	●	●	○	●	●
			赤潮频率	次/a	每年发生赤潮灾害次数	○	○	○	○	○	○
			其他			○	○	○	○	○	○

●必选指标　○可选指标

表3-2 海岛生态系统健康评价指标体系——状态系统指标

准则层	要素层		指标层	单位	量化或描述方法	基岩类	沙泥类	珊瑚类
状态系统	活力		岛陆NPP（以C计）	g/(m²·a)	单位面积，单位时间内所累积的有机碳量	●	●	●
			潮间带生物量	g/m²	单位面积的生物湿重或干重	●	●	●
			近海海域初级生产力（以C计）	mg/(m²·d)	单位面积，单位时间内光合作用生产的有机碳量	●	●	●
			其他			○	○	○
	组织结构	岛陆生物	植被覆盖率	%	植被面积占岛陆面积的比例	●	●	●
			植物群落物种多样性	无量纲	Simpson指数，Shannon-Weaver指数等多样性指数	◐	◐	◐
			植被群落垂直层次	层	植被群落垂直分层数	○	○	○
			动物群落物种密度	种/km²	岛陆物种数量与岛陆面积的比值	●	●	●
		潮间带底栖生物	潮间带底栖生物多样性	无量纲	Simpson指数，Shannon-Weaver指数等多样性指数	●	●	●
		近海海域生物	浮游植物物种多样性	无量纲	Simpson指数，Shannon-Weaver指数等多样性指数	●	●	●
			浮游动物物种多样性	无量纲	Simpson指数，Shannon-Weaver指数等多样性指数	○	●	●
			底栖生物物种多样性	无量纲	Simpson指数，Shannon-Weaver指数等多样性指数	●	●	●
			游泳动物物种多样性	无量纲	Simpson指数，Shannon-Weaver指数等多样性指数	●	●	●
		珊瑚礁	珊瑚种类数	种	珊瑚种类数量	—	—	●
			活珊瑚盖度	%	活珊瑚礁面积与珊瑚礁总面积的比值	—	—	●
		岛陆空间异质性	生境多样性指数	无量纲	香农多样性指数SHDI	○	○	○
			生境破碎度	无量纲	斑块密度指数PD	●	●	●
		其他						
	环境质量	土壤环境质量	土壤环境质量综合指数	无量纲	各监测污染物单因子评价的平均值	●	●	●
		地表水环境质量	地表水环境质量综合指数	无量纲	各监测污染物单因子评价的平均值	●	●	●
		海水环境质量	海水环境质量综合指数	无量纲	各监测污染物单因子评价的平均值	●	●	●
		海底沉积物环境质量	沉积物环境质量综合指数	无量纲	各监测污染物单因子评价的平均值	●	●	●
		生物质量	生物质量综合指数	无量纲	各监测污染物单因子评价的平均值	●	●	●
		其他						
	生态服务		生态系统服务价值		单位面积的生态系统服务价值	●	●	●
			资源环境承载力状况		采用资源环境承载力评估技术方法中的θ值表示	○	○	○
			其他					

● 必选指标 　○ 可选指标 　◐ 多选一指标

表3-3　海岛生态系统健康评价指标体系——响应系统指标

准则层	要素层	指标层	单位	量化或描述方法	有居民海岛	无居民海岛
响应系统	公共管理	财政环保投入状况	%	当地财政环保投入占GDP的比例	●	●
		法制建设与执行情况	无量纲	专家打分法进行量化表示	●	●
		保护区建设情况	无量纲	专家打分法进行量化表示	○	○
		其他			○	○
	社区与公众	宣传教育		专家打分法进行量化表示	●	●
		科研监测		科研课题，发表论文数量	○	○
		其他			○	○
	生态环境保护	污水集中处理率		生活污水集中处理达标排放量与总排放量的比值	●	●
		工业废水达标排放率		工业废水排放达标量与总排放量的比值	○	○
		固体废弃物处理率		集中处理的固体废弃物占固体废弃物总量的比值	●	●
		其他			○	○

●必选指标　○可选指标

3.1.2.3 评价指标标准化

（1）标准化原则

① 以反映生态系统健康程度为标准，将指标进行等级划分。

② 评价标准应因地制宜，根据当地特点确定。比如我国海洋生物多样性有"随纬度增加而递减"的普遍规律，所以南方某海域的生物多样性指数 3.0 可能与北方某海域生物多样性指数 2.5 表示的健康程度相同，其标准化值应相同。

③ 不同指标可以采用不同的标准化方法，不局限于本书提供的方法，但标准化应满足 ①② 两条原则的要求。

（2）标准化处理

1）指标等级划分

对评价指标按健康或优劣程度进行等级划分，一般分为 5 个等级，也可根据评价对象的实际情况进行适当调整。然后对具体评价对象的指标，按一定的数学方法处理，给出其对应的标准化分值（表 3–4）。

表3–4　评价指标等级划分

评价等级	很差/病态	差/不健康	一般/亚健康	良/健康	优/很健康
标准化值	0～0.2	0.2～0.4	0.4～0.6	0.6～0.8	0.8～1

注：0.6～0.8 表示 $0.6 < X \leqslant 0.8$。

2）指标标准化方法

① 德菲尔法：通过专家咨询或查阅文献建立评价指标等级划分标准表（表 3–5），指标可以定量或定性描述，在此基础上根据各指标的实际情况进行专家打分，完成标准化。

表3–5　评价指标等级划分标准表——举例

指标	很差/病态	差/不健康	一般/亚健康	良/健康	优/很健康
	0～0.2	0.2～0.4	0.4～0.6	0.6～0.8	0.8～1
人口密度（人/km²）	>800	600～800	400～600	200～400	<200
管理水平	管理低下或无机构，基本无科研投入	管理、科研能力一般，人员素质低	有管理机构，但人员素质不高，缺乏监督	机构较合理，人员素质较高，科研投入较大	机构合理，人员素质高，科研投入大
…	…	…	…	…	…

② 比值法：生态系统健康涉及因素多样复杂，评价选取的指标单位和数量级等存在明显的差异，无法进行直接比较。因此，在进行综合评价计算时要先消除原始值的量纲影响。本方法对指标的原始值预处理方法如下：

正向性指标：$S_i = \dfrac{d_i}{d_i'}$；负向性指标：$S_i = \dfrac{d_i'}{d_i}$

其中，S_i 为标准化后的指标值；d_i 为指标现状原始值；d_i' 为指标理想状态值（不为零）。

指标理想状态值的确定方法如下：

a.国家标准和行业规定作为理想值；b.基本处于自然状态、生态保护较好海岛的相应数据作为理想值；c.海岛在基本未受人类活动直接影响时的历史数据作为理想值；d.通过文献查询、专家咨询，确定理想值。

③ 隶属度函数法：对生态指标健康优劣评价是根据客观依据通过人脑的判断产生的，因此各个生态指标评价值与指标实际监测值之间存在模糊隶属关系。结合模糊数学中隶属度的定义，将生态系统指标的评价利用隶属度进行代表。

对各个生态指标评价值与指标实际监测值之间隶属函数的选取对于评价生态指标非常关键，根据指标监测值与评价值之间基本的相关关系可以划分为 3 种类型：递增型、中间型和递减型。递增型的隶属度伴随着指标值的增加而增加，递减型的隶属度伴随着指标值的增加而减小，中间型的隶属度在某个指标监测值最高，小于或大于这个监测值分别呈现出递增型和递减型变化。由于采用的指标众多，本研究对 3 种曲线变化的具体形式不作深入分析（例如递增型函数还包括指数递增和对数递增等），仅采用简单的直线函数代表（图 3-2）。

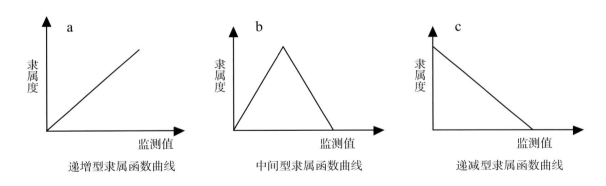

图3-2　生态系统评价中使用的三种简单隶属函数曲线
（曲线的起点不一定要从原点开始）

在使用模型中须事先确定各个模型的参数，以此选取拟合模型的 2 个或 3 个确定点。对于递增函数和递减函数需要两个确定点 X_1、X_2 及对应的隶属度 L_1、L_2，对于中间函数需 3 个确定点：中间转折点 X_m（隶属度最高，等于 1.0）以及递增和递减曲线上各一点 X_1、X_2 及对应的隶属度 L_1、L_2。对于点 X_1、X_2 和 X_m 对应的隶属度，可以参照指标监测值与评价值之间的相关关系，结合相关国家标准、技术规范或专家意见事先确定。

需要注意的是，在选择确定点时一般取在靠近目标监测值上下附近的点，这样可以有效地将所求指标的隶属度控制在模型拟合较好的范围，例如图 3-3 可知，点 AB 确定的拟合曲线要明显比 AC 点确定的拟合曲线所求出的 D 点隶属度要接近实际曲线的隶属度。

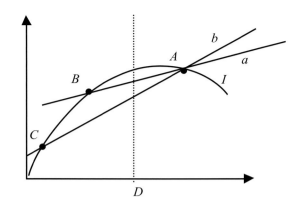

图3-3　确定点的选择对隶属度评价准确性的影响

I 曲线为真实隶属度变化曲线，a 和 b 为拟合曲线，其中 A、B 和 C 为事先选定的 3 个确定点。

● 递增型函数的表达方程：

$$L = L_1 + \frac{(X - X_1)}{(X_2 - X_1)} \times (L_2 - L_1)$$

其中，L 为该生态指标的隶属度；X 为该生态指标的监测值；L_1 为点 L_1 对应的隶属度；L_2 为点 L_2 对应的隶属度；X_1 为点 L_1 对应的生态指标值；X_2 为点 L_2 对应的生态指标值；$X_1 < X_2$；$L_1 < L_2$。

● 对于递减型函数的表达方程：

$$L = L_2 + \frac{(X - X_2)}{(X_1 - X_2)} \times (L_1 - L_2)$$

其中，L 为该生态指标的隶属度；X 为该生态指标的监测值；L_1 为点 L_1 对应的隶属度；L_2 为点 L_2 对应的隶属度；X_1 为点 L_1 对应的生态指标值；X_2 为点 L_2 对应的生态指标值；$X_1 < X_2$；$L_1 > L_2$。

● 中间型函数的表达方程：

$$\begin{cases} L = L_1 + \dfrac{(X - X_1)}{(X_m - X_1)} \times (L_m - L_1) & (X < X_m) \\ L = 1 & (X = X_m) \\ L = L_2 + \dfrac{(X - X_2)}{(X_m - X_2)} \times (L_m - L_2) & (X > X_m) \end{cases}$$

其中，L 为该生态指标的隶属度；X 为该生态指标的监测值；L_m 为点 M 对应的隶属度；L_1 为点 L_1 对应的隶属度；L_2 为点 L_2 对应的隶属度；X_m 为点 M 对应的生态指标值；X_1 为点 L_1 对应的生态指标值；X_2 为点 L_2 对应的生态指标值；$X_1 < X_m < X_2$；$L_m > L_2$，L_1。

④ 差值法：此方法适用于具有多组指标数据的海岛评价，即多个海岛同时开展评价。一般要求相同指标数据的采集和计算方法相同。由于指标体系中各项指标对目标的评价具有正负的作用，为使无量纲化处理结果具有可比性、可加性，需对数据进行标准化处理，具体处理计算方法如下：

$$y_{ij} = \frac{x_{ij} - x_{i\min}}{x_{i\max} - x_{i\min}} \quad \text{正向性指标同一化}$$

或
$$y_{ij} = \frac{x_{i\max} - x_{ij}}{x_{i\max} - x_{i\min}} \quad \text{负向性指标同一化}$$

最后形成同一性指标矩阵 $X' = (x_{ij}')_{m \times n}$，各指标值标准化后在 0 ~ 1 之间。

3.1.2.4　指标权重的确定

各评价指标的权重是科学表达评价结果的关键。不同评价指标对目标层的贡献大小不一，这种评价指标对被评价对象影响程度的大小，称为评价指标的权重，它反映了各评价指标属性值的差异程度和可靠程度。目前确定权重的方法主要有主观赋权法和客观赋权法两类。为了使指标权重更具客观性和准确性，还可采取主观赋权法与客观赋权法相结合的方法来综合确定权重，即对主观权重用修正系数（客观权重求得）作修正。

本书主观赋权法选取层次分析法进行权重赋值，根据层次分析法 1-9 标度对各指标间的重要性进行量化；客观赋权法应用改进的熵值法进行量化估算。

3.1.2.5　评价计算模型

根据指标值标准化和权重的矩阵，可计算海岛的生态系统健康综合评价得分：

$$(\upsilon_1, \upsilon_2, \cdots, \upsilon_n) = (\omega_1, \omega_2, \cdots, \omega_m) \times \begin{pmatrix} s_{11}, s_{12}, \cdots, s_{1n} \\ s_{21}, s_{22}, \cdots, s_{2n} \\ \cdots\cdots\cdots\cdots\cdots \\ s_{m1}, s_{m2}, \cdots, s_{mn} \end{pmatrix}$$

或
$$\upsilon_n = \sum_{i=1}^{m} \omega_i s_i$$

其中，υ_n 为评价目标值；ω_m 为各项指标权重；s_{mn} 或 s_i 为指标标准化结果；m 为评价指标项数；

n 为评价海岛数，或同一海岛的不同评价时段数。

根据以上的综合评价计算公式，海岛生态系统健康评价结果将在 0 ~ 1 之间，本研究将生态系统健康状况评价结果分为 5 个等级，具体见表3-6。

表3-6 海岛生态系统健康评价等级

级别	健康值	描述
优/很健康	$1 \leqslant V_i < 0.8$	环境质量优越，基本未受到污染；生物多样性高，特有物种或关键物种保有较好，生物类群种类结构变化不大，生态系统稳定，生态功能完善；自然性高，异质性低，景观破碎度小
良/健康	$0.8 \leqslant V_i < 0.6$	环境质量较好，受到轻微污染；生物多样性较高，特有物种或关键物种保有较好，生物类群种类结构受到一定干扰，生态系统较稳定，生态功能较完善；自然性较高，异质性较低，景观破碎度较小
一般/亚健康	$0.6 \leqslant V_i < 0.4$	环境质量中等，已经受到了一定的污染；生物多样性一般，特有物种或关键物种有一定的减少，生物类群种类结构受到了干扰，生态系统尚稳定，生态功能尚完善；自然性中等，异质性一般，景观破碎度不高
差/不健康	$0.4 \leqslant V_i < 0.2$	环境质量较差，已经受到了一定程度的污染；生物多样性较低，特有物种或关键物种较大程度的减少，生物类群种类结构受到了严重干扰，生态系统不稳定，生态功能受损；自然性较低，异质性较高，景观破碎度较高
很差/病态	$0.2 \leqslant V_i < 0$	环境质量恶劣，已经受到了严重的污染；生物多样性很低，特有物种或关键物种急剧减少或濒临灭绝，生物类群种类结构受到了严重干扰，生态系统极不稳定，生态功能严重受损；自然性较低，异质性高，景观破碎度高

3.2 无居民海岛承载力评估技术

3.2.1 研究背景

承载力（carrying capacity）的理念最早可追溯至 18 世纪末的人类统计学领域。1921 年，Park 和 Burgess 在人类生态学领域首次使用了承载力的概念，并将其定义为在某一特定条件下，某种个体存在数量的最高极限。随着环境污染、土地退化等问题的发生，承载力的概念逐渐在人类生态学中发展，其研究经历了从单因素资源环境承载力至多因素综合的生态承载力（Ecosystem Carrying Capacity, ECC）的过程（王开运，2007）。

20 世纪 80 年代，联合国教科文组织（UNESCO）将资源承载力定义为：一个国家或地区的资源承载力是指在可以预见的期间内，利用本地能源及其自然资源和治理、技术等条件，在保证符合其社会文化准则的物质生活水平条件下，该国家或地区能持续供养的人口数量。1974 年 Bishop 将环境承载力定义为：在维持一个可接受的生活水平前提下，一个区域所能永久承载的人类活动的强烈程度；国内学者唐剑武、叶文虎（1998）则定义为：某一时期，某种环境状态下，某一区域环境对人类社会经济活动支持能力的阈值。生态承载力是在资源和环境承载力研究中发展起来的，它指不同尺度区域在一定时期内，在确保资源合理开发利用和生态环境良性循环的条件下，资源环境能够承载的人口数量及相应的经济社会总量的能力。在具体的研究中，针对各自的研究目的和区域特征，对上述概念的具体界定和定义各有不同。本研究是针对海岛开发利用与保护进行承载力研究，由于海岛的主导功能定位各有不同，且海岛（无居民岛）的开发多以单个资源为主进行，不同海岛资源开发利用类型有所差异，其承载力研究就不同类型的资源而开展。所以，不同主导功能类型的海岛，其承载力评估有所侧重，在这点上有别于资源环境综合的生态承载力研究。

承载力是衡量区域可持续发展的重要标志，通过区域资源环境承载力的研究，可定量地分析区域发展中存在的主要问题，为该区域实施可持续发展战略提供具有可操作性的调控对策。我国海岛资源丰富，在国家海洋开发战略实施以来，随着社会经济的快速发展和自然资源的日益短缺，海岛资源的重要性备受关注，开发利用活动也越来越多。所以，如何科学、客观地评估海岛资源环境承载力，指导海岛合理开发与保护是本研究的主要任务。

3.2.2　研究目标和内容

3.2.2.1　研究目标

海岛资源环境承载力研究是以我国海岛（包括环岛海域的海岛区域）为对象，进行资源环境承载力研究，提出承载力对海岛保护和利用的支持或制约，进一步为海岛开发控制指标和生态保护控制指标提供参考。

3.2.2.2　主要内容

① 建立海岛资源环境载力综合评价方法，为海岛资源（以植被资源、土地资源、海岸线资源、旅游资源为主）、环境承载力现状评价提供定量方法，并为海岛开发利用初步决策提供技术支撑。

② 海岛资源环境综合承载力的多目标规划模型（MOP）：根据海岛主导功能确定多目标规划模型的优先目标；综合单因素承载力评价指标，构建 MOP 模型的变量集；以海岛管理目标、海岛功能分类体系以及管理指标为条件，确定 MOP 模型的约束条件，最终构建资源环境承载力 MOP 模型，为海岛开发利用规划目标制定提供定量技术方法。

3.2.2.3　技术难点

（1）指标选取

本研究对象是我国海岛资源环境承载力，海岛的资源环境特征存在差异，且海岛的相关数据缺乏，难以搜集。因此，如何选取合理、可操作性、具代表性的评价指标是一个难点。

（2）MOP 模型构建

目前，在承载力研究中，MOP 模型多应用于单资源或环境承载力研究，在多资源和环境综合的承载力研究中应用较少。如何综合考虑影响资源环境承载力的指标，合理地构建 MOP 模型是本研究的另一难点。

3.2.3 承载力评估研究技术路线和方法

3.2.3.1 技术路线

海岛资源环境承载力评估技术流程如图3-4所示。一是对海岛资源环境承载力进行综合评价,从整体角度评价海岛资源环境承载力状况,为海岛开发利用规划目标确定等提供技术方法;二是确定资源环境单因素承载力计算方法,并整合承载力MOP模型,为海岛规划方案优化提供技术支撑。

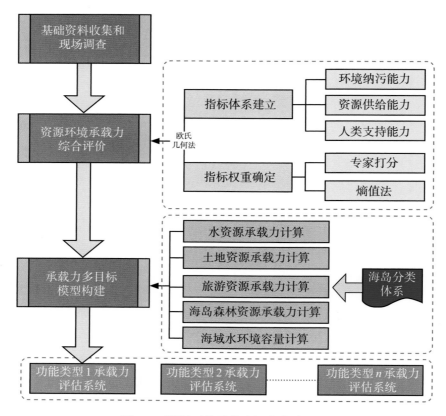

图3-4 资源环境承载力评价技术流程

3.2.3.2 评估方法

(1) 资料的收集与分析

通过资料收集和海岛现场调查,分析海岛及其周边海域生态系统特征和资源与环境条件,掌握海岛保护与利用现状,并了解海岛资源环境保护状况。海岛资源调查包括淡水资源、森林资源、土地资源、生物资源、旅游资源以及海域水环境容量等。环境状况调查包括海岛地表水、空气质量及周边海域环境状况等。海岛开发利用现状包括海岛的开发利用类型、程度和方式等。

根据海岛资源环境特征和开发利用状况,确定海岛资源环境承载力评价指标,作为资源环境承载力评价基础。

（2）海岛资源环境承载力综合评价

1）指标体系评价计算模型

符合层次结构的指标体系评价计算方法，主要有两种：直接求和法，状态空间法。目前生态承载力的计量模型多采用多种指标综合的状态空间法。

状态空间是欧氏几何空间用于定量描述系统状态的方法，通常由表示系统各要素状态向量的三维状态空间轴组成，应用状态空间法可定量描述区域承载力与承载状态。本研究将环境纳污能力、资源供给能力和人类支持能力三者作为三维空间，而每维又由若干个指标构成。如图 3-5 所示，点 A、B、C、D 可表示一定时间尺度内区域的不同承载状况，不同的资源、环境和人类活动组合所体现的承载力也不同。不同的社会经济发展状态下，状态空间中存在承载力曲面 $X_{max}—O—Y_{max}$，使得曲面上任意一点的人类活动同当时的资源、环境的配置状况达到完全的均衡状态；曲面外的点，若在曲面之上则表明人类活动超出资源、环境可持续发展配置，若在曲面以下表示人类活动在资源、环境可持续发展最大限度之内。

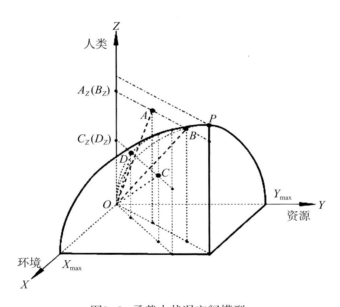

图3-5 承载力状况空间模型

① 承载力计算方法（理想值计算）：

判断状态空间内一点同曲面 $X_{max}—O—Y_{max}$ 的位置关系，可以通过比较原点 O 到该状态点和该状态点在 $X_{max}—O—Y_{max}$ 曲面上的投影距离；原点到该状态点的距离代表了此状态下的承载力。表达式如下（毛汉英，余丹林，2001）：

$$ICC = |M| = \sqrt{\sum_{i=1}^{n} x_{ir}^2}$$

其中，x_{ir} 为各指标处于理想状态时在状态空间的坐标值（i 为指标序号 =1，2，…，n）；n 为

指标个数；$|M|$为区域承载力的有向矢量模；ICC（Island Carrying Capacity）为海岛承载力值的大小。由于复杂的系统中各项指标对承载力所起的作用不尽相同，因此，在考虑指标权重时，承载力计算公式如下（毛汉英，余丹林，2001）：

$$ICC = |M| = \sqrt{\sum_{i=1}^{n} W_i x_{ir}^2}$$

其中，W_i为指标x_{ir}空间坐标值的权重。

② 理想值调整：

海岛所属的类型不同、行政区不同，在统计标准和参考标准等方面存在差异，为了进一步分析不同地区、不同类型的海岛综合承载力大小，评估引入区域发展阶段系数DSI（Developing Stage Index）和理性值调整系数（k）来校正不同地区、不同类型的海岛综合承载力。

$$DSI = \frac{1}{\left[1 + e^{\left(3 - \frac{1}{En}\right)}\right]}$$

其中，DSI为研究海岛所属区域发展阶段系数；En为研究海岛所属区域的恩格尔系数。

理想值存在不同地区不同海岛类型的差异，因此评估计算是考虑区域和类型的差异采用调整系数（k），k一般定位为 1.0 ~ 1.2（叶属峰等，2012）。

所以理想值调整计算公式为：

$$ICC' = ICC \times DSI \times k$$

③ 承载状况计算方法：

由于人类活动存在主观性和不完全规律性，现实的承载状况往往与理想的承载状况不完全一致，其差异一般可将承载状态分为超载、满载、可载三种情况。承载状况计算公式如下（毛汉英，余丹林，2001）：

$$ICS = ICC' \times \cos\theta$$

其中，ICS（Island Carrying State）为海岛现实的承载力状况；θ为现实承载力状况矢量模与理想状态下承载力矢量模之间的夹角，其计算公式如下（毛汉英，余丹林，2001）：

$$\cos|\theta| = \frac{(a,b)}{|a\|b|} = \frac{\sum_{i=1}^{n} x_{ia} x_{ib}}{\sqrt{\sum_{i=1}^{n} x_{ia}^2} \times \sqrt{\sum_{i=1}^{n} x_{ib}^2}}$$

其中，a、b 分别代表状态空间中的两个向量（现实承载状况和理想承载力）；x_{ia} 和 x_{ib} 分别代表 a、b 两个向量定点坐标值。

④ 承载力评价结果：

根据以上模型计算，在 θ 大于 0、小于 0 和等于 0 三种情况下，对比 ICC 和 ICS：

$$\theta \begin{cases} > 0, & ICS > ICC, \text{超载} \\ < 0, & ICS < ICC, \text{可载} \\ = 0, & ICS = ICC, \text{满载} \end{cases}$$

且可根据 θ 的大小来衡量海岛承载现状，并分析海岛承载力的大小。

2）构建指标体系

① 构建原则：从可持续发展内涵及这一复合系统的内在需求出发，应把握指标体系构建的科学性、完整性、代表性（独立性）。

● 科学性，指标体系构建应在充分认识和研究"自然－经济－社会"复杂系统的科学基础之上，科学、客观、简明地反映系统的发展状态及各子系统之间的相互联系。

● 完整性，指标体系作为一个复杂的有机整体，包含了自然、经济和社会等各方面的内容，只有完整地、全面地体现复合系统的方方面面，才能从不同角度反映评价系统的特征和状况，且反映系统的动态变化。

● 代表性，指标体系应体现研究区域特征和状况，即指标选择要因地制宜，选取具有代表性和区域特色的指标，确保各项指标意义上相互独立，减少各指标之间的关联性，并考虑获得指标数据的可行性。

② 指标体系构建：在资料收集分析和海岛现场调查的基础上，将海岛的岛陆、岛基、岛滩和环岛海域作为一个整体来考虑，结合海岛一般特征，并采用频度法分析研究文献、报告中的指标出现的频率，以科学性、完整性、代表性和可持续发展为原则，构建海岛资源环境承载力综合评价指标体系。指标体系见表 3-7。由于不同地区、不同社会经济发展程度的海岛资源环境状况和开发利用现状各异，其承载力状态也不同，选取评价指标存在差异，因此本指标体系设置可选指标和必选指标。

考虑承载体与受载体之间的互动反馈方式、强度与相互替代等特点，将资源环境承载力综合评价指标的基本构成分为压力指标、支持力指标和区域交流指标，其中压力指标包括人口、经济、资源利用、环境污染，主要反映自然干扰和人为干扰对海岛生态系统的压力；支持力指标包括环境纳污能力、资源供给能力和人类支持能力，主要是指反映承载体的状况、发展的指标；区域交流指标指海岛与外界之间的人员、产品交流、污染运输、能量输送等，意指海岛生态系统是个开放系统，与外界存在着物质和能量的交流。

表3-7 海岛资源环境承载力综合评价指标体系

| 目标 | 准则 | 要素 | 指标 | | 必选、可选 | 数据来源 |
			序号	名称		
海岛资源环境承载力	压力指标（P）	自然灾害	P1	年海洋自然灾害次数（次）	✓	搜集统计公报或年鉴
		人口	P2	人口密度（人/m²）	✓	
			P3	年游客密度（人/m²）	*	
		海岛经济	P4	海岛单位面积国内生产总值（万元/m²）	✓	
		资源利用与环境污染	P5	岛陆开发利用面积比例（%）	✓	遥感解译或现场测量
			P6	海岛岸线利用比例（%）	*	
			P7	水资源利用量（t）	✓	现场调查
			P8	废水排放量（t）	✓	搜集统计公报或现场调查
			P9	海岛废弃物处置量（t）	✓	
			P10	废气排放量（m³）	*	
			P11	化肥施用量（t）	*	
			P12	农药施用量（t）	*	
	支持力指标（S）	环境纳污能力	S1	空气质量优良天数（d）	✓	搜集邻近的环境监测站数据
			S2	地表水水质达标率（%）	✓	搜集统计公报或现场调查采样分析
			S3	一、二类海水面积比例（%）	✓	
			S4	海洋生物多样性指数	*	
		资源供给能力	S5	地表淡水资源总量（m³）	✓	现场调查估算河流、湖泊水量
			S6	可开发土地的面积比例（%）	✓	搜集统计公报或现场调查。以海岛新能源利用为准
			S7	可养殖海域面积比（%）	*	
			S8	森林覆盖率（%）	*	
			S9	能源自给率（%）	*	
			S10	旅游环境容量（人/d）	✓	模型计算
			S11	可利用岸线长度（m）	✓	现场测量或遥感解译
		人类支持能力	S12	生活污水集中处理率（%）	✓	收集统计公报
			S13	固体废弃物无害化处理率（%）	✓	
			S14	工业废水达标排放率（%）	✓	
			S15	海岛科技项目数（项）	*	
			S16	自然保护区面积比例（%）	*	搜集统计公报或遥感解译
	区域交流指标（C）	产品交流	C1	岛陆货运周转量（t）	✓	搜集统计公报
		污染运输	C2	固体废弃物外运比例（%）	✓	搜集统计公报

注：以上指标主要针对存在人类活动的无居民岛承载力综合评价，在评价中指标选取可根据海岛的实际情况确定。"✓"为必选指标，"*"为可选指标。

3）指标值预处理和理想值确定

① 指标值预处理：

承载力涉及因素多样复杂，评价选取的指标单位和数量级等存在明显的差异，无法进行直接比较。因此，在进行综合评价计算时要先消除原始值的量纲影响。指标对评价目标的贡献性质不同，指标数据处理所采用的方法也不同，一般分为正向性、负向性两种情况。本研究对指标的原始值预处理方法如下（王开运，2007）：

正向性指标：$S_i = \dfrac{d_i}{d_i'}$；负向性指标：$S_i = \dfrac{d_i'}{d_i}$

其中，S_i 为标准化后的指标值；d_i 为指标现状原始值；d_i' 为指标理想状态值。

压力指标采用负向性指标处理方法，支持力指标和交流类指标采用正向性指标处理方法。

② 指标理想值确定：

● 理想值确定原则：不同区域或不同区域经济发展阶段的海岛，其理想状态不同，理想值也不同。不同区域的人类活动强度、科技水平、人类认知程度不同，使得资源环境载体组合对人类及其社会经济活动承载的能力也随之改变，这就要求"因地制宜"地确定海岛理想状态值；同样不同时期的人类活动强度、科技水平、人类认知程度也不同，对海岛资源与环境的认识和利用将不断变化，所以不同的发展阶段，要求"因时制宜"地确定理想状态值。

● 理想值确定方法：指标理想状态值的确定方法有：a. 根据海岛发展规划，采用与发展阶段目标相应的国家标准和行业规定作为理想值；b. 参考国内外类似发展程度下相应的数据作为理想值；c. 参考区域阶段性经济发展的数据，结合插值计算方法等推算该时段理想状态值，如，第三产业增加值比例等；d. 通过文献查询、向专家和政府管理人员咨询等方法确定理想值（表3-8）。

表3-8　指标理想值确定

指标名称	确定方法
年海洋自然灾害次数（次）	评价海岛所在区域受海洋自然灾害最少的次数
人口密度（人/m²）	参考国内外相应发展程度区域的人口密度数据
年游客密度（人/m²）	参考国内外相应发展程度区域游客密度数据
海岛单位面积国内生产总值（万元/m²）	参考所属行政区国内生产总值
岛陆开发利用面积比例（%）	专家咨询和政策规定数据
海岛岸线利用比例（%）	采用相关政策数据（可取海洋生态文明建设指标要求）
水资源利用量（t）	根据理想人口密度和产值数据，参考邻近城市人均和行业水资源利用量推算
废水排放量（t）	根据理想人口密度和产值，采用污染负荷估算公式推算废水排放量
海岛废弃物处置量（t）	根据海岛建设状况推算

指标名称	确定方法
废气排放量（m³）	评价年全国单位GDP废弃排放量比例计算，取理想产值数据
化肥施用量（t）	海岛开发前化肥施用量
农药施用量（t）	海岛开发前农药施用量
空气质量优良天数（d）	评价年全国城市最高值确定
地表水水质达标率（%）	评价年全国城市最高值确定
一、二类海水面积比例（%）	评价年全国城市最高值，并参考海岛区域历史最优状况数据确定
海洋生物多样性指数	参考海岛区域历史最优状况数据确定
地表淡水资源总量（m³）	该岛历史丰水期地表淡水资源量
可开发土地的面积比例（%）	根据海岛实际最大数据计算
可养殖海域面积比（%）	专家咨询和政策规定数据
森林覆盖率（%）	全国海岛最高森林覆盖率
能源自给率（%）	取100%
旅游环境容量（人/d）	根据海岛景点或旅游路线，根据旅游资源容量公式计算
可利用岸线长度（m）	根据海岛实际状况取最大值
生活污水集中处理率（%）	取100%
固体废弃物无害化处理率（%）	取100%
工业废水达标排放率（%）	取100%
海岛科技项目数（项）	专家咨询或类似海岛科技项目数
自然保护区面积比例（%）	取实际评价海岛应保护区域的最大值
岛陆货运周转量（t）	类似海岛周转量，或通过单位面积货运周转量进行换算
固体废弃物外运比例（%）	取0%，海岛上100%无害化处理

（3）指标权重确定

指标权重计算可选三种方法，分别为客观赋权法（熵值法）、主观赋权法（层次分析法）、主客观综合赋权法。计算方法如下。

① 改进熵值法权重赋值（郭显光，1998）：

具体步骤如下：

● 数据矩阵：$X = (x_{ij})_{m \times n}$：其中，$i = m$ 个评价对象，$j = n$ 项评价指标；

信息熵：$H(x) = -\sum_{i=1}^{n} p(x_i) \ln p(x_j)$。

● 指标同一化：由于指标体系中各项指标对目标的评价具有正负的作用，为使无量纲化处理结果具有可比性、可加性，在进行标准化之前，需对数据进行同一化处理，即将负向作用的指标和正向作用的指标统一处理为正向性指标或负向性指标。本评价中，将负向的指标值进行正向化，计算方法如下：

$$y_{ij} = \frac{x_{ij} - x_{i\min}}{x_{i\max} - x_{i\min}} \quad \text{正向性指标同一化}$$

或

$$y_{ij} = \frac{x_{i\max} - x_{ij}}{x_{i\max} - x_{i\min}} \quad \text{负向性指标同一化}$$

最后，形成同一性指标矩阵 $X' = (x'_{ij})_{m\times n}$。

指标标准量化：$s_{ij} = \frac{x'_{ij} - \overline{x'_{ij}}}{\sigma_j}$，$\overline{x'_j}$ 为第 j 项指标的平均值；σ_j 为第 j 项指标的标准差：

$$\sigma_j = \sqrt{\frac{\sum_{j=1}^{n}(x'_{ij} - \overline{x'_{ij}})^2}{m-1}}$$

消除负值：应用坐标平移，将指标 s_{ij} 经过坐标平移后成为 s'_{ij}，即：$s'_{ij} = s_{ij} + Z$。其中，Z 为坐标平移的弧度，根据实际数据取值，一般介于 $1 \sim 5$。

● 计算指标比重：$p_{ij} = \dfrac{S_{ij}'}{\sum\limits_{i=1}^{m} S_{ij}'}$

计算第 j 项指标的改进熵值 $e_j = -k\sum\limits_{i=1}^{m} p_{ij}\ln(p_{ij})$，$k > 0$，$e_j \geqslant 0$。如果给定的某一指标的指标值都相等，则 $p_{ij} = \dfrac{1}{m}$，此时 e_j 取极大值，即 $e_j = k\ln m$。若假设 $k = \dfrac{1}{lm}$，则 $(e_j)_{\max} = 1$，因此有 $0 \leqslant e_j \leqslant 1$。

● 计算指标值的差异性系数 g_j。当各区域的指标值差异性越小，e_j 就越趋近于 1；当各区域的指标值都相等时，$e_j = 1$。定义差异系数 $g_j = 1 - e_j$。

● 指标值权重确定：第 j 项指标权重值 $a_j = \dfrac{g_j}{\sum\limits_{j=1}^{n} g_j}$。

● 在具有多层指标的指标体系中，根据熵值的可加性，可以直接应用下一层的指标效用值 g_j，按比例确定对应上层结构的权重数值。下一层指标的效应值求和记为 G_k（$k=1,2,\cdots,5$），然后进一步得到上一层的指标效用值的综合 $G = \sum\limits_{k=1}^{5} G_k$。因此，相应影响因素层的指标类权重为 $A_j = \dfrac{G_k}{G}$。

② 主观权重赋值：

利用层次分析法（AHP）进行系统分析，具体步骤如下。

● 构造判断矩阵并求最大特征根和特征向量：

判断矩阵建立时自上而下计算某一层次各因素对上一层某个因素的相对权重，分别构造出 A—B、B—C、C—D 判断矩阵。判断矩阵的数值是根据数据资料、专家意见，引用 1～9 标度对重要判断结果进行量化（见表 3–9）。

表3-9　判断矩阵标度及其含义

重要性等级	C_{ij}^*赋值
i, j 两元素同等重要	1
i 元素比 j 元素稍重要	3
i 元素比 j 元素明显重要	5
i 元素比 j 元素强烈重要	7
i 元素比 j 元素极端重要	9
i 元素比 j 元素稍不重要	1/3
i 元素比 j 元素明显不重要	1/5
i 元素比 j 元素强烈不重要	1/7
i 元素比 j 元素极端不重要	1/9

注：C_{ij}^* = {2,4,6,8,1/2,1/4,1/6,1/8}表示重要性等级介于C_{ij} = {1,3,5,7,9,1/3,1/5,1/7,1/9}，这些数字根据人们进行定性分析的直觉和判断力而确定。

判断矩阵的最大特征值和特征向量采用几何平均近似法计算。其计算步骤为：

计算判断矩阵每一行元素的乘积 M_i：$M_i = \prod_{j=1}^{n} a_{ij}, (i = 1,2,\cdots,n)$

计算 M_i 的 n 次方根 $\overline{W_i}$

$$\overline{W_i} = \sqrt[n]{M_i}$$

对向量 $\overline{W} = \left[\overline{W_1}, \overline{W_2}, \cdots, \overline{W_n}\right]^T$ 正规化

$$W_i = \frac{\overline{W_i}}{\sum_{j=1}^{n} \overline{W_j}} \qquad (j = 1,2,\cdots,n)$$

计算判断矩阵的最大特征根 $\lambda_{\max}$

$$\lambda_{\max} = \sum_{i=1}^{n} \frac{(AW')_i}{nW_i'}$$

其中，$(AW')_i$ 为向量 AW' 的第 i 个元素。

- 计算判断矩阵的一致性检验：

为检验矩阵的一致性，定义 $CI = \dfrac{\lambda_{\max} - n}{n - 1}$。当完全一致时，$CI = 0$。$CI$ 愈大，矩阵的一致性愈差。对 1—9 阶矩阵，平均随机一致性指标 RI 见表 3-10。

表3-10 平均随机一致性指标

阶数	1	2	3	4	5	6	7	8	9
RI	0	0	0.58	0.90	1.12	1.24	1.32	1.41	1.45

当阶数不大于 2 时（≤2），矩阵总有完全一致性；当阶数大于 2 时，$CR = \dfrac{CI}{RI}$ 称为矩阵的随机一致性比例。当 $CR < 0.10$ 或在 0.10 左右时，矩阵具有满意的一致性，否则需要重新调整矩阵。

- 层次总排序：

计算 C 层和 D 层对于 A 层的相对重要性排序权值，实际上是层次排序权值的加权组合，具体计算方法见表 3-11。

表3-11 层次总排序

层次C ＼ 层次B	$B_1 B_2 \cdots B_n$ $b_1 b_2 \cdots b_n$	C层对A层的总排序值
C_1	$C_{11} C_{12} \cdots C_{1n}$	$\sum\limits_{i=1}^{n} b_i C_{1i}$
C_2	$C_{21} C_{22} \cdots C_{2n}$	$\sum\limits_{i=1}^{n} b_i C_{2i}$
…	……	……
C_m	$C_{m1} C_{m2} \cdots C_{mn}$	$\sum\limits_{i=1}^{n} b_i C_{mi}$

注：表中 b_1，b_2，…，b_n 是B层对于A层的排序权值，C_{11}，C_{12}，…，C_{mn} 是C层对B层的单排序权值。层次总排序仍需要一致性检验，根据公式计算C层和D层对于A层的权值。

③ 综合权重：

本研究综合权重的计算（高波，2007）：

$$W = (1 - t) \times W_\omega + t W_\alpha$$

其中，W_ω 为层次分析法确定的主观权重；W_α 为熵值法确定的客观权重；t 为修正系数。t 值由熵值法确定的指标权重值的差异程度，计算公式如下：

$$t = R_{EN} \times n / (n - 1)$$

其中，R_{EN} 为熵值法确定的指标值的差异程度系数，计算公式如下：

$$R_{EN} = \frac{2}{n}(1 \times p_1 + 2 \times p_2 + \cdots + n \times p_n) - \frac{n+1}{n}$$

其中，n 表示指标个数；p_1，p_2，$\cdots$，p_n 为熵值法确定的权重从小到大的排列。

（4）多目标规划模型

1）目标函数

海岛人口数量包括常住人口数和旅游人口数量。目标函数：

$$\mathrm{Max}TP = P_a + P_t \times 365$$

其中，P_a 为海岛年常住人口数（人）；P_t 为旅游人口（人/d）。

GDP 目标函数：

$$\mathrm{Max}GDP = GDP_1 + GDP_2 + GDP_3$$

其中，GDP_1、GDP_2、GDP_3 分别为海岛第一产业、第二产业、第三产业生产总值。

2）约束条件

① 水资源约束模型：

$$(GDP_1 + GDP_2 + GDP_3) \times C_i + (P_a + P_t \times 365) \times \eta \times 365 \leqslant W_n$$

② 土地资源约束模型：

$$(P_a + P_t \times 365) \times \mu \leqslant P_i$$
$$(GDP_1 + GDP_2 + GDP) \times Q_p / L_p \leqslant L_s$$

③ 旅游资源承载力约束模型：

$$P_t \times T_i \times A_i / T \leqslant A$$

④ 森林景观游憩承载力约束模型：

$$\lambda \times (P_a / 365 + P_t) \leqslant S_w$$

其中，C_i 为某一承载水平下单位 GDP 用水量；W_n 为海岛可利用水资源总量；η 为人均生活用水量；P_i 为生活空间可容纳人口数；μ 为城市满足人类生存发展和享受的土地需求面积；L_s 为研究海岛产业发展可利用和已利用土地面积；L_p 为参照海岛产业发展可利用和已利用土地面积；Q_p 为参照海岛生产总值，参照海岛可根据具体评价海岛功能定位，选择评价期发展最好的同类型海岛作为参考；T 为每日开放时间；A 为旅游资源的空间规模；T_i 为人均每次利用时间；A_i 为每人最低空间标准，根据海岛建设规划或参照国内外标准确定；S_w 为评估海岛的森林面积；λ 为每人平均拥有的森林绿地面积，取 $30\ \mathrm{m}^2$（胡忠行，朱爱珍，2002）。

⑤ 海域水环境容量约束模型：

陆源氮、磷污染相应调整系数取 77% 和 49%（Kronvang，1996），其他污染物取 80%（付青，吴险峰，2006）。

$$P_h + P_l + P_c + P_d \leqslant 80\%L \text{ 或 } 77\%L \text{ 或 } 49\%L$$

式中，P_c 为海岛农业化肥流失污染负荷。

$$P_h = \omega \times A_h$$

式中，P_h 为海岛人口年排污染量；ω 为人口污染排放系数（表 3-12）（张大弟，1997）；A_h 为人口数量。

表3-12　人口污染排放系数（ω）

单位：kg/(a·人)

污染指标	COD$_{cr}$	BOD$_5$	总氮（TN）	总磷（TP）
农村生活污水	5.84	3.39	0.584	0.146
城镇生活污水	7.30	4.24	0.73	0.183
人类尿	13.52	7.84	2.816	0.483

$$P_l = \sum V_i \times X_i$$

式中，P_l 为某一种污染物工业排放量；V_i 为某一行业产值（万元）；X_i 为某一行业某一种污染物的单位产值污染排放量（见表 3-13，根据不同评价年进行调整）。

表3-13　全国各行业单位工业产值污染排放量（2009年）

行业	水量/工（kg/万元）	气量/工（m³/万元）	COD排放（kg/万元）	NH$_3$-N排放（kg/万元）	SO$_2$排放（kg/万元）
全国	0.38	7 952.83	0.691 5	0.044 7	3.089 6
煤炭采和洗	0.49	1 422.80	0.558 8	0.028 7	0.913 5
石油和天然气采	0.14	1 452.60	0.220 8	0.010 1	0.469 6
黑色金属采	0.41	3 915.90	0.290 5	0.012 5	1.434 3
有色金属采	1.33	1 275.46	1.641 8	0.065 9	4.371 0
非金属采	0.34	3 622.37	0.292 4	0.012 6	1.964 5
其他采	4.13	13 669.06	4.438 8	0.113 7	7.762 6
农副食品加工	0.51	1 316.83	1.881 9	0.069 2	0.575 6

续 表

行业	水量/工 （kg/万元）	气量/工 （m³/万元）	COD排放 （kg/万元）	NH₃-N排放 （kg/万元）	SO₂排放 （kg/万元）
食品制造	0.57	3 468.83	1.283 5	0.071 2	1.166 9
饮料制造	0.93	2 826.51	3.045 5	0.098 4	1.417 0
烟草制品	0.07	1 049.75	0.082 9	0.006	0.235 9
纺织业	1.04	1 501.00	1.362 9	0.069 9	1.114 9
纺织服装、鞋帽制造	0.14	217.33	0.163 5	0.009 3	0.118 9
皮革、毛皮、羽毛及其制品	0.39	518.24	0.895 9	0.070 5	0.277 6
木材加工及木、竹、藤、棕、草制品	0.11	2 585.25	0.283 2	0.008 1	0.558 0
家具制造	0.05	349.74	0.139 2	0.002 3	0.076 8
造纸及纸制品	4.75	7 388.35	13.276 3	0.331 4	5.534 2
印刷和记录媒介的复制	0.06	454.1	0.073 5	0.004 0	0.089 9
文教体育用品制造	0.05	315.57	0.052 6	0.004 1	0.043 6
石油加工、炼焦及核燃料加工	0.31	7 353.23	0.372 3	0.033 8	2.857 9
化学原料及化学制品制造	0.53	6 278.75	1.157 6	0.237 2	2.642 1
医药制造	0.56	136 287	1.192 3	0.075 2	0.821 9
化学纤维制造	1.15	8 444.96	3.181 1	0.114 6	2.992 3
橡胶制品	0.14	1 898.13	0.131 3	0.014 3	0.792 7
塑料制品	0.04	598.94	0.067 0	0.004 3	0.213 3
非金属矿物制造	0.13	31 747.43	0.120 1	0.006 1	6.461 3
黑色金属冶炼及压延加工	0.30	24 294.64	0.270	0.020 3	3.991 5
有色金属冶炼及压延加工	0.14	9 459.72	0.132 6	0.034 5	3.213 3
金属制品	0.19	1 203.14	0.167 6	0.007 7	0.238 6
通用设备制造	0.05	705.74	0.052 0	0.004 0	0.168 8
专用设备制造	0.07	2 489.22	0.067 9	0.005 0	0.228 3
交通运输设备制造	0.07	878.98	0.102 5	0.007 0	0.088 3
电气机械及器材制造	0.03	326.44	0.030 9	0.001 6	0.033 6
通讯设备、计算机及其他电子设备制造	0.08	760.05	0.066 8	0.005 3	0.022 5
仪器仪表及文化、办公用机械制造	0.11	1 064.27	0.098 3	0.007 8	0.028 2
工艺品及其他制造	0.08	250.83	0.080 3	0.005 8	0.081 7
废弃资源和废旧材料回收加工	0.07	450.18	0.082 6	0.007 4	0.120 4

续 表

行业	水量/工 （kg/万元）	气量/工 （m³/万元）	COD排放 （kg/万元）	NH₃-N排放 （kg/万元）	SO₂排放 （kg/万元）
电力、热力生产和供应	0.45	42 956.06	0.134 1	0.004 2	27.904 5
燃气生产和供应	0.11	4 223.05	0.221 8	0.052 3	1.289 5
水的生产和供应	2.26	69.15	1.508 3	0.074 6	0.045 2

$$C_N \text{ 或 } C_P$$

$$C_N = F_N \times 30\% \times 20\%$$

$$C_P = F_P \times 20\% \times 5\%$$

式中，C_N 为氮流失量；F_N 为氮肥施用量；C_P 为磷流失量；F_P 为磷肥施用量。

$$P_d = \zeta \times A_d$$

式中，P_d 为海岛畜禽年排污染量；ζ 为畜禽污染排放系数（表3-14）（司友斌等，2000；杨斌，程巨元，1999）；A_d 为畜禽数量。

表3-14 各畜禽污染物排放系数（ζ）

单位：kg/(a·头)

	COD_Cr	BOD₅	TN	TP
牛	76.91	193.67	29.08	7.23
羊	4.4	2.7	4.23	1.43
猪	3.78	25.98	0.94	0.16
家禽	0.233	0.559	0.138	0.026
兔			1.07	

注：(1) 表中排放系数除BOD₅外，均为进入水体量；BOD₅考虑60%进入水体。
　　(2) 部分汇水区家禽的调查资料中，有鸡鸭及蛋禽肉禽的分类统计。这里为简化计算，按照鸡和鸭各占80%和20%、蛋禽和肉禽各占50%计算得到家禽的各污染物排放系数。

3.3 无居民海岛功能分类体系

在无居民海岛自然特征的基础上，根据无居民海岛开发管理的需求进行分类，构建无居民海岛的功能分类体系是开展无居民海岛保护、开发与管理工作的基础性工作。

3.3.1 海岛资源分类开发与保护模式

夏梁省等（2012）探讨了海岛资源分类的基本原则，提出了中心发展性海岛、大陆近岸性发展岛屿和组团发展性岛屿三种分类方式，并以浙江海岛资源为例探索了海岛开发模式，提出按照岛屿类别的特征，对中心发展性岛屿实施岛陆一体化开发模式，对大陆近岸性岛屿实施"联众模式"，对组团发展性岛屿实施可持续发展模式。

吴姗姗（2011）根据海岛区位、资源和生态条件、现有用途和社会经济发展需求等，将无居民海岛划分为保护类、适度开发类和保留类三种类型，实行分类保护。保护类无居民海岛，是指领海基点所在无居民海岛、国防用途无居民海岛、自然保护区核心区内的无居民海岛。对于这类无居民海岛及其周围海域，实行严格保护制度，禁止任何可能改变地形地貌的活动。保护区的无居民海岛，还要禁止任何可能改变生态系统的活动。对于已经受到损害的保护类无居民海岛，应该加强生态修复。适度开发类无居民海岛，是指海岛或周围海域海洋资源优势突出，当地国民经济和社会发展对其有需求的无居民海岛。对于这类无居民海岛，应当遵循在开发中保护，在保护中开发的原则，适度开发，强调环境影响评价和用岛论证，注重环境保护措施的可行性。保留类无居民海岛，是指没有明显的资源优势，近期社会经济发展没有需求的无居民海岛。对于这类无居民海岛，应保持其自然原始状态，防止海岛及周围海域资源环境遭到破坏。

卢江宁等（2012）指出辽宁省是我国海岛的主要分布地区之一，目前，辽宁省管辖海域的无居民海岛普遍存在不同程度的开发利用，主要包括渔业养殖、旅游开发、保护区建设、军事用途和建设灯塔等。无居民海岛以养殖用岛居多，其次是旅游用岛，大多数开发活动普遍缺少规划，随意性、粗放性较大。海岛的无序开发不仅对岛体自身产生极大的破坏，同时也对海岛周边的海洋生态及环境产生了一定的负面影响。

麻德明等（2012）根据无居民海岛的自然属性和社会属性，考虑到海岛环境的特殊性、资源承载的有限性、空间开发功能的衍生性以及与国家主体功能区规划和全国海洋功能区划的衔接性，从海岛开发适宜性和海岛可持续发展的角度，研究无居民海岛功能分类方法，构建海岛功能分类评价指标体系，确定海岛功能分类的适宜性评价因子及评价标准，并引入综合评判理论，量化指标因子，构建综合评判模型。按照《海洋功能区划技术导则》，根据海岛的区位条件、自然属性和海洋经济发展的需求，结合海岛自身的特色，将海岛功能划分为保留类、可开发利用类和特殊功能类三大一级类型。其中，保留类不再细分；可开发利用类可划分为旅游、港口工业、农渔、能源利用和其他利用五个亚类；特殊功能类可划分为国家权益、军事和航标及测控三个亚类。在亚类的基础上，借鉴目前国内外对海岛价值分类方法，进一步细划为不同的功能种类，分别构建无居民海岛保护类、可开发利用类和特殊功能类三类三级功能分类体系（见表3-15）。

廖连招（2007）认为海岛功能定位合理与否关系到海岛开发利用方向，是直接影响到保护目标可否实现的规划本质要素。与陆地土地利用规划不同，海岛资源的利用，一定程度受到海岛生态系统的制约。应将海岛生态系统主导服务功能的永续利用作为海岛利用与保护的关键。因此，在确定海岛功能时，就必须充分注意自然属性的生态因素制约性，只有这样方可保证在海岛开发利用中，不加剧海岛生态系统的退化与重要资源的不可恢复性损害。

海岛资源的多样性，决定了海岛功能划分时的多样性，不同的资源特征与利用方式可以有不同的功能。因此，应合理定位海岛的主导功能。可以将海岛归类为特殊类型（军事、特殊标志等）、旅游与文化类型、城市景观类型、养殖开发与科研类型、港口与工业开发类型等。不同类型的利用方向，有不同的保护要求。根据海岛生态敏感性以及资源的重要性，按一般保护、适度利用、特殊保护三类进行分类控制。

表3-15 海岛功能分类

特殊利用区	国家权益、军事、国防	领海基点
		军事基地
		重要海峡
		战略区位
	保护区	珍稀或濒危动物
		珍稀或濒危植物
		特殊生态系统
	试验区	特殊地形地貌
		具有科学试验、动植物繁殖、培育引种环境条件
		科研价值
	航标、测控	重要灯塔或设施
		测绘控制点
		海洋观测站
可开发利用类	旅游	自然景观
		休闲娱乐
		历史、人文遗迹
	工业	港口、仓储
		工程建设
		海产品加工
		矿产
	能源	海洋能
		风能
		潮汐能
	农渔	海水养殖
		农牧业
	其他	
保留类	保留类	面积特别小，没有特殊功能，目前不具备开发价值

资料来源：麻德明等，2012。

3.3.2 无居民海岛功能分类体系

海岛分类管理是制定海岛保护规划的基本原则，国家海洋局在《关于编制省级海岛保护规划的若干意见》（海岛字 [2011]2 号）中要求统一全国海岛分类保护体系（表 3-16）。

表3-16 海岛分类保护体系

一级类	二级类	三级类
有居民海岛	特殊用途区域	
	优化开发区域	
无居民海岛	特殊保护类	领海基点所在海岛
		国防用途海岛
		海洋自然保护区内海岛
	一般保护类	保留类海岛
	适度利用类	旅游娱乐用岛
		交通运输用岛
		工业用岛
		仓储用岛
		渔业用岛
		农林牧业用岛
		可再生能源用岛
		城乡建设用岛
		公共服务用岛

（1）有居民海岛

特殊用途区域，是指设置在有居民海岛上的领海基点、国防设施、海洋自然保护区所划定的保护区域。

优化开发区域，是指有居民海岛上除特殊用途区域之外的区域。

（2）无居民海岛

1）特殊保护类

领海基点所在海岛，是指领海基点所依存的无居民海岛或者低潮高地。

国防用途海岛，是指以国防为使用目的的无居民海岛。

海洋自然保护区内海岛，是指位于国家和地方自然保护区内的无居民海岛。

2）一般保护类

保留类，是指目前不具备开发利用条件，以保护为主，或者难以断定其用途的无居民海岛。

3）适度利用类

旅游娱乐用岛，是指以开发利用海岛旅游资源、开展休闲旅游活动为目的的无居民海岛。

交通运输用岛，是指为满足港口、路桥、隧道、航运等交通设施建设及功能所使用的无居民海岛。

工业用岛，是指开展工业生产所使用的无居民海岛。包括盐业、固体矿产开采、油气开采、船舶工业、电力工业、海水综合利用及其他工业用岛。

仓储用岛，是指用于建设存储或者堆放生产物质及生活物质的库房、堆场和包装加工车间及其附属设施所使用的无居民海岛。

渔业用岛，是指开发利用海岛周边海域的渔业资源、开展海洋渔业生产所使用的无居民海岛，包括渔业基础设施建设和围海养殖用岛。

农林牧业用岛，是指开展农、林、牧业开发利用活动的无居民海岛。

可再生能源用岛，是指开发利用海岛可再生能源所使用的无居民海岛。包括生物质能、风能、太阳能、地热能和海洋能等。

城乡建设用岛，是指城乡建设活动使用的无居民海岛。包括因填海造地使得无居民海岛与大陆或者有居民海岛连成一片，或者将居民户籍住址登记地迁往无居民海岛等用岛活动。

公共服务用岛，是指科研、教育、监测、助航导航等非经营性公用基础设施建设、气象观测、海洋监测和地震监测等公益事业使用的无居民海岛。

3.4　无居民海岛适宜性评价方法

无居民海岛开发是近年来才兴起的一种近海社会经济活动。为了保护海岛生态环境和规范无居民海岛可持续发展，无居民海岛开发适宜性评价因而显得非常重要。本研究涉及的无居民海岛开发适宜性评价是以海岛开发的生态环境条件为依据，以区域资源状况为基础，以社会发展状况为条件，在充分利用无居民海岛优势资源和保护海岛生态环境的前提下，评价一定时期、特定区域的无居民海岛分类开发的适宜程度。在此概念模型下，构建了无居民海岛开发适宜性评价指标体系。

3.4.1　评价指标的选取原则

合理地选择评价因子是进行无居民海岛开发适宜性分析的前提，在建立无居民海岛开发适宜性评价指标体系时，应该遵循以下基本原则。

（1）评价指标需要全面、系统

由于无居民海岛是由岛陆、岛滩和环岛海域组成的一个完整而独立的生态地域系统，具有生态保护价值和潜在开发利用价值，并且自然资源、生态环境、社会经济等众多因素都将影响到无居民海岛开发的适宜性，因此应该选取多领域的评价因子进行全面、系统的分析。

（2）评价指标需要具有代表性和综合性

评价指标应该适量并且具有代表性，若选取的评价指标过多，不但增加了工作量，也会增加适宜性综合评价结果的误差，导致分析结果难以准确反映生态环境和资源对主要发展目标的适宜性。选定的各个指标应具有某个方面的典型性和代表性，同时选取的指标应涵盖自然、社会、生态等多方面指标，从多个角度出发，综合考虑。

（3）评价指标需要定性与定量相结合

对于无居民海岛的某些特殊性重要开发指标，例如在法律上明确规定其保护与开发利用用途，或者在军事上禁止其进行其他开发利用的海岛，应该选择定性指标作为开发适应性指标。

定量指标可以通过指标权重确定和指标等级赋值来计算无居民海岛的开发适宜度。

（4）评价指标需要具有可比性、可度量性和可操作性

可比性要求各个指标在时间和空间上可进行对比；可度量性要求所选取指标应以可量化指标为基础，但由于区域的开发适宜性评价是一件复杂的工作，涉及多方面因素，而某些因素难以用具体数值进行度量，可采用模糊数学法将此类指标量化；可操作性要求指标体系最终能被管理者所使用，能反映某一因素的现状和变化趋势。因此，在选定指标时要考虑到获取统计数据的难易程度，易于分析计算并得出最终结果。

（5）开发方向性原则

有些因素对某种海岛利用方式是必要条件或潜力条件，而有些因素则可能对其形成限制或约束。也就是说，对于海岛的特定开发方向，某些因素是开发利用的有利条件，而另外某些因素则可能是不利因素。无居民海岛开发适宜性评价指标，需要针对无居民海岛的不同开发利用类型确定指标的选取和分级。

3.4.2 初步建立评价指标体系库

根据海岛保护法对于海岛保护与开发利用的法律规定，无居民海岛开发适宜性评价指标体系的建立，仅针对《关于编制省级海岛保护规划的若干意见》（海岛字[2011]2号）中规定的可利用开发类无居民海岛。根据无居民海岛开发适宜性评价的概念模型，构建了两个框架下的指标体系库。

（1）建立以无居民海岛自然属性为主的适宜性评价指标体系库

该指标体系以地形地貌、地质条件、水文气象、海洋环境、陆地生态、自然资源和社会条件为准则层的多层次评价指标体系库（表3-17），包括36个指标。

（2）建立以资源－生态环境－社会发展为框架的适宜性评价指标体系库

根据无居民海岛资源状况、生态环境和社会发展状况，构建了目标层—准则层—因素层—指标层四个层次为主体的多层次指标体系（表3-18）。该指标体系包括36个指标，可以应用于不同类型无居民海岛适宜性评价。

建立的各有特点的指标体系所列指标为针对无居民海岛现状调查的全部指标，由于每一个被评价单岛或者岛群特点不同，在具体针对某个或某几个无居民海岛开发适宜性评价中并非所有指标为必须，需要针对海岛的开发利用类型选择适用指标。

从经济角度来看，无居民海岛的经济价值越高、开发潜力越好，开发利用的效益就越明显，因此就越具开发价值；从生态保护的角度来看，无居民海岛的生态价值越高，就越值得保护；生态系统越脆弱、敏感性越强，在人类活动的干扰下就越容易受到破坏，因此就越发需要生态保护而不适宜进行大规模开发。在无居民海岛适宜性评价过程中，需要统筹生态保护与经济效益的关系，以保护无居民海岛生态系统为前提，实现无居民海岛资源的合理利用。

表3-17　基于无居民海岛自然属性为主的开发适宜性评价指标体系库

准则层（指标类型）	指标名称	指标调查因子	调查因子单位	指标调查说明
地形地貌B1	海岛面积C1	海岛面积	m^2	
	离岸距离C2	离岸距离	km	
	滩涂类型C3	潮间带宽度	m	综合判断滩涂资源优劣
		滩涂面积	m^2	
		滩涂厚度	m	
	岸线类型C4	各类岸线长度	m	综合判断可利用岸线条件优劣
		岸线后方陆域宽坡度	‰	
		岸线后方陆域宽宽度	m	
	平均海平面相对高程C5	平均相对高程	m	
地质条件B2	地质稳定性C6	地层岩性	—	综合判断地质稳定性
		地质构造	—	
	地震C7	附近海域发生频率	次/a	综合判断地震灾害
		附近海域地震强度	震级	
	海岸侵蚀C8	侵蚀速率	m/a	
	水土流失C9	流失强度	$t/(km^2 \cdot a)$	
水文气象B3	灾害气象C10	台风与风暴潮发生频率	次/a	综合判断气象灾害
		台风与风暴潮强度	风级	
	水深C11	近岸水深	m	
	波浪C12	浪高	m	
	潮流C13	潮汐类型、潮差等	—	
	泥沙C14		—	
	掩护条件C15		—	
海洋生态环境B4	邻近海域海水水质C16		—	《海水水质标准》（GB 3097—1997）
	邻近海域海洋沉积物质量C17			《海洋沉积物质量》（GB 18668—2002）
	浮游植物C18	浮游植物种类	—	评价浮游植物丰度和生物多样性
		浮游植物数量	$10^4 cell/m^3$	
	浮游动物C19	浮游动物种类	—	评价浮游动物丰度和生物多样性
		浮游动物生物量	mg/m^3	
	底栖生物C20	底栖生物种类	—	评价底栖生物丰度和生物多样性
		底栖生物平均个体密度	ind/m^2	
		底栖动物平均生物量	g/m^2	
陆地生态B5	海岛陆地生态C21	珍稀濒危物种	—	
		动物物种和数量	—	
		植物物种和数量	—	
		植被覆盖率	%	

续 表

准则层 （指标类型）	指标名称	指标调查因子	调查因子 单位	指标调查说明
自然资源B6	自然景观C22	自然景观价值	—	
	历史遗迹C23	历史遗迹价值	—	
	渔业资源C24	渔业资源种类	—	
		渔业资源数量	ind/m³	
	增养殖条件C25	是否具备增养殖条件	—	
	淡水资源量C26	淡水可供应量	m³/a	
	淡水资源开采条件C27	地下水	—	
	能源与矿产资源量C28	资源量	t	
	开采难易程度C29	开采难易程度	—	
社会条件B7	所属海洋自然保护区 C30	保护区名称、范围、保护对象	—	
	所属海洋特别保护区 C31	特别保护区名称、范围等	—	
	所属海洋功能区划C32	所属海洋功能区划区类型	—	
	旅游基础设施C33		—	
	交通条件C34	交通条件	—	
	电力条件C35	电力条件	—	
	区位条件C36		—	

表3-18 基于资源-生态环境-社会发展为框架的无居民海岛开发适宜性评价指标体系库

准则层 （指标类型）	因素层	指标层	指标调查参数	调查因子单位	指标调查说明
资源B1	生物资源C1	岛陆生物资源 D1	动物物种和数量	—	
			植物物种和数量	—	
			植被覆盖率	%	
			濒危野生动植物	—	只表明有还是无
		海洋生物资源 D2	濒危海洋生物与国家级 海洋保护生物	—	只表明有还是无
			经济鱼类总类与数量	ind/m³	
			浮游植物种类与数量	10⁴cell/m³	评价浮游植物丰度和 生物多样性
			浮游动物种类与数量	ind/m³	
			底栖生物种类与密度	ind/m²	评价浮游动物丰度和 生物多样性
	景观资源C2	自然景观D3	自然景观价值	—	定性表示程度
		人文景观D4	人文景观	—	定性表示程度
	水资源C3	淡水资源量D5		m³/a	
		淡水资源开采 条件D6		—	用难易表示
	能源与矿场 资源C4	典型矿产资源 量D7	石油、金属储量及分布	—	
		清洁能源资源 量D8	潮汐能、风能、波能、 温差能	—	定性表示程度
		资源开采与能源 开发条件D9	难易度	—	用难易表示

准则层（指标类型）	因素层	指标层	指标调查参数	调查因子单位	指标调查说明
生态环境B2	地形地貌C5	海岛面积D10	—	m²	
		离岸距离D11	—	km	
		滩涂类型D12	潮间带宽度	m	综合判断滩涂资源优劣
			滩涂面积	m²	
			滩涂厚度	m	
		岸线类型D13	各类岸线长度	m	综合判断可利用岸线条件优劣
			岸线后方陆域宽坡度	‰	
			岸线后方陆域宽宽度	m	
		平均海平面相对高程D14	平均相对高程	m	
	地质条件C6	地质稳定性D15	地层岩性	—	综合判断地质稳定性
			地质构造	—	
		海岸侵蚀D16	侵蚀速率	m/a	
		水土流失D17	流失强度	t/(km²·a)	
	海洋环境质量C7	邻近海域海水环境质量D18		—	《海水水质标准》（GB 3097—1997）
		邻近海域海洋沉积物质量D19		—	《海洋沉积物质量》（GB 18668—2002）
	海岛灾害C8	地震灾害D20	附近海域发生频次	次/a	综合判断地震灾害
			附近海域地震强度	震级	
		气象灾害D21	台风与风暴潮发生频率	次/a	综合判断气象灾害
			台风与风暴潮强度	风级	
			雾天灾害频率与等级	天/a	
		生物灾害D22	赤潮、绿潮等生物灾害发生频次	次/a	综合判断气象灾害
	水文C9	水深D23	近岸水深	m	
		泥沙D24		—	
		波浪D25	波高	m	
		掩护条件D26		—	定性表示
社会发展B3	区位条件C10	岛群区位优势D27		—	定性分析判断
		岛陆区位优势D28		—	
	海洋功能区划和保护区C11	所属海洋功能区划D29	所属海洋功能区划类型	—	综合判断是否符合功能区和保护区要求
		所属海洋自然保护区D30	保护区名称、范围和保护对象	—	
		所属海洋特别保护区D31	保护区名称、范围和保护对象	—	
	交通条件C12	登岛交通便利程度D32		—	定性分析判断
	电力条件C13	海岛电力条件D33		—	定性分析判断
	已有开发项目C14	海洋渔业D34		—	定性分析规模和发展成熟度
		旅游业D35		—	
		其他类型产业D36		—	

3.4.3 评价指标的分级与赋值

适宜性评价指标等级划分为 5 级，分别赋值 0 ~ 2 分，2 ~ 4 分，4 ~ 6 分，6 ~ 8 分，8 ~ 10 分，分值越高表明无居民岛开发适宜性越高。

需要解释的是：各项指标体系并非适合所有分级赋值区间。例如海岛旅游资源的"自然景观"指标，最低为 2 ~ 4 分，因为海岛与陆地相比较的特殊性，海岛本身周边的海水就具有自然景观价值。部分指标由于只能定性描述，因此有些指标可能跨越 2 个或 3 个评价级别。

资源开发利用类指标的赋值需要根据海岛开发利用用途进行赋值。例如：对于港口与工业开发类海岛，地质条件、地形条件、海岛面积、建港条件等是重要开发适宜条件；而对于旅游娱乐类岛，海洋环境、陆地生态、自然景观、淡水资源等是重要开发适宜条件。

社会发展类指标的赋值需要定性判断，例如对区位优势中的岛群优势和岛陆优势需要靠定性的方式来赋值，所属海洋功能区主要根据全国海洋功能区划或者省级功能区划一致性来判断等。

分别按照以无居民岛自然属性为主的适宜性评价指标体系和基于资源－生态环境－社会发展为框架的适宜性评价指标体系来分类赋值和划分等级。

3.4.3.1 以无居民岛自然属性为主的适宜性评价指标体系

由于旅游类、仓储类及工业类用岛方式不同，采用的评价指标不同，对每一等级赋值要求不同，因此分别介绍不同用岛方式适宜性评价指标等级与赋值。

（1）旅游娱乐类用岛适宜性评价指标等级与赋值

旅游娱乐类用岛适宜性评价指标等级与赋值（表 3-19），主要以定性指标为主，因为海岛自然条件较为恶劣，能收集到的资料较少，所以在满足研究任务的前提下，科学合理的定性评价也是一种较好的方法。

表3-19　旅游娱乐类海岛开发适宜性评价指标等级与赋值

指标层	开发适宜度等级及赋值					备注
	0~2分	2~4分	4~6分	6~8分	8~10分	
海岛面积（hm²）	< 5	5~25	25~50	50~100	> 100	旅游空间要求
离岸距离（km）	> 80	40~60	20~40	10~20	< 10	登岛时间要求
水土流失	强	一般			弱	海岛陆上环境
气象灾害	频率非常高	频率高	一般	频率低	频率非常低	天气阻挡
月均气温（℃）	温度适宜天数不足50天		温度适宜天数超过50天	温度适宜天数超过100天	温度适宜天数超过200天	旅游舒适性
邻近海域沉积物质量	劣于第三类标准	符合第三类标准	符合第二类标准	符合第一类标准		GB 18668—2002
邻近海域海水水质	劣于第四类标准	符合第四类标准	符合第三类标准	符合第二类标准	符合第一类标准	GB 3097—1997

指标层	开发适宜度等级及赋值					备注
	0~2分	2~4分	4~6分	6~8分	8~10分	
珍稀濒危动植物	有	—			无	保护珍稀濒危野生动植物
植被覆盖度（%）	<20	—			>80	海岛植被
自然景观	景观不具特色	景观较突出		景观较奇特优美	景观优美，独具特色	—
历史遗迹	未发现历史遗迹	相关历史事件和人物知名度很小		相关历史事件和人物知名度一般	相关历史事件和人物知名度较大	
淡水资源量	没有淡水	淡水资源量较少		淡水资源量一般	淡水资源丰富	水制约因素
经济鱼类资源量	贫乏	较少	一般	高	较高	高端旅游垂钓
海洋功能区划	其他功能区	保留区			旅游休闲娱乐区	与国家规划符合性
旅游基础设施	非常匮乏	一般			有一定基础	基础条件
交通条件	进出非常困难	进出较困难		进出较容易	进出容易	交通条件

（2）工业类用岛适宜性评价指标等级与赋值

表 3-20 是工业类用岛适宜性评价指标等级与赋值。该指标根据用岛类型不同，增加了岸线类型、海岸侵蚀等指标，社会条件增加了区位优势这个重要指标。

表3-20　工业类海岛开发适宜性评价指标等级与赋值

指标层	开发适宜度等级及赋值					备注
	0~2分	2~4分	4~6分	6~8分	8~10分	
海岛面积（hm²）	<5	5~25	25~50	50~100	>100	空间要求
离岸距离（km）	>80	40~60	20~40	10~20	<10	登岛时间要求
岸线类型	岸线稳定性差，后方陆域狭窄崎岖	岸线稳定性较差，后方陆域较狭窄		岸线较稳定，后方陆域较平坦宽阔	岸线稳定，后方陆域平坦宽阔	岸线地形需求
地质稳定性	不稳定	—			稳定	地质需求
海岸侵蚀	高	一般			低	地质需求
地震发生频次	频率较高	一般		频率较低	频率非常低	地质需求
水深	较差	一般		较好	良好	航行需求

续 表

指标层	开发适宜度等级及赋值					备注
	0~2分	2~4分	4~6分	6~8分	8~10分	
波浪	较大	一般		较小	小	航行需求
潮汐	潮差大	一般		较小	小	停靠船需求
掩护条件	掩护条件差	一般		较好	好	停靠船需求
泥沙	泥沙运动强	中等		较弱	弱	冲淤
气象灾害	频率较高	频率一般		频率较低	频率非常低	灾害天气
邻近海域海水水质	符合第一类标准	符合第二类标准	符合第三类标准	符合第四类标准	劣于第四类标准	GB 3097—1997
邻近海域沉积物质量	符合第一类标准	符合第二类标准	符合第三类标准	劣于第三类标准		GB 18668—2002
珍稀濒危动植物	有	—			无	保护珍稀濒危野生动植物
自然景观	景观优美，独具特色	景观较奇特优美	景观较突出	景观不具特色		
历史遗迹	相关历史事件和人物知名度较大	相关历史事件和人物知名度一般		相关历史事件和人物知名度很小	未发现历史遗迹	
渔业资源	较高	高	一般	较少	贫乏	生态保护
海洋功能区划	旅游休闲娱乐区	保留区		工业与城镇用海区、矿产与能源区		与国家规划符合性
区位条件	较差	差		一般	好	区位优势

（3）港口（仓储）类用岛适宜性评价指标等级与赋值

表3-21是港口（仓储）类用岛适宜性评价指标等级与赋值。在某种程度上，港口（仓储）类用岛属于工业用岛类型。但是其根据自己的特点，和工业用岛略有不同，比如可以不考虑离岸距离、沉积物环境质量等。

表3-21 港口（仓储）类海岛开发适宜性评价指标等级与赋值

指标层	开发适宜度等级及赋值					备注
	0~2分	2~4分	4~6分	6~8分	8~10分	
海岛面积（hm²）	<5	5~25	25~50	50~100	>100	空间要求
地质稳定性	不稳定	—			稳定	地质需求
水深	较差	一般		较好	良好	航行需求
波浪	较大	一般		较小	小	航行需求

指标层	开发适宜度等级及赋值					备注
	0～2分	2～4分	4～6分	6～8分	8～10分	
潮汐	潮差大	一般		较小	小	停靠船需求
掩护条件	掩护条件差	一般		较好	好	停靠船需求
泥沙	泥沙运动强	中等		较弱	弱	冲淤
气象灾害	频率较高	频率一般		频率较低	频率非常低	灾害天气
邻近海域海水水质	符合第一类标准	符合第二类标准	符合第三类标准	符合第四类标准	劣于第四类标准	GB 3097—1997
珍稀濒危动植物	有	—			无	保护珍稀濒危野生动植物
自然景观	景观优美，独具特色	景观较奇特优美	景观较突出	景观不具特色		
历史遗迹	相关历史事件和人物知名度较大	相关历史事件和人物知名度一般	相关历史事件和人物知名度很小	未发现历史遗迹		
渔业资源	较高	高	一般	较少	贫乏	生态保护
海洋功能区划	旅游休闲娱乐区	保留区		港口航运区		与国家规划符合性
区位条件	较差	差		一般	好	区位优势

3.4.3.2　基于资源－生态环境－社会发展为框架的适宜性评价指标体系

（1）旅游娱乐类用岛适宜性评价指标等级与赋值

基于资源－生态环境－社会发展框架的旅游娱乐类海岛开发利用适宜性评价指标要素共包括20个，考虑了海陆生物资源、景观资源、海域生态环境、海洋功能区划、旅游设施等指标（表3–22）。

表3–22　基于资源–生态环境–社会发展框架的旅游娱乐类海岛评价指标等级与赋值

指标层	开发适宜度等级及赋值					备注
	0～2分	2～4分	4～6分	6～8分	8～10分	
濒危珍稀野生动植物	有	—			无	保护珍稀濒危野生动植物
植被覆盖率（%）	＜20	—			＞80	海岛植被
岛陆生物多样性	较低	低	一般	高	较高	海岛植被
濒危珍稀海洋生物与国家级海洋保护生物	有	—			无	保护珍稀濒危野生动植物
经济鱼类总类与数量	贫乏	较少	一般	高	较高	高端垂钓

续 表

指标层	开发适宜度等级及赋值					备注
	0~2分	2~4分	4~6分	6~8分	8~10分	
邻近海洋生物多样性	较低	低	一般	高	较高	生物多样性
自然景观	景观不具特色	景观较突出		景观较奇特优美	景观优美，独具特色	旅游需求
人文景观	未发现人文遗迹	知名度很小		知名度一般	知名度较大	旅游需求
淡水资源量	没有淡水	淡水资源量较少		淡水资源量一般	淡水资源丰富	水制约因素
海岛面积（hm²）	<5	5~25	25~50	50~100	>100	旅游空间要求
离岸距离	>80	40~60	20~40	10~20	<10	登岛时间要求
邻近海域海水环境质量	劣于第四类标准	符合第四类标准	符合第三类标准	符合第二类标准	符合第一类标准	GB 3097—1997
邻近海域海洋沉积物质量	劣于第三类标准		符合第三类标准	符合第二类标准	符合第一类标准	GB 18668—2002
台风与风暴潮发生频率	频率非常高	频率高	一般	频率低	频率非常低	天气阻隔
雾天灾害频率与等级	频率非常高	频率高	一般	频率低	频率非常低	大雾阻隔
所属海洋功能区划	其他功能区	保留区		旅游休闲娱乐区		与国家规划符合性
登岛交通便利程度	进出非常困难	进出较困难		进出较容易	进出容易	交通条件
海岛电力条件	较差	差	一般	好	较好	电力支持
海洋渔业	养殖为主，捕捞为辅	养殖、捕捞发展一般		捕捞为主，养殖较少		渔业环境
旅游设施	非常匮乏	一般		有一定基础		基础条件

（2）工业类用岛适宜性评价指标等级与赋值

基于资源-生态环境-社会发展框架的工业类海岛开发适宜性评价指标要素共包括15个，主要考虑与工业发展有关的资源、海岛生态条件和海洋功能区划和岛陆区位优势（表3-23）。

表3-23 基于资源-生态环境-社会发展框架的工业开发类海岛评价指标

指标层	开发适宜度等级及赋值					备注
	0~2分	2~4分	4~6分	6~8分	8~10分	
珍稀濒危野生动植物	有	一			无	保护珍稀濒危野生动植物

指标层	开发适宜度等级及赋值					备注
	0～2分	2～4分	4～6分	6～8分	8～10分	
珍稀濒危海洋生物	有	—			无	保护珍稀濒危野生动植物
海洋生物资源存量	较高	高	一般	较少	贫乏	海洋渔业保护
淡水资源量	没有淡水	淡水资源量较少		淡水资源量一般	淡水资源丰富	淡水资源需求
石油、金属储量及分布	没有分布	储量低	储量中等	储量高、分布分散	储量高、分布集中	能源工业发展需求
潮汐能、风能、波能、温差能	较差	差	一般	好	较好	可再生能源工业发展需求
资源开采与能源开发条件	较差	差	一般	好	较好	工业外部需求
海岛面积（hm²）	< 5	5～25	25～50	50～100	> 100	
地质稳定性	不稳定	—			稳定	地质需求
地震灾害	频率较高	一般		频率较低	频率非常低	地质需求
水深	较差	一般		较好	良好	航行需求
掩护条件	掩护条件差	一般		较好	好	停靠船需求
岛陆区位优势	较差	差	一般	好	较好	岛陆关系
所属海洋功能区划	旅游休闲娱乐区	保留区			工业与城镇用海区、矿产与能源区	与国家规划符合性
已有产业基础	较差	差	一般	好	较好	已有基础

（3）港口（仓储）类用岛适宜性评价指标等级与赋值

基于资源－生态环境－社会发展框架的港口（仓储）类用岛适宜性评价指标要素包括 12 个，主要考虑生态环境保护与社会发展需求（表 3-24）。港口（仓储）类用岛从本质上属于工业类用岛，但是港口其自身特点，决定了其开发适宜性略微不同于工业类用岛的评价指标。

表3-24　基于资源–生态环境–社会发展框架的港口（仓储）类海岛评价指标

指标层	开发适宜度等级及赋值					备注
	0～2分	2～4分	4～6分	6～8分	8～10分	
珍稀濒危野生动植物	有	—			无	保护珍稀濒危野生动植物
海岛面积（hm²）	< 5	5～25	25～50	50～100	> 100	仓储空间要求
离岸距离（km）	> 80	40～60	20～40	10～20	< 10	岛陆关系

续 表

指标层	开发适宜度等级及赋值					备注
	0~2分	2~4分	4~6分	6~8分	8~10分	
岸线类型	岸线稳定性差，后方陆域狭窄崎岖		岸线稳定性较差，后方陆域较狭窄	岸线较稳定，后方陆域较平坦宽阔	岸线稳定，后方陆域平坦宽阔	各类岸线长度
地质稳定性	不稳定	—			稳定	地质需求
台风与风暴潮发生频率	频率非常高	频率高	一般	频率低	频率非常低	天气制约
北方沿海冬季冰情	严重	一般			轻微	天气制约
水深	较差	一般		较好	良好	航行需求
掩护条件	掩护条件差	一般		较好	好	停靠船需求
岛群区位优势	较差	差	一般	好	较好	岛岛关系
岛陆区位优势	较差	差	一般	好	较好	岛陆关系
所属海洋功能区划	旅游休闲娱乐区	保留区			港口航运区	与国家规划符合性

3.4.4 评价指标标准值的确定原则

针对适宜性评价目标和具体情况，指标体系指标标准值的制定采用以下几种方法。

① 国家、行业和地方规定的标准和规范。国家标准如《海水水质标准》(GB 3097—1997)、《海洋沉积物质量》(GB 18668—2002)、《海洋生物质量》(GB 18668—2002) 等；行业标准指行业发布的环境评价规范、规定、设计要求等；地方标准指地方政府颁布的各类环境标准。

② 参考中可应用科学的研究成果，如科学研究确定的生物因子与生境因子之间的定性或定量关系。

③ 类比标准。参考自然环境和社会环境相类似，海洋生态系统结构和功能状态良好的海区的标准值。

④ 背景或本底标准。以研究区域的背景值和本底值作为标准阈值。

⑤ 根据历史资料记载，选择各方面状态相对较好的某一时段的海洋生态系统作为参照对象。

⑥ 参照海区。选取同一类型海洋生态系统中各方面状态较好的海区作为参考状态。

⑦ 参考国外研究成果和相关数据。

⑧ 采用专家咨询法确定评价等级的标准值。

⑨ 通过公众参与的方式确定标准值，例如当地人认识程度等指标。

⑩ 以经济作为发展阶段的标志，参考国内类似发展阶段相应指标的数据作为参比值。

3.4.5 层次分析法确定指标权重

在对无居民海岛的资源进行评价时，为提高评价过程的可操作性，力求最大限度地降低评价工作中的主观性和片面性，应用层次分析法（AHP），确定各个指标的权重。

层次分析法（Analytical Hierarchy Process，AHP）由美国著名运筹学家 F.L.Santy 教授于 20 世纪 70 年代初提出，是一种模拟人思维过程的方法，具有逻辑性、系统性、灵活性强等特点，体现了人们决策思维的基本特征：分解、判断、综合。这种方法把复杂的问题分解成各组成因素，将这些因素按支配关系分组，以形成有序的递阶层次结构，通过两两比较判断的方式确定每一层次中各因素的相对重要性，然后在递阶层次结构内进行合成以得到决策因素相对于目标重要性的总顺序。同时，层次分析法又是一种建立在专家咨询基础上的优化方法，把多层次多指标的权重赋值简化为各指标重要性的两两比较，弥补了人脑难以在两维以上空间进行全方位扫描的弱点，便于对各层次各指标进行客观赋值。

层次分析法综合了定性与定量分析，模拟人的决策思维过程，具有思路清晰、方法简便、适用面广、系统性强等特点，是分析多目标、多因素、多准则的复杂大系统的有力工具。在目前所有确定指标权数的方法中，层次分析法是一种较为科学合理、应用方便的方法，其本质在于通过分析复杂系统所包含的因素及其相互关系，将系统分解为不同的要素，并将这些要素划归不同层次，从而在客观上形成多层次的分析结构模型。AHP 在本研究中用于确定各个因子的权重，构建层次分析模型。

采用层次分析法确定各评价指标的权重（P_{ji}）：

构造判断矩阵：对权重系数进行量化，因素两两比较，构造判断矩阵（表 3-25）。

目标 A 为海岛开发适宜性；

B_1，B_2，$\cdots$，B_n 为各相关评价指标；

B_{ij}（i，j =1，2，$\cdots$，n）表示所在的行对应因素 B_i 与其所在列对应因素 B_j 相比较重要性的数值表示。

表3-25　层次分析模型判断矩阵A-B模式

A	B_1	B_2	$\cdots$	B_n
B_1	b_{11}	b_{12}	$\cdots$	b_{1n}
B_2	b_{21}	b_{22}	$\cdots$	b_{2n}
$\cdots$	$\cdots$	$\cdots$	$\cdots$	$\cdots$
B_n	b_{n1}	b_{n2}	$\cdots$	b_{nn}

表 3-26 为层次分析模型的 1 ~ 9 标度法，用于确定判断矩阵 A ~ B 各系数值。

表3-26　层级分析模型的1~9标度法

B_i 与 B_j 比较	B_{ij}
B_i 与 B_j 优劣相等	1

续 表

B_i稍优于B_j	3
B_i优于B_j	5
B_i甚优于B_j	7
B_i极优于B_j	9
B_i稍劣于B_j	1/3
B_i劣于B_j	1/5
B_i甚劣于B_j	1/7
B_i极劣于B_j	1/9

3.4.5.1 以无居民岛自然属性为主的评价指标权重

（1）旅游娱乐类用岛指标权重

根据旅游娱乐类海岛开发利用所需考虑的评价指标对准则层因子进行层次分析模型判断矩阵分级（表3-27）。对于以旅游娱乐为开发利用方向的海岛而言，海洋环境、陆地生态是最重要的指标类别，其次是自然资源和社会条件，再次是地形地貌和地质条件，相对而言，水文气象对旅游娱乐的开发利用影响最低。指标层的各项指标，在其准则层的框架下，做等权重处理。

表3-27 旅游娱乐类海岛开发适宜性评价准则层因子及权重

开发适宜度	地形地貌	地质条件	水文气象	海洋环境	陆地生态	自然资源	社会条件	权重
地形地貌	1	1	3	1/5	1/5	1/3	1/3	0.07
地质条件	1	1	3	1/5	1/5	1/5	1/3	0.06
水文气象	1/3	1/3	1	1/7	1/7	1/5	1/5	0.03
海洋环境	5	5	7	1	1	3	3	0.27
陆地生态	5	5	7	1	1	3	3	0.27
自然资源	3	3	5	1/3	1/3	1	1	0.15
社会条件	3	3	1/3	1/3	1	1	0.15

（2）工业开发类用岛指标权重

根据工业开发类海岛开发利用所需考虑的评价指标对准则层因子进行层次分析模型判断矩阵分级（表3-28）。对于以工业开发为利用方向的海岛而言，在适宜工业生产的前提下，必须考虑港口的建设条件，因此地形地貌、地质条件、社会资源是最重要的指标；其次是水文气象和陆地生态，相对而言，自然资源、海洋环境重要性相对较低。指标层的各项指标，在其准则层的框架下，做等权重处理。

表3-28　工业开发类海岛开发适宜性评价准则层因子及权重

开发 适宜性	地形 地貌	地质 条件	水文 气象	海洋 环境	陆地 生态	自然 资源	社会 条件	权重
地形地貌	1	1	3	5	3	5	1	0.23
地质条件	1	1	3	5	3	5	1	0.23
水文气象	1/3	1/3	1	3	1	3	1/3	0.11
海洋环境	1/5	1/5	1/3	1	1/3	1	1/5	0.04
陆地生态	1/3	1/3	1	3	1	3	1/3	0.11
自然资源	1/5	1/5	1/3	1	1/3	1	1/5	0.04
社会资源	1	1	3	5	3	5	1	0.24

（3）港口（仓储）类用岛

根据港口（仓储）类海岛开发利用所需考虑的评价指标对准则层因子进行层次分析模型判断矩阵分级（表3-29）。对于以港口（仓储）为开发利用方向的海岛而言，地形地貌和水文气象是最重要的指标类别，其次是地质条件和社会条件，再次是陆地生态，陆地生态主要为制约因素，相对而言，海洋环境和自然资源的重要度最低。指标层的各项指标，在其准则层的框架下，做等权重处理。

表3-29　港口（仓储）类海岛开发适宜性评价准则层因子及权重

开发 适宜性	地形 地貌	地质 条件	水文 气象	海洋 环境	陆地 生态	自然 资源	社会 条件	权重
地形地貌	1	3	1	7	5	7	3	0.27
地质条件	1/3	1	1/3	5	3	5	1/3	0.15
水文气象	1	3	1	7	5	7	3	0.28
海洋环境	1/7	1/5	1/7	1	1/3	1	1/5	0.03
陆地生态	1/5	1/3	1/5	3	1	3	1/3	0.08
自然资源	1/7	1/5	1/7	1	1/3	1	1/5	0.03
社会资源	1/3	1	1/3	5	3	5	1	0.16

3.4.5.2　基于资源－生态环境－社会发展为框架的适宜性评价指标权重

（1）旅游娱乐类用岛指标权重

1）建立层次模型

利用层次分析法进行系统分析时，必须把问题层次化、条理化。根据问题性质和需要达到的目标，将问题分解为不同的组成因素，并根据其相互关系按不同层次组合，形成层次模型。A 层为最高层，即目标层，B 和 C 层为中间层，即准则层和因素层，D 层和 E 层为最低层，即指标层和要素层。

2）评价指标相对重要性及其标度

参考相关研究成果，结合无居民海岛开发利用的特点，通过专家咨询，确定各层指标相对于上层指标的重要程度，按照层次分析法 1～9 标度给出了重要度标度，即为括号内的数值。

① B 层评价指标：

资源指标 B1 (3) > 生态环境指标 B2 (2) > 社会发展指标 B3 (1)。

② C 层评价指标：

资源指标 B1：景观资源 C2 (3) > 水资源 C3 (2) > 生物资源 C1 (1)；

生态环境指标 B2：海洋环境质量 C5 (3) > 海岛灾害 C6 (2) > 地形地貌 C4 (1)；

社会发展指标 B3：海洋功能区划和保护区 C7 (3) > 交通条件 C8 (2) > 电力条件 C9 (1) = 已有开发项目 C10 (1)。

③ D 层指标：

岛陆生物资源 D1 = 海洋生物资源 D2；

自然景观 D3 = 人文景观 D4；

淡水资源量只有一个指标无序排序；

海岛面积 D6 = 离岸距离 D7；

邻近海域海水环境质量 D8 (3) > 邻近海域海洋沉积物质量 D9 (1)；

台风与风暴潮发生频率 D10 = 雾天灾害频率与等级 D11；

旅游设施 D16 (2) > 海洋渔业 D15 (1)。

④ E 层指标：

濒危珍稀野生动植物 E1 (3) > 植被覆盖率 E2 > (2) > 生物多样性 E3 (1)；

濒危珍稀海洋生物与国家级海洋保护生物 E4 (3) > 邻近海域海洋生物多样性 E6 (2) > 经济鱼类总类与数量 E5 (1)。

3）单一准则下元素相对权重的计算及一致性检验

根据层次分析法的计算方法，计算判断矩阵的特征根和特征向量，并检验判断矩阵的一致性。

4）组合权重的计算

依据组合权重的计算方法，计算层次总排序权重值，结果见表 3-30。

表3-30　基于资源-生态环境-社会发展框架的旅游娱乐类海岛评价指标权重

准则层	因素层	指标层	指标参数	组合权重
资源 B1 0.5396	生物资源 C1 0.163 4	岛陆生物资源 D1 0.5	濒危珍稀野生动植物 E1 0.539 6	0.023 8
			植被覆盖率 E2 0.297 0	0.013 1
			生物多样性 E3 0.163 4	0.007 2
		海洋生物资源 D2 0.5	濒危珍稀海洋生物与国家级海洋保护生物 E4 0.539 6	0.023 8
			经济鱼类总类与数量 E5 0.163 4	0.007 2
			邻近海域海洋生物多样性 E6 0.297 0	0.013 1
	景观资源 C2 0.539 6	自然景观 D3 0.5		0.145 6
		人文景观 D4 0.5		0.145 6
	水资源C3 0.297 0	淡水资源量 D5 1		0.160 3
生态环境 B2 0.2970	地形地貌 C4 0.163 4	海岛面积 D6 0.5		0.024 3
		离岸距离 D7 0.5		0.024 3
	海洋环境质量 C5 0.539 6	邻近海域海水环境质量 D8 0.75		0.120 2
		邻近海域海洋沉积物质量 D9 0.25		0.040 1
	海岛灾害 C6 0.297 0	台风与风暴潮发生频率 D10 0.5		0.044 1
		雾天灾害频率与等级 D11 0.5		0.044 1
社会发展 B3 0.1634	海洋功能区划和保护区 C7 0.455 0	所属海洋功能区划 D12 1		0.074 3
	交通条件 C8 0.262 7	登岛交通便利程度 D13 1		0.042 9
	电力条件 C9 0.141 1	海岛电力条件 D14 1		0.023 1
	已有开发项目 C10 0.141 1	海洋渔业 D15 0.25		0.005 8
		旅游设施 D16 0.75		0.017 3

（2）工业开发类用岛指标权重

按照旅游娱乐用岛类的权重计算方法，按照以下各指标重要度的排序，计算工业开发类用岛指标权重（表3-31）。

①B层指标：

资源指标 B1 (3) > 社会发展 B3 (2) > 生态环境 B2 (1)。

②C层指标：

能源与矿产资源 C3 > 生物资源 C1 > 水资源 C2；

地形地貌 C4 = 地质条件 C5 = 海岛灾害 C6 = 水文条件 C7；

海洋功能区划和保护区 C9 (3) > 区位条件 C8 (2) > 已有开发项目 C10 (1)。

③ D 层指标：

海洋生物资源 D2 (3) > 岛陆生物资源 D1 (1)；

典型矿产资源量 D4 = 清洁能源资源量 D5 = 资源开发与能源开发条件 D6；

水深 D10 = 掩护条件 D11。

表3-31 基于资源-生态环境-社会发展框架的工业开发类海岛评价指标权重

准则层	因素层	指标层	指标参数	组合权重
资源 B1 0.539 6	生物资源 C1 0.297 0	岛陆生物资源 D1 0.25	珍稀濒危野生动植物 E1 1	0.040 1
		海洋生物资源 D2 0.75	珍稀濒危海洋生物 E2 0.75	0.090 1
			海洋生物资源存量 E3 0.25	0.030 0
	水资源 C2 0.163 4	淡水资源量 D3 1		0.088 2
	能源与矿产资源 C3 0.539 6	典型矿产资源量 D4 0.333 3	石油、金属储量及分布 E4 1	0.097 0
		清洁能源资源量 D5 0.333 3	潮汐能、风能、波能、 温差能 E5 1	0.097 0
		资源开采与能源开发 条件 D6	难易度 E6 1	0.097 0
生态环境 B2 0.163 4	地形地貌 C4 0.25	海岛面积 D7 1		0.040 9
	地质条件 C5 0.25	地质稳定性 D8 1	地层岩性 E7 1	0.040 9
	海岛灾害 C6 0.25	地震灾害 D9 1	附近海域发生频次 E8 1	0.040 9
	水文条件 C7 0.25	水深 D10 0.5	近岸水深 E9 1	0.020 4
		掩护条件 D11 0.5		0.020 4
社会发展 B3 0.297 0	区位条件 C8 0.297 0	岛陆区位优势 D12 1		0.088 2
	海洋功能区划和保护区 C9 0.539 6	所属海洋功能区划 D13 1		0.160 3
	已有开发项目 C10 0.163 4	已有产业基础 D14 1		0.048 5

（3）港口（仓储）类用岛指标权重

按照旅游娱乐用岛类的权重计算方法，按照以下各指标重要度的排序，计算港口（仓储）类用岛指标权重（表3-32）。

① B 层指标：

社会发展 B3 > 生态环境 B2 > 资源 B1。

② C 层指标：

地形地貌 C2 = 地质条件 C3 = 海岛灾害 C4 = 水文条件 C5；

海洋功能区划和保护区 C6 = 区位条件 C7。

③ D 层指标：

海岛面积 D2 (3) > 岸线类型 D4 (2) > 离岸距离 D3 (1)；

台风与风暴潮发生频率 D6 = 北方沿海冬季冰情 D7；

岛群区位优势 D10 = 岛陆区位优势 D11。

表3-32　基于资源 – 生态环境 – 社会发展框架的港口（仓储）类海岛评价指标

准则层	因素层	指标层	指标参数	组合权重
资源B1 0.1634	生物资源C1 1	岛陆生物资源 D1 1	珍稀濒危野生动植物E1 1	0.163 4
生态环境 B2 0.297 0	地形地貌 C2 0.25	海岛面积 D2 0.539 6		0.040 1
		离岸距离 D3 0.163 4		0.012 1
		岸线类型 D4 0.297 0	各类岸线长度 E2 1	0.022 1
	地质条件 C3 0.25	地质稳定性 D5 1	地层岩性 E3 1	0.074 3
	海岛灾害 C4 0.25	台风与风暴潮发生频率D6 0.5		0.037 1
		北方沿海冬季冰情 D7 0.5		0.037 1
	水文 C5 0.25	水深 D8 0.5		0.037 1
		掩护条件 D9 0.5		0.037 1
社会发展 B3 0.539 6	区位条件 C6 0.5	岛群区位优势 D10 0.5		0.134 9
		岛陆区位优势 D11 0.5		0.134 9
	海洋功能区划和保护区 C7 0.5	所属海洋功能区划 D12 1		0.269 8

3.4.6　开发适宜度计算方法

开发适宜度计算方法为：

$$EI = \sum_{i=1}^{n} EI_i \times W_i$$

式中，EI_i 表示无居民海岛开发适应性评价指标体系中各个指标的赋值；W_i 表示相应指数的权重。

根据评价指标的权重和分级赋值结果，进行加权平均计算，得到无居民海岛的开发适宜性综合评价结果。判断等级为适宜开发（$7 \leqslant EI \leqslant 10$ 分）、适度开发（$3 < EI < 7$ 分）、禁止开发（$0 \leqslant EI \leqslant 3$ 分）。

3.5　小　结

海岛功能分类管理是制定海岛保护规划的基本原则，海岛功能分类判别质量决定了编制海岛保护与利用规划的水平。本章按照是否适宜开发、如何分类、功能分类是否适宜的总体思路开展研究，对无居民海岛生态系统健康评价技术、无居民海岛承载力评估技术、无居民海岛功能分类体系及无居民海岛适宜性评价技术进行了介绍，构建了海岛功能分类判别方法。

第4章 可利用无居民海岛保护与利用分区技术

4.1 无居民海岛保护与利用分区

4.1.1 分区的依据

2011年1月28日国家海洋局印发了《关于编制省级海岛保护规划的若干意见》。意见指出：统一全国海岛分类保护体系、明确省级海岛保护规划的范围与期限、合理确定海岛分区保护的原则和措施、积极安排海岛保护重点工程、规范省级海岛保护规划的成果形式。

2011年5月26日国家海洋局印发《县级（市级）无居民海岛保护和利用规划编写大纲》的通知。通知要求在编制无居民海岛单岛保护和利用规划时，应着重关注和解决的问题包括以下几方面。

① 单岛保护区面积一般不小于单岛总面积的1/3；

② 单岛保护区可以根据实际情况设定一处或多处；

③ 如特殊需要单岛保护区可包括部分周边海域；

④ 单岛保护区保护的主要对象包括：有研究和生态价值的草本和木本植物；有研究和生态价值的珍稀动物；航标、名胜古迹等人工建筑物；特殊地质或景观的地形地貌；海岸线、沙滩等重要的海岛资源。上述内容都将作为无居民海岛保护与利用分区方法研究的重要依据。

4.1.2 无居民海岛保护与利用分区的原则

无居民海岛一般空间狭小，生态系统极为脆弱，在进行保护与利用分区时，应依据海岛自然属性、生态环境特征以及海岛资源与空间的开发利用现状和经济发展需求，并充分保护特殊和敏感的生态系统。在具体的保护与利用分区中应遵循以下原则。

（1）可持续发展原则

海岛保护与利用分区的目的是为了促进资源的合理开发利用，避免盲目的资源开发和生态环境破坏，增强无居民海岛经济发展的生态环境支撑能力，促进无居民海岛的可持续发展。

（2）加强保护，兼顾开发原则

以生态保护为基点，从维持生态功能需求的角度出发，兼顾与保护目标保持一致的可持续开发利用活动，建立生态保护与可持续开发利用的协调关系。

（3）因地制宜，突出特色

无居民海岛保护与利用分区按照统一的划分标准进行指导性分区，同时在分区过程中还要充分考虑区域特色，因地制宜，做出合理科学的规划。应充分考虑区域的发展特色、经济基础和资源环境特征，给出合理的政策规划与设计。

（4）方法适用，便于管理原则

选择适用的分析与分区方法，科学确定海岛保护与利用分区的主导因素，合理把握区内外的相似性和差异性，从方便管理的角度出发，适度划定海岛保护与利用的空间范围。

4.2　分区方法

4.2.1　技术路线

无居民海岛保护与利用分区的主要技术流程如下（图 4-1）。

第一步，资料收集与分析。根据无居民海岛保护和利用指导意见，结合无居民海岛的特殊性，搜集无居民海岛基本情况、无居民海岛保护的主要对象等资料（主要有研究和生态价值的动植物、名胜古迹、特殊地质景观等）。

第二步，确定评价单元。除需要保护的整个岛禁止开发区域之外的其他无居民海岛，根据海岛的自然属性等因素，划分评价单元。因无居民海岛面积都不大，评价单元可以设置为 5 m×5 m 的栅格图像。

第三步，对无居民海岛进行生态景观分类，构成研究区的景观分类系统，对无居民海岛的生态景观构成进行统计分析。

第四步，利用 GIS 技术，运用最小累计阻力模型，以生态保护用地为源，以地形、景观类型、生态价值、生态敏感性等为模型参考阻力面，建立无居民海岛保护与利用分区方法模型。

第五步，计算每个景观单元到源的最小累计阻力值。一般来讲，源斑块对生态保护过程最为适宜，也是最不能被利用开发的；最小累积阻力值越高的区域，越不适宜生态保护，开发利用的可能就越高。

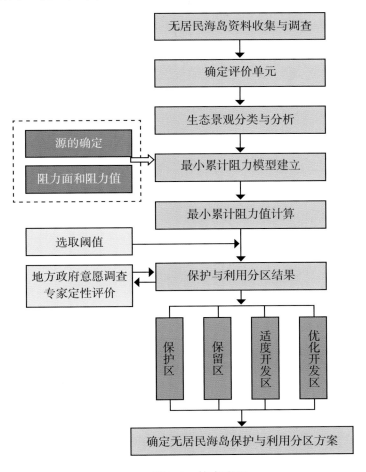

图4-1　技术流程

第六步，根据最小累计阻力值计算结果，确定无居民海岛保护与利用分区的阈值，从而自动划分出保护与利用分区，确定保护与利用分区的保护区、保留区、优化开发利用区、适当开发利用区。

第七步，最终确定无居民海岛保护和利用分区结果。将初步判别结果提交专家系统定性评议和地方政府意愿调查，综合考虑与邻近海域海洋主体功能区的关系，最终形成无居民海岛保护和利用分区方案。

4.2.2 基于最小累计阻力模型的无居民海岛保护与利用分区方法研究

4.2.2.1 无居民海岛的基础资料收集与分析

1）无居民海岛基本情况
- 无居民海岛行政区域位置；
- 无居民海岛地理坐标位置；
- 无居民海岛海岸线以上的面积；
- 无居民海岛地形地貌；
- 无居民海岛自然生态；
- 无居民海岛岸线水深等资源情况；
- 无居民海岛及周边开发利用情况；
- 无居民海岛已开展的保护情况。

2）无居民海岛保护的主要对象调查
- 有研究和生态价值的草本和木本植物；
- 有研究和生态价值的珍稀动物；
- 航标、名胜古迹等人工建筑物；
- 特殊地质或景观的地形地貌；
- 海岸线、沙滩等重要的海岛资源。

4.2.2.2 无居民海岛生态景观分类与空间格局分析

在研究无居民海岛景观空间结构时，首先必须确定无居民海岛生态景观的基本单元。根据无居民海岛的自然特征及其土地利用现状，同时考虑到研究区不同地物的光谱特征及在遥感影像的反映，对无居民海岛进行生态景观分类，构成研究区的景观分类系统，对无居民海岛的生态景观构成进行统计分析。

4.2.2.3 基于最小累计阻力模型分区主要步骤

最小累积阻力模型主要可以分为以下 4 个步骤。

① 源的定位。源可以是栅格数据也可以是矢量数据，根据无居民海岛调查结果，选取生态保护性景观斑块作为源。

② 阻力面的确定。为每个景观单元赋以相应的阻力值。根据实地调查资料的分析，扩张阻力主要是受地形（高程、坡度）、海岛生态景观类型的影响。根据可选取性和可量化性原则，选取高程、坡度、生态景观类型分布作为阻力层；通过专家咨询法赋予权重的方法赋予

阻力值，阻力值要能够相对反映出不同阻力因子的差异性。

③ 在 ArcGIS 中运用空间分析中的 cost-distance 模型进行计算，最后得到累计分布图。源的空间最小阻力值被认为是不同景观单元对于无居民海岛保护的生态空间扩张阻力。

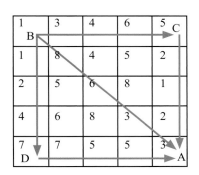

图4-2　空间B到源A的阻力值示意

示例（图 4-2）：计算从空间 B 到源 A 的阻力值，

$$H_{BCA} = (1+3)/2 + (3+4)/2 + \cdots = 25$$

$$H_{BA} = (1+8) \times \sqrt{2}/2 + \cdots = 19\sqrt{2}$$

H_{BCA} 是一个相对最小累积成本即最小累积阻力值。

④ 根据最小累计阻力值计算结果，确定无居民海岛保护与利用分区的阈值，从而自动划分出保护与利用分区。

4.2.2.4　模型的构建

本研究参照刘孝富建立的适宜性分区模型对无居民海岛进行分区（刘孝富等，2010）。无居民海岛土地保护与利用分区的目标是保障开发用地和生态保护用地的平衡，使得海岛生态系统能够健康稳定的发展，实现综合效益的最大化。

同一块土地对生态保护用地的扩张有推进和刺激的作用，同时必然对海岛开发利用土地的扩张具有约束的作用；同一土地单元推进还是阻碍作用大小的比较，可以通过相同标准下两个过程的最小阻力值大小比较得到。

图 4-3 中 A、B 分别表示开发用地和生态保护用地扩张斑块源，D 表示生态保护用地扩张最小累积阻力曲线，E 表示开发用地扩张最小累积阻力曲线，C 表示两个过程最小累积阻力相等的像素单元。在 AC 之间，生态保护用地扩张最小累积阻力大于开发用地扩张最小累积阻力，表示这区间的斑块相对更"靠近"开发用地扩张源，因此应作为开发利用区；反之，BC 之间斑块应作为生态保护用区。

根据上述分析，建立以两个景观过程最小累积阻力差值为基础的无居民海岛保护与分区方法，用下式表示：

$$MCR_{差值} = MCR_{生态保护用地扩张阻力} - MCR_{海岛开发用地扩张阻力}$$

当所得结果的$MCR_{差值}<0$，应该被划分为适宜生态保护用地；$MCR_{差值}>0$时，被划分为适宜开发利用的用地；当$MCR_{差值}=0$时，为适宜开发利用地和适宜生态保护用地之间的分界线。

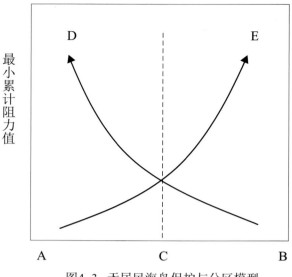

图4-3 无居民海岛保护与分区模型

4.2.2.5 源的确定

根据无居民海岛的实际情况，结合现场踏勘结果确定源。

生态保护用地扩张源：为海岛珍稀植物、濒危动物栖息地、重要的地质景观、名胜古迹等。

海岛开发用地扩张源：房屋建设、坡度较缓且植被覆盖度不高的地区等。

4.2.2.6 阻力面的确定

建立相同的阻力面，进行阻力面赋值，两个过程阻力面的赋值是相反的，其目的是使两个过程具有相同的标准。

从海岛固有生态属性、海岛土地的外延生态属性两方面考虑，建立景观过程阻力面，主要包括四个方面：高程、景观类型、生态敏感性、生态价值。一般来说，地形越复杂高程越高、敏感性越强、生态价值越高，越适宜生态保护用地的发展，越不适宜海岛开发用地的发展。在评价过程中，对单因子要素阻力赋值，采用5个级别，分别用1，2，3，4，5表示，阻力分值通过专家咨询打分方式获得。

评价采用相对评价法，阻力值是无量纲的，因此，借鉴生态学中的最小限制因子定律思想，采用取极值的方法确定最终的景观阻力。生态保护用地扩张阻力 = min（地形地貌、高程、景观类型、生态敏感性、生态价值）；海岛开发用地扩张阻力 = max（高程、景观类型、生态敏感性、生态价值）。

下面分别介绍四个属性的获取方法。

（1）高程的获取

一般情况下，在海岛调查中获取到的为等高线或等高点数据，应用等高线获取DEM高程信息的方法如下。

① 加载 3D Analyst 工具条：

在 Arcmap 中，在工具栏处右击，添加 3D Analyst 工具条。

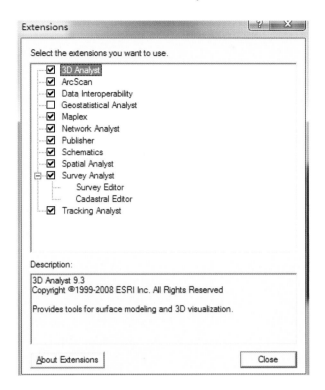

② 加载等高线矢量图层。

③ 生成 TIN 不规则三角网：

Create/Modify TIN–>Create TIN from features...，Height source 选高程属性。

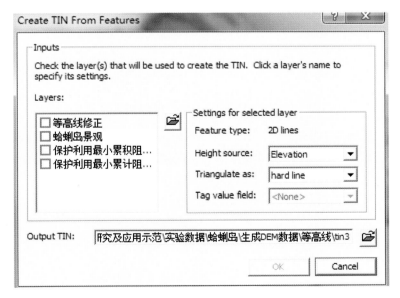

④ 由三角网 TIN 转为 DEM：

Convert–>TIN to raster

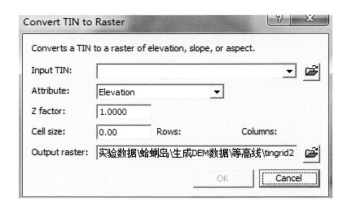

Cell size 设置栅格大小，1∶1 万像元为 5 m，1∶5 万像元为 25 m，1∶25 万像元为 100 m。

（2）景观类型

根据无居民海岛的地理位置等实际状况，一般采用遥感与现场勘查相结合的方法进行。

1）遥感数据源

卫星遥感影像数据实时性强、覆盖面广，随着其几何与光谱分辨率的不断提高，已经成为获取和更新基础地理信息的重要手段。它具有多时间分辨率、多光谱分辨率、多空间分辨率、多灰度分辨率等特征。目前广泛应用的遥感数据源包括环境减灾卫星 A/B 星、Landsat-7 TM/ETM+ 数据、SPOT、ASTER、Quickbird、IKONOS 等，将本研究应用到的 Landsat TM/ETM+、SPOT 遥感数据介绍如下。

① Landsat TM/ETM+：

Landsat 是美国陆地探测卫星系统。从 1972 年开始发射第一颗卫星 Landsat-1，到目前最新的 Landsat-8。

Landsat-5 为光学对地观测卫星，是美国陆地卫星系列（Landsat 卫星）的第五颗卫星，于 1984 年 3 月 16 日发射。Landsat-5 设计寿命为 3 年，但却成功在轨运行 27 年，是目前在轨运行时间最长的光学遥感卫星，成为全球应用最为广泛、成效最为显著的地球资源卫星遥感信息源。

Landsat 系列卫星参数见表 4-1。

表4-1　Landsat 系列卫星参数

卫星系列	卫星名称	服务时间	RS器名称	周期/轨道	辐射宽度（km）	波段数	分辨（m）
美国陆地卫星系列（Landsat1-8号星）	Landsat-1	1972年7月至1978年1月	RBV,MSS	18D/918 km	185	4	78
	Landsat-2	1975年1月至1982年2月			185	4	78
	Landsat-3	1978年3月至1983年3月			185	4	78
	Landsat-4	1982年7月至1992年	MSS,TM	16D/705 km	185	4, 7	78 / 30
	Landsat-5	1984年1月至今			185	7	30 / 120
	Landsat-6	1993年10月5日	ETM	发射失败	185	8	—
	Landsat-7	1999年4月至今	TM,ETM+	16D/705 km	185	8	30 / 60 / 15
	Landsat-8	2013年2月至今	OLI,TIRS	16D/705 km	185	11	30 / 15 / 100

Landsat-5 的波段特征参数见表 4-2。

表4-2　Landsat-5 TM 波段特征参数

波段号	波段	频谱范围（μm）	分辨率（m）	波段特征
B1	Blue	0.45～0.52	30	用于水体穿透，分辨土壤植被
B2	Green	0.52～0.60	30	探测健康植被绿色反射率、区分植被类型和评估作物长势，区分人造地物类型，对水体有一定透射能力
B3	Red	0.63～0.69	30	处于叶绿素吸收区域，用于观测道路/裸露土壤/植被种类效果很好
B4	Near IR	0.76～0.90	30	用于估算生物数量，尽管这个波段可以从植被中区分出水体，分辨潮湿土壤，但是对于道路辨认效果不如TM3
B5	SW IR	1.55～1.75	30	用于分辨道路/裸露土壤/水，它还能在不同植被之间有好的对比度，并且有较好的穿透大气、云雾的能力
B6	LW IR	10.40～12.5	120	用于热强度、测定分析，探测地表物质自身热辐射，用于热分布制图，岩石识别和地质探矿
B7	SW IR	2.08～2.35	30	对于岩石/矿物的分辨很有用，也可用于辨识植被覆盖和湿润土壤

② SPOT：

SPOT5 于 2002 年 5 月 4 日发射，星上载有 2 台高分辨率几何成像装置（HRG）、1 台高分辨率立体成像装置（HRS）、1 台宽视域植被探测仪（VGT）等，空间分辨率最高可达 2.5 m，前后模式实时获得立体像对，运营性能有很大改善，在数据压缩、存储和传输等方面也均有显著提高。

目前，除 SPOT3 因事故于 1997 年 11 月 14 日停止运行外，其他 SPOT 均在正常运行。

SPOT5 卫星的波段参数见表 4-3。

表4-3　SPOT5卫星波段参数

波　段	高分辨率几何装置	植被成像装置	高分辨率立体装置
PA：0.49～0.69 μm	2.5 m 或 5 m	—	10 m
B0：0.43～0.47 μm	—	1 km	—
B1：0.49～0.61 μm	10 m	—	—
B2：0.61～0.68 μm	10 m	1 km	—
B3：0.78～0.89 μm	10 m	1 km	—
SWIR：1.58～1.75 μm	20 m	1 km	—
视　场	60 km	2 250 km	120 km

2）遥感数据的预处理

遥感数据的预处理主要通过卫星数据的选择及收集、辐射校正、几何校正、图像融合、图像增强等工作，提供解译用基础图像。

（3）生态敏感性

对生态敏感性进行评价时，根据海岛的特点，选取了坡度、植被覆盖度 2 个要素作为评价单元；坡度越陡，生态敏感性也高；坡度越缓，其生态敏感性也相对减弱；植被覆盖度越高，其生态敏感性也越高；反之则降低。

1）坡度的获取

① 坐标转换：若获取的 DEM 数据是经纬度坐标，需将其转换成以 m 为单位的坐标系 UTM 坐标系统。因为，在经纬度坐标系下，计算的坡度是不正确的，坡度值平均会在 80°～90°，必须将其单位转换为 m。

② 生成坡度图：首先在 tools——Extension 中加载 Spatial Analyst 或 3D Analyst 分析模块。在 Spatial Analyst 或 3D Analyst 工具条下，选择 Surface Analysis——Slope，出现如图对话框；Output cell size 设置栅格大小，1∶1 万像元为 5 m，1∶5 万像元为 25 m，1∶25 万像元为 100 m；Output raster 设置输出文件位置及名称。

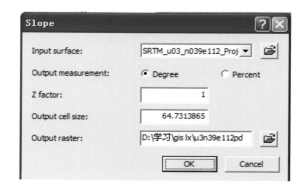

2）植被覆盖度

植被覆盖度是指植被（包括叶、茎、枝）在地面的垂直投影面积占统计区总面积的百分比。容易与植被覆盖度混淆的概念是植被盖度，植被盖度是指植被冠层或叶面在地面的垂直投影面积占植被区总面积的比例。两个概念主要区别就是分母不一样。植被覆盖度常用于植被变化、生态环境研究、水土保持、气候等方面。

植被覆盖度的测量可分为地面测量和遥感估算两种方法。地面测量常用于田间尺度，遥感估算常用于区域尺度。

① 估算模型：利用遥感测量植被覆盖度的方法中，较为实用的是利用植被指数近似估算植被覆盖度，常用的植被指数为 NDVI。

$$VFC = (NDVI – NDVIsoil) / (NDVIveg – NDVIsoil)$$

其中，NDVIsoil 为完全是裸土或无植被覆盖区域的 NDVI 值，NDVIveg 则代表完全被植被所覆盖的像元的 NDVI 值，即纯植被像元的 NDVI 值。两个值的计算公式为：

$$NDVIsoil = (VFCmax*NDVImin – VFCmin*NDVImax) / (VFCmax – VFCmin)$$

NDVIveg = [(1−VFCmin)*NDVImax − (1 − VFCmax)*NDVImin] / (VFCmax −VFCmin)

利用这个模型计算植被覆盖度的关键是计算 NDVIsoil 和 NDVIveg。这里有两种假设：

在区域内可以近似取 VFCmax =100%，VFCmin = 0% 情况下，公式 VFC = (NDVI −NDVIsoil)/ (NDVIveg − NDVIsoil) 可变为：

VFC = (NDVI − NDVImin) / (NDVImax − NDVImin)

NDVImax 和 NDVImin 分别为区域内最大和最小的 NDVI 值。由于不可避免存在噪声，NDVImax 和 NDVImin 一般取一定置信度范围内的最大值与最小值，置信度的取值主要根据图像实际情况来定。

在区域内不能近似取 VFCmax＝100%，VFCmin＝0% 情况下：

当有实测数据的情况下，取实测数据中的植被覆盖度的最大值和最小值作为 VFCmax 和 VFCmin，这两个实测数据对应图像的 NDVI 作为 NDVImax 和 NDVImin。

当没有实测数据的情况下，取一定置信度范围内的 NDVImax 和 NDVImin。VFCmax 和 VFCmin 根据经验估算。

② 实现步骤：以"当区域内可以近似取 VFCmax＝100%，VFCmin＝0%"情况下以及整个影像中 NDVIsoil 和 NDVIveg 取固定值，在 ENVI 中实现植被覆盖度的计算方法如下。

使用的数据是经过几何校正、大气校正的 TM 影像。

● 选择 Transform –>NDVI，利用 TM 影像计算 NDVI。

● 选择 Basic Tools –> Statistics –>Compute Statistics，在文件选择对话框中，利用研究区的矢量数据生成的 ROI 建立一个掩膜文件。选择统计文件及掩膜文件，计算统计参数。

● 得到研究区的统计结果。在统计结果中，最后一列表示对应 NDVI 值的累积概率分布。我们分别取累积概率为 5% 和 90% 的 NDVI 值作为 NDVImin 和 NDVImax。

● 根据公式 VFC＝(NDVI − NDVImin) / (NDVImax − NDVImin)，我们可以将整个地区分为三个部分：当 NDVI 小于 NDVImin，VFC 取值为 0；NDVI 大于 NDVImax，VFC 取值为 1；介于两者之间的像元使用上式计算。利用 ENVI 主菜单 –>Basic Tools –>Band Math，在公式输入栏中输入：

(b1 lt NDVImin)*0+(b1 gt NDVImax)*1+(b1 ge NDVImin and b1 le NDVImax)*(b1–NDVImin) / (NDVImax – NDVImin)

b1 为 NDVI 图像。

● 得到一个单波段的植被覆盖度图像文件，像元值表示这个像元内的平均植被覆盖度。

（4）生态价值

对生态价值评价时，采用分类矩阵法，分析海岛空间各个像元距离水体像元的距离与归一化植被指数（NDVI）之间的关系。

① 归一化植被指数：归一化植被指数是利用卫星不同波段探测数据组合而成的、能反映植物生长状况的指数。植物叶面在可见光红光波段有很强的吸收特性，在近红外波段有很强的反射特性，这是植被遥感监测的物理基础，通过这两个波段测值的不同组合可得到不同的植被指数。归一化植被指数 (NDVI) 公式如下：

$$NDVI = [p(nir) - p(red)] / [p(nir)+p(red)] = (近红外 - 红) / (近红外 + 红) = (TM4 - TM3)/(TM4+TM3)$$

$-1 <= NDVI <= 1$，负值表示地面覆盖为云、水、雪等，对可见光高反射；0 表示有岩石或裸土等，NIR 和 R 近似相等；正值，表示有植被覆盖，且随覆盖度增大而增大。

归一化植被指数可以通过 ENVI 直接计算，主菜单中 transform－>NDVI，得到归一化植被指数。

② 海岛空间各个像元距离水体像元的距离：海岛空间各个像元与水体像元的距离，代表了海岛空间各个点距离水源的距离，距离近则适宜开发利用，距离远则不利于开发利用，同时，需要保护其周边生态环境。可以通过 arc gis 的 spatial analyst distance 功能来实现。具体步骤如下。

- 获取水源地的矢量信息，将其转化为栅格图像。注意投影与坡度计算时采用的投影相同。
- 将水源地以外的研究区赋空值，为计算直线距离作准备。

赋空值方法：3D analyst 模块中，选择 raster reclass 的 reclassify 将非水源类赋值为 nodata，并输出即可。

- 在 Spatial Analyst 模块中，选择 spatial analyst distance 计算结果。

4.2.2.7 阻力值计算及保护与利用分区阈值选择

景观阻力评价单元为 5 m × 5 m 的栅格，两个过程的最小累积阻力计算利用 ArcGIS 空间分析中的 Cost-distance 模块实现。根据模型计算得到两种阻力的差值表面。

按照差值的正负关系可以将无居民海岛土地分为两大类，小于 0 的部分作为适宜生态保护用地；大于 0 的部分作为适宜开发用地。适宜生态保护用地可进一步划分为保护区和保留区，适宜开发用地可进一步划分为适度开发利用区和优化开发利用区。分区阈值由 MCR 差值与面积曲线的突变点来确定。突变点两侧景观类型异质性较大，因而可以认为这些较为明显的转折点为分区的临界点。

4.3 小 结

无居民海岛保护与利用分区方法研究是海岛规划编制的基础研究，是贯彻海岛保护规划制度的具体体现。我国无居民海岛的开发利用还处于初级阶段，自《海岛保护法》颁布实施以来，真正确权的海岛数量极少，未来的开发仍然存在诸多不确定性，启动海岛规划编制技术方法研究无疑有助于推动无居民海岛的保护与利用。本章借鉴主体功能区划的思想，以开发适宜性评估结果为基础，结合生态系统健康和承载力评估结果，运用最小累积阻力模型理论，将无居民海岛空间划分为保护区、保留区、优化开发利用区、适度开发利用区。

第5章 海岛生态管理指标与监测技术

海岛生态系统的管理是一个复杂的过程，其管理指标涵盖自然地理、生物生态和人类活动等多方面的要素，不同要素之间存在相互联系和影响。在借鉴当前相对成熟的管理经验的基础上，结合海洋功能区划中有居民海岛周边海域生态监测指标，分别确定不同功能类型的海岛生态系统中最能反映人类活动强度的指标及其监测与变化评估的方法，最终构建海岛生态管理指标体系。对不同类型海岛的遴选要求，监测内容、方法、频率及监测仪器要求，组织实施，数据传输、汇总、归档要求，数据分析与处理要求，质量控制保证等进行规范。

5.1 工作内容和程序

海岛生态管理指标监测与评估工作主要包括监测内容（指标）、监测频率、监测方法、评估内容和方法以及预期成果等内容。主要工作程序如下。

① 研究相关法律法规、政策性文件及技术规范。

② 编制实施方案，包括监测范围、监测指标、监测与评估方法、组织实施和进度安排等内容。

③ 收集与监测和评估内容相关的资料，掌握海岛及其周边海域概况。

④ 依照工作方案进行单项监测和评估。

⑤ 根据单项评估结果进行综合评估，如有必要可进行补充调查。

⑥ 编制报告和图件。

⑦ 组织专家评审，根据评审意见对报告进行修改、验收和上报。

⑧ 资料和成果归档。

5.2 监测范围

海岛生态管理指标监测与评估范围是海岛及其周边海域。一般情况下，周边海域的范围是指由海岛海岸线向海一侧延伸不小于 1km 的范围，具体应用时可依据海岛地理位置、保护与利用状况综合考虑。

5.3 监测内容与频率

监测内容包括海岛及其周边海域的自然属性、环境质量、生物生态和保护与利用状况。不同类型海岛生态管理监测内容按照表 5-1 确定。

表5-1　不同类型海岛生态监测内容

海岛功能类型			自然属性			环境质量		生物生态		保护与利用			备注
一级	二级	三级	岸线	岸滩	地形地貌	淡水	海水	岛陆植被	关键物种	建筑物和设施	围填海	三废处理	
有居民海岛	—	—	★										
无居民海岛	保护类	领海基点所在海岛	★	★	★	☆	☆	★	☆	★			岸滩指标监测仅在沙泥岛、珊瑚岛进行（基岩岛除外）
		保护区内海岛	★	★	★	★	★	★	★				补充监测保护对象数量和分布状况
	开发利用类	旅游娱乐用岛	★	★	★	★	☆	★	☆	★	☆	☆	
		工业交通用岛	★	★	★	★	☆	★	☆	★	★	★	
		农林牧渔用岛	★	☆	★	★	☆	★	☆	★	★	★	
		公共服务用岛	★		★	★	☆	★	☆	★	★	☆	
	未利用类	—	★			☆		☆	☆		☆		

注：★表示必选指标，☆为可选指标。

5.3.1 自然属性

5.3.1.1 监测内容

①岸线：海岛岸线长度、类型、分布；其中岸线类型划分为自然海岸（基岩海岸、砂砾质海岸、淤泥质海岸、生物海岸）、人工海岸；

②岸滩：海岛岸滩类型、面积、分布，保护与利用状况；其中岸滩类型划分为岩滩、砾石滩、砂质海滩、粉砂淤泥质滩（潮滩）和生物滩；

③地形地貌：岛体形态及其变化。

5.3.1.2 监测频率

依据海岛功能类型和物质组成类型，自然属性单项指标监测频率见表5-2。

表5-2　海岛自然属性监测频率

海岛功能类型			海岛物质组成分类		
一级	二级	三级	基岩岛	珊瑚岛	沙泥岛
有居民海岛	—	—	3 年 1 次		
无居民海岛	保护类	领海基点所在海岛	每年 1 次		
		保护区内海岛	3 年 1 次		
	开发利用类	旅游娱乐用岛	3 年 1 次		每年 1 次
		工业交通用岛	3 年 1 次		每年 1 次
		农林牧渔用岛	3 年 1 次		每年 1 次
		公共服务用岛	3 年 1 次		每年 1 次
	未利用类	—	6 年 1 次		

5.3.2 环境质量

5.3.2.1 监测内容

①淡水：淡水资源的分布，水质，水源地的保护情况；水质监测指标包括 pH、溶解氧、化学需氧量（COD）、氨氮、亚硝酸盐氮、硝酸盐氮、活性磷酸盐，总氮、总磷、油类及重金属等。

②海水：周边海域水质调查指标应根据无居民海岛功能类型和周边环境特征，按表 5-3 选择。使用时可考虑具体海岛环境敏感区、典型污染物等要求适当增减。

表5-3 海水水质调查参考指标

无居民海岛功能类型		海水水质调查指标	
二级	三级		
保护类	保护区内海岛	pH、水温、盐度、悬浮物、生化需氧量、化学需氧量、溶解氧、硝酸盐氮、亚硝酸盐氮、氨氮、活性磷酸盐、表面活性剂、石油类、重金属、大肠菌群、粪大肠菌群	
开发利用类	旅游娱乐用岛	pH、水温、盐度、悬浮物、生化需氧量、化学需氧量、溶解氧、硝酸盐氮、亚硝酸盐氮、氨氮、活性磷酸盐、表面活性剂、石油类、重金属、大肠菌群、粪大肠菌群	
	工业交通用岛	pH、水温、盐度、悬浮物、生化需氧量、化学需氧量、溶解氧、硝酸盐氮、亚硝酸盐氮、氨氮、活性磷酸盐、硫化物、有机锡类、有机氯农药（六六六、滴滴涕）、表面活性剂、石油类、重金属、多环芳烃、多氯联苯、放射性核素	
	农林牧渔用岛	pH、水温、盐度、悬浮物、生化需氧量、化学需氧量、溶解氧、硝酸盐氮、亚硝酸盐氮、氨氮、活性磷酸盐、大肠杆菌等	
	公共服务用岛	pH、水温、盐度、悬浮物、化学需氧量、溶解氧、硫化物、有机锡类、有机氯农药（六六六、滴滴涕）、石油类	

5.3.2.2 监测频率

保护类、开发利用类无居民海岛，每年进行一轮常规监测，选择在春季、秋季分别进行；未利用类海岛，由地方海洋主管部门自行确定监测频率（至少每6年进行一轮）。

5.3.3 生物生态

5.3.3.1 监测内容

① 岛陆植被：植被资源面积、覆盖度、分布及变化，利用与保护情况。

② 关键物种：列入《国家重点保护野生动（植）物名录》、省级保护野生动（植）物名录、《濒危野生动植物种国际贸易公约》及其他公约或协定的物种种类、数量及分布，保护区内保护对象的种类、数量及分布，有重要经济价值、科研价值或文化价值的物种种类、数量及分布。

5.3.3.2 监测频率

保护类、开发利用类无居民海岛，每3年进行一轮常规监测，选择在春、秋季分别进行；未利用类海岛，由地方海洋主管部门自行确定监测频率（至少每6年进行一轮）。

保护区内海岛保护对象的具体监测时间考虑同海洋自然保护区、海洋特别保护区常规现场监测同步进行。

5.3.4 保护与利用

5.3.4.1 监测内容

① 建筑物和设施：建筑物和设施的高度、占岛面积和占用岸线长度。

② 围填海：周边海域围填海活动的位置和面积。

③ 三废处理：污水、废水、废气的达标排放率，固体废弃物无害化处理率。

5.3.4.2 监测频率

保护类和正在开发中的无居民海岛，监测频率为每年 1 次；已开发的无居民海岛，监测频率为 3 年 1 次。

5.4 监测方法

主要采用资料收集、遥感调查分析和现场调查 3 种方式，依照不同的监测项目，监测方法如下。

① 自然属性：以遥感调查分析、资料收集为主，结合必要的现场调查。

② 环境质量：资料收集与现场调查相结合。

③ 生物生态：以资料收集、现场调查为主，结合遥感调查分析。

④ 保护与利用：以资料收集、遥感调查分析为主，结合必要的现场调查。

5.4.1 资料收集

充分收集整理与海岛生态管理指标监测与评估相关的历史资料、数据和图件。

① 自然属性资料，包括海岛及其周边海域大比例尺海图、地形图、地貌图、地质图、构造图等专题图，海岛周边海岸工程建设项目有关资料，海岛及其周边大地测量成果资料，地方政府公布的与岸线、岸滩有关的文件等。

② 环境质量、生物生态资料，包括海岛及其周边海域常规环境监测报告，保护区常规监测报告，海岛周边海岸工程建设项目有关资料；资料应是具备环境监测资质单位所出具的，且满足《海洋监测规范》（GB 17378.2）"数据处理与分析"的质量控制要求。

③ 保护与利用资料，包括地方政府对外公开或行业部门颁布的文件、公告、通告、年鉴、统计资料，涉岛（涉海）区划、规划，海岛开发利用具体方案、项目论证报告，地形图，无居民海岛使用坐标图，海岛相关录像、照片等多媒体资料。

除上述资料外，还应收集整理全国海域海岛地名普查、近海海洋综合调查与评价专项海岛相关调查、第二次全国海岛资源综合调查、全国海岸带和海涂资源综合调查等专项调查成果以及海岛监视监测系统业务化运行资料。

5.4.2 遥感调查分析

（1）数据获取

获取海岛及其周边海域近 3 年不同时相的航空遥感影像和卫星遥感影像。

（2）遥感影像判读和解译

对遥感影像进行处理和分析，建立解译标志和分类样本库，提取岸线、岸滩、地形地貌、植被、建筑物和设施、围填海等有关信息，形成初步解译图；并给出关键现场验证点，供现场调查方案设计参考。

5.4.3 现场调查

5.4.3.1 自然属性

（1）剖面与站位布设

① 调查路线沿海岸线布设，测量点选取代表性的海岸特征点（如自然岸线和人工岸线的拐点、工作底图的岸线验证点等），应能真实反映自然属性现状。

② 在变化复杂及有特殊意义的岸段应加密观测点（不同岸线类型交界点、不同潮间带类型及其交界处、特殊地貌类型及其边界处、人为因素对岸线或岸滩有特殊影响处等）。

③ 依据岸滩的重要性或保护与利用情况，选择有代表性的岸滩进行剖面布设，在地形变化的地段应加密观测点，每条剖面能够反映岸滩地形的起伏变化（一般情况下，观测点间距不大于 10 m），观测点应根据岸滩地貌类型、沉积物变化、冲淤变化等合理布设。

（2）调查方法和技术要求

① 岸线调查方法参照《海岸线修测技术规程》，岸滩和周边海底地形调查方法参照《海洋底质调查技术规程》；定位使用 DGPS 定位系统、RTK 系统、全站仪等设备，精度优于 1 m。

② 岸滩利用类型参照《海域使用分类》（HY/T 123），保护类型和级别参照《海洋特别保护区分类分级标准》（HY/T 117）、《海洋自然保护区类型与级别划分原则》（GB/T 17504）等。

③ 岛体形态调查以现场勘查为主，对于岛体形态破坏严重的区域，进行占岛面积的测量；定位仪器设备和精度要求同岸线、岸滩调查。

④ 音像采集，使用数码摄像机、数码相机等设备，数码相机拍摄像素不低于 500 万像素，格式为 JPG，数码相机、摄像机的系统时间应与北京时间一致，数码摄像机的分辨率不低于 1024×768，保证摄像内容清晰，输出格式不限。

5.4.3.2 环境质量

（1）站位布设

① 站位布设能真实反映调查海岛淡水、周边海域海水的环境质量现状和趋势。

② 一般可采用网格式布站，并选定若干横向和纵向断面布站，必要时可以适当增加站位密度。

③ 站位布设时尽量避开航道、锚地。

④ 尽可能沿用历史监测站位，便于纵向比较，站位一经确定，不轻易更改。

（2）调查方法和技术要求

① 淡水水质监测的方法、仪器设备和技术要求参照《地表水和污水监测技术规范》（HJ/T 91）和《地下水环境监测技术规范》（HJ/T 164）。

② 海水水质监测的方法、仪器设备和技术要求参照《海洋调查规范 海水化学要素观测》（GB/T 12763.4）和《海洋监测规范 海水分析》（GB 17378.4）。

5.4.3.3 生物生态

（1）站位布设

站位布设根据随机均匀、生态环境敏感区重点照顾的原则，断面和站位布设均匀地覆盖调查海岛及其周边海域范围；布设原则参照 5.3.3 节的要求。

（2）调查方法和技术要求

① 植被资源调查方法、仪器设备和技术要求参照《森林资源规划设计调查主要技术规定》。

② 关键物种调查方法、仪器设备和技术要求参照《海洋调查规范 海洋生态调查指南》（GB 12763.9）、《自然保护区生物多样性调查规范》（LY/T 1814）、《红树林生态监测技术规程》（HY/T 081）、《珊瑚礁生态监测技术规程》（HY/T 082）、《海草床生态监测技术规程》（HY/T 083）和《海洋自然保护区监测技术规程》等。

5.4.3.4 保护与利用

（1）调查方法

① 现场踏勘海岛及其周边海域保护与利用情况，进行记录、测量、拍照、摄像和编码；

② 现场调访地方海岛管理部门、土地管理部门、林业管理部门或者村集体等职能部门以及用岛单位、个人或毗邻陆域上的居民，并做好记录。

（2）技术要求

① 现场测量方法和仪器设备要求参照《无居民海岛使用测量规范》和《海籍调查规范》（HY/T 124），定位精度优于 1 m。

② 音像采集使用数码摄像机、数码相机等设备。照片应包含拍摄对象全貌，照片不能拍摄全貌的，均需摄像，且连续摄像时间不少于 15 s。数码相机像素不低于 500 万像素，照片格式为 JPG，数码摄像机分辨率不低于 1024×768，保证摄像内容清晰，输出格式不限，数码相机和数码摄像机的系统时间应与北京时间一致。

5.5 评估内容与方法

5.5.1 自然属性

① 主要评价海岛岸线长度、岸滩面积变化及速率，岸滩地形地貌特征及变化，海岸侵蚀、沙滩退化及其损失；评价方法和标准参照《海洋底质调查技术规程》执行。

② 岸线、岸滩的保护与利用状况，采用定性描述的评价方法。

③ 重点区域海岛周边海底地形及其变化，评价方法和标准参照《海底地形地貌调查技术规程》执行。

5.5.2 环境质量

主要评价岛上淡水和周边海域海水水质。评价方法一般采用单因子水质参数法（即标准指数法），评价标准参照《地表水环境质量标准》（GB 3838）、《地下水质量标准》（GB/T 14848）和《海水水质标准》（GB 3097）执行；特殊需要时可采用综合指数法，参照《环境影响评价技术导则　地面水环境》（HJ/T 2.3）执行。

5.5.3 生物生态

主要评价岛陆植被覆盖度及变化，关键物种群落特征及变化趋势评价，生物资源利用与保护状况的评价。评价方法和标准参照《海洋调查规范　海洋生态调查指南》（GB 12763.9）、《近岸海洋生态健康评价指南》（HY/T 087）、《红树林生态监测技术规程》（HY/T 081）、《珊瑚礁生态监测技术规程》（HY/T 082）、《海草床生态监测技术规程》（HY/T 083）和《海岛调查技术规程》执行；特殊需要时，可参照《环境影响评价技术导则　生态影响》（HJ 19）中"推荐的生态影响评价和预测方法"执行。

5.5.4 保护与利用

① 主要建筑物和设施高度、占岛面积是否符合单岛规划、区域用岛规划、《无居民海岛保护和利用指导意见》有关要求。

② 周边海域围填海面积是否符合海洋功能区划。

③ 污水、废水、废气和固体废弃物的处理是否符合单岛规划、区域用岛规划、《无居民海岛保护和利用指导意见》以及国家和地方相关标准。

5.6 监测与评估成果

预期成果包括报告和图件等，采用纸质和电子文件两种形式。报告采用 A4 型纸张打印，电子文件采用 Microsoft word 格式。图件采用 A3 型纸张打印，电子文件采用 jpg 格式，并提供图件的原始文件（带有空间地理坐标的数据格式）；图件应体现海岛名称、编制单位和时间等内容，图件比例尺为 1∶10 000，采用高斯 – 克吕格投影、国家 2000 大地坐标系。

5.7 资料成果归档

资料和成果归档参照《海洋调查观测监测档案业务规范》（HY/T 058）执行。

第6章　卫星遥感技术在海岛保护与利用规划中的应用

6.1　不同类型遥感影像源及其应用潜力分析

6.1.1　遥感影像源介绍

卫星遥感影像数据实时性强、覆盖面广，随着其几何与光谱分辨率的不断提高，已经成为获取和更新基础地理信息的重要手段。航天航空影像数据库是利用各种航天航空遥感数据或扫描得到的影像数据为数据源而设计构建的空间影像数据库，具有多时间分辨率、多光谱分辨率、多空间分辨率、多灰度分辨率等特征。

目前广泛在用的遥感数据源介绍如下。

（1）MODIS

MODIS 数据是 TERRA、AQUA 卫星上的中分辨率成像光谱仪获取的数据。MODIS 数据主要有三个特点：其一，NASA 对 MODIS 数据实行全世界免费接收的政策（TERRA 卫星除 MODIS 外的其他传感器获取的数据均采取公开有偿接收和有偿使用的政策）；其二，MODIS 数据涉及波段范围广（36 个波段）、数据分辨率比 NOAA－AVHRR 有较大的进展（250 m、500 m 和 1 000 m）。这些数据均对地球科学的综合研究和对陆地、大气和海洋进行分门别类的研究有较高的实用价值；其三，TERRA 和 AQUA 卫星都是太阳同步极轨卫星，TERRA 在地方时上午过境，AQUA 将在地方时下午过境。TERRA 与 AQUA 上的 MODIS 数据在时间更新频率上相配合，加上晚间过境数据，对于接收 MODIS 数据来说，可以得到每天最少 2 次白天和 2 次黑夜更新数据。这样的数据更新频率，对实时地球观测和应急处理（例如森林和草原火灾监测和救灾）有较大的实用价值。

（2）中巴资源卫星

中巴地球资源卫星是 1988 年中国和巴西两国政府联合议定书批准，由中、巴两国共同投资，联合研制的卫星（代号 CBERS）。1999 年 10 月 14 日，中巴地球资源卫星 01 星（CBERS-01）成功发射，在轨运行 3 年 10 个月；02 星（CBERS-02）于 2003 年 10 月 21 日发射升空，目前仍在轨运行。

表 6-1 是中巴资源一号卫星传感器的基本参数。

表6-1 中巴资源一号卫星传感器的基本参数

传感器名称	CCD相机	宽视场成像仪 (WFI)	红外多光谱扫描仪 (IRMSS)
传感器类型	推扫式	推扫式（分立相机）	振荡扫描式（前向和反向）
可见/近红外波段	1：0.45~0.52 μm 2：0.52~0.59 μm 3：0.63~0.69 μm 4：0.77~0.89 μm 5：0.51~0.73 μm	10：0.63~0.69 μm 11：0.77~0.89 μm	6：0.50~0.90 μm
短波红外波段	无	无	7：1.55~1.75 μm
			8：2.08~2.35 μm
热红外波段	无	无	9：10.4~12.5 μm
辐射量化	8 bit	8 bit	8 bit
扫描带宽	113 km	890 km	119.5 km
每波段像元数	5 812像元	3 456像元	波段6、7、8：1 536像元
			波段9：768像元
空间分辨率（星下点）	19.5 m	258 m	波段6、7、8：78 m
			波段9：156 m
具有侧视功能	有（-32°~+32°）	无	无
视场角	8.32°	59.6°	8.80°

（3）Landsat-7 TM/ETM+ 数据

Landsat-7 卫星于 1999 年发射，装备有 Enhanced Thematic Mapper Plus (ETM+) 设备，ETM+ 被动感应地表反射的太阳辐射和散发的热辐射，有 8 个波段的感应器，覆盖了从红外到可见光的不同波长范围。ETM+ 比在 Landsat-4、Landsat-5 上面装备的 Thematic Mapper (TM) 设备红外波段的分辨率更高，因此有更高准确性。

Landsat 系列卫星参数见表 6-2。

表6-2 Landsat 系列卫星参数

卫星系列	卫星名称	服务时间	RS器名称	周期/轨道	辐射宽度（km）	波段：频率（μm）	分辨率（m）
美国陆地卫星系列（Landsat1~7号星）	Landsat-1	1972年7月至1978年1月	RBV,MSS	18D/918 km	185	B：0.45~0.52	30
	Landsat-2	1975年1月至1982年2月			185	G：0.52~0.60	30
	Landsat-3	1978年3月至1983年3月			185	R：0.63~0.69	30
	Landsat-4	1982年7月至1992年	MSS,TM	16D/705 km	185	NIR：0.76~0.90	30
	Landsat-5	1984年1月至今			185	SWIR：1.55~1.75	30
	Landsat-6	1993年10月5日	MSS,ETM	发射失败	185	TIR：10.4~12.5	60
	Landsat-7	1999年4月至今	TM,ETM+	16D/705 km	185	SWIR：2.08~2.35	30

Landsat-7 的波段特征介绍见表 6-3。

表6-3　Landsat-7 波段特征

波段序号	波长范围 （μm）	波段名称	地面分辨率 （m）	主要应用领域
1	0.45～0.52	蓝绿	30	对水体有一定的透视能力，能够反射浅水水下特征，区分土壤和植被、编制森林类型图、区分人造地物类型，分析土地利用
2	0.52～0.60	绿	30	探测健康植被绿色反射率、区分植被类型和评估作物长势，区分人造地物类型，对水体有一定透射能力，主要观测植被在绿波段中的反射峰值，这一波段位于叶绿素的两个吸收带之间，利用这一波段增强鉴别植被的能力
3	0.63～0.69	红	30	测量植物绿色素吸收率，并以此进行植物分类，可区分人造地物类型；位于叶绿素的吸收区，能增强植被覆盖与无植被覆盖之间的反差，亦能增强同类植被的反差
4	0.76～0.90	近红外	30	测量生物量和作物长势，区分植被类型，绘制水体边界、探测水中生物的含量和土壤湿度；用来增强土壤-农作物与陆地-水域之间的反差
5	1.55～1.75	短波红外	30	探测植物含水量和土壤湿度，区别雪和云，适合庄稼缺水现象的探测和作物长势分析
6	10.4～12.5	热红外	60	用于热强度、测定分析，探测地表物质自身热辐射，用于热分布制图，岩石识别和地质探矿
7	2.08～2.35	短波红外	30	探测高温辐射源，如监测森林火灾、火山活动等，区分人造地物类型，岩系判别
8	0.52～0.90	全色	15	

（4）Quickbird

Quickbird 卫星于 2001 年 10 月由美国 DigitalGlobe 公司发射，是目前世界上最先提供亚米级分辨率的商业卫星，具有引领行业的地理定位精度，海量星上存储，单景影像比同时期其他的商业高分辨率卫星高出 2～10 倍。而且 Quickbird 卫星系统每年能采集 $7\,500 \times 10^4\,km^2$ 的卫星影像数据，存档数据以很高的速度递增。在中国境内每天至少有 2～3 个过境轨道，有存档数据约 $500 \times 10^4\,km^2$。其卫星数据参数见表 6-4。

表6-4　Quickbird卫星参数

传感器	全色		多光谱
分辨率	0.61 m（星下点）		2.44 m（星下点）
波长	450～900 nm		B：450～520 nm
			G：520～660 nm
			R：630～690 nm
			NIR：760～900 nm
动态范围调整	11位（bit）		
辐照宽度	以星上点轨迹为中心，左右各272 km		
成像模式	单景 16.5 km×16.5 km		
条带	16.5 km×165 km		
轨道高度	450 km		
轨道面倾角	98°（太阳同步）		
重访周期	1～6 d（70 cm分辨率，取决于纬度高低）		

Quickbird 数据有两个特点：一是空间分辨率最高达亚米级，能满足 1∶3000 以下的制图精度，对判译地物类型非常有利；二是其波段设置与自然真彩色接近，采用对应的 R（band3）、G（band2）、B（band1）组合，即可制作出反映地表真实景观的真彩色遥感影像，对通过影像色彩及纹理进行地物的判译和分析非常有帮助。但该数据缺乏热红外波段，无法反映地面的热异常信息。

（5）ASTER

ASTER 是美国与日本合作研制的、安装在 Terra 卫星上的光学传感器，包括了可见光到热红外共14个光谱通道，可以为地球环境、资源研究提供遥感影像。ASTER 传感器有 3 个谱段，具体参数见表 6-5。

表6-5　ASTER传感器主要参数

谱段	波段	空间分辨率	辐射分辨率	侧视角	瞬时视场	探测器	扫描周期	MTF
可见光近红外(VNIR)	3 个波段，0.52～0.86 μm	15 m	NE$\Delta\rho\leqslant$0.5%	±24°（垂直轨道方向）	21.3 μ rad（天底方向）；18.6 μ rad（后视方向）	5 000像元（任意时刻实际使用为4 100像元）	2.2 ms	>0.25（横轨方向），>0.25（沿轨方向）
短波红外(SWIR)	6 个波段，1.60～2.43 μm	30 m	NE$\Delta\rho\leqslant$0.5%～1.5%	±8.55°（垂直轨道方向）	42.6 μ rad	2 048像元/band	4.398 ms	>0.25（横轨方向），>0.20（沿轨方向）
热红外(TIR)	5 波段，8.125～11.65 μm	90 m	NE$\Delta T\leqslant$0.3K	±8.55°（垂直轨道方向）	127.8 μ rad	10像元/band	2.2 ms	>0.25（横轨方向），>0.20（沿轨方向）

（6）GeoEye

世界上规模最大的商业卫星遥感公司美国 GeoEye，已于 2008 年 9 月 6 日成功发射了迄今技术最先进、分辨率最高的商业对地成像卫星——GeoEye-1。该卫星具有分辨率最高、测图能力极强、重访周期极短的特点，已为全球广大用户所关注。GeoEye-1 高分辨率卫星影像应用前景广阔，在实现大面积成图项目、细微地物的解译与判读等方面优势突出。

GeoEye-1 影像参数见表 6-6。

表6-6　GeoEye-1影像参数

相机模式	全色和多光谱同时（全色融合） 单全色 单多光谱	
分辨率	星下点全色：0.41 m；侧视28°全色：0.5 m；星下点多光谱：1.65 m	
波长	全色：450～800 nm	
	多光谱	B：450～510 nm
		G：510～580 nm
		R：655～690 nm
		NIR：780～920 nm
定位精度（无控制点）	立体 CE90：4 m；LE90：6 m 单片 CE90：5 m	
幅宽	星下点15.2 km；单景225 km² (15 km×15 km)	
成像角度	可任意角度成像	
重访周期	2～3 d	
单片影像日获取能力	全色：近700 000 km² / d（相当于青海省的面积） 全色融合：近350 000 km² / d（相当于湖南、湖北两个省的面积）	

（7）WorldView

WorldView 卫星系统是 Digitalglobe 公司的下一代商业成像卫星系统。它由两颗（WorldView-I 和 WorldView-II）卫星组成，其中 WorldView-I 已于 2007 年发射，WorldView-II 也在 2009 年 10 月份发射升空。WorldView 采集能力提高，8 个多光谱波段提高了分析能力，机动灵活性增强，高效大面积采集，重访周期缩短，访问时间延长，采集计划响应时间和生产时间缩短。

WorldView-2 卫星能提供独有的 8 波段高清晰商业卫星影像。除了四个常见的波段外（蓝色波段：450～510 nm，绿色波段：510～580 nm，红色波段：630～690 nm，近红外线波段：770～895 nm），WorldView-2 卫星还能提供以下新的彩色波段的分析：海岸波段（400～450 nm），这个波段支持植物鉴定和分析，也支持基于叶绿素和渗水的规格参数表的深海探测研究。由于该波段经常受到大气散射的影响，已经应用于大气层纠正技术；黄色波段

（585 ～ 625 nm），过去经常被说成是 yellow-ness 特征指标，是重要的植物应用波段。该波段将被作为辅助纠正真色度的波段，以符合人类视觉的欣赏习惯；红色边缘波段（705 ～ 745 nm），辅助分析有关植物生长情况，可以直接反映出植物健康状况有关信息；近红外 2 波段（860 ～ 1 040 nm），这个波段部分重叠在 NIR 1 波段上，但较少受到大气层的影响。该波段支持植物分析和单位面积内生物数量的研究。

（8）IKONOS

IKONOS（伊科诺斯）卫星于 1999 年 9 月 24 日发射成功，是世界上第一颗提供高分辨率卫星影像的商业遥感卫星。IKONOS 卫星的成功发射不仅实现了提供高清晰度且分辨率达 1 m 的卫星影像，而且开拓了一个新的更快捷、更经济获得最新基础地理信息的途径，更是创立了崭新的商业化卫星影像的标准。

IKONOS 是可采集 1 m 分辨率全色和 4 m 分辨率多光谱影像的商业卫星，同时全色和多光谱影像可融合成 1 m 分辨率的彩色影像。时至今日 IKONOS 已采集超过 2.5×10^8 km^2 涉及每个大洲的影像，许多影像被中央和地方政府广泛用于国家防御、军队制图、海空运输等领域。从 681 km 高度的轨道上，IKONOS 的重访周期为 3 d，并且可从卫星直接向全球 12 地面站地传输数据。

IKONOS 数据的星下点分辨率为 0.82 m，全色产品分辨率为 1 m；多光谱产品分辨率为 4 m，全色波段光谱范围：0.45 ～ 0.90 μm，彩色波段 1（蓝色）：0.45 ～ 053 μm，波段 2（绿色）：0.52 ～ 0.61 μm，波段 3（红色）：0.64 ～ 0.72 μm，波段 4（近红外）：0.77 ～ 0.88 μm。

（9）SPOT

SPOT 卫星是法国空间研究中心（CNES）研制的一种地球观测卫星系统。SPOT1 号卫星于 1986 年 2 月 22 日发射成功。SPOT5 于 2002 年 5 月 4 日发射，星上载有 2 台高分辨率几何成像装置（HRG）、1 台高分辨率立体成像装置（HRS）、1 台宽视域植被探测仪（VGT）等，空间分辨率最高可达 2.5 m，前后模式实时获得立体像对，运营性能有很大改善，在数据压缩、存储和传输等方面也均有显著提高。

目前，除 SPOT3 因事故于 1997 年 11 月 14 日停止运行外，其他 SPOT 均在正常运行。

SPOT5 卫星的波段参数见表6-7。

表6-7　SPOT5卫星波段

波段 （μm）	高分辨率几何装置	植被成像装置 （km）	高分辨率立体装置
PA：0.49～0.69	2.5 m 或 5 m	—	10 m
B0：0.43～0.47	—	1	—
B1：0.49～0.61	10 m	—	—
B2：0.61～0.68	10 m	1	—
B3：0.78～0.89	10 m	1	—

波段 （μm）	高分辨率几何装置	植被成像装置 （km）	高分辨率立体装置
SWIR：1.58～1.75	20 m	1	—
视场	60 km	2 250	120 km

（10）HJ–1–A/1–B

环境与灾害监测预报小卫星星座 A、B 星（HJ–1–A/1–B 星）于 2008 年 9 月 6 日上午 11 点 25 分成功发射，HJ–1–A 星搭载了 CCD 相机和超光谱成像仪（HSI），HJ–1–B 星搭载了 CCD 相机和红外相机（IRS）。在 HJ–1–A 卫星和 HJ–1–B 卫星上均装载的两台 CCD 相机设计原理完全相同，以星下点对称放置、平分视场、并行观测，联合完成对地刈幅宽度为 700 km、地面像元分辨率为 30 m、4 个谱段的推扫成像。此外，在 HJ–1–A 卫星装载有一台超光谱成像仪，完成对地刈宽为 50 km、地面像元分辨率为 100 m、110～128 个光谱谱段的推扫成像，具有 ±30° 侧视能力和星上定标功能。在 HJ–1–B 卫星上还装载有一台红外相机，完成对地幅宽为 720 km、地面像元分辨率为 150 m/300 m、近短中长 4 个光谱谱段的成像（表 6–8）。

表6–8　HJ–1–A/1–B卫星主要载荷参数

平台	有效载荷	波段号	光谱范围 （μm）	空间分辨率 （m）	幅宽 （km）	侧摆能力	重访时间 （d）	数传数据率 （M bit/s）
HJ–1A星	CCD相机	1	0.43～0.52	30	360（单台），700（二台）	—	4	120
		2	0.52～0.60	30				
		3	0.63～0.69	30				
		4	0.76～0.90	30				
	高光谱成像仪	—	0.45～0.95（110～128个谱段）	100	50	±30	4	
HJ–1B星	CCD相机	1	0.43～0.52	30	360（单台），700（二台）	—	4	60
		2	0.52～0.60	30				
		3	0.63～0.69	30				
		4	0.76～0.90	30				
	红外多光谱相机	5	0.75～1.10	150（近红外）	720	—	4	
		6	1.55～1.75					
		7	3.50～3.90					
		8	10.5～12.5	300（10.5～12.5 μm）				

（11）ALOS

ALOS 卫星是日本的对地观测卫星，2006 年 1 月 24 日发射，分辨率可达 2.5 m。2011 年，ALOS 因电力故障的原因停止运行，2014 年 5 月，日本发射其后续卫星 Daichi-2（ALOS-2）。ALOS 卫星载有三个传感器：全色立体测绘仪（PRISM），高性能可见光与近红外辐射计 -2（AVNIR-2）和相控阵型 L 波段合成孔径雷达（PALSAR）。PRISM（全色影像传感器 2.5 m 分辨率）具有独立的三个观测相机，分别用于星下点、前视和后视观测，沿轨道方向获取立体影像，星下点空间分辨率为 2.5 m。其数据主要用于建立高精度数字高程模型。新型的 AVNIR-2 传感器比 ADEOS 卫星所携带的 AVNIR 具有更高的空间分辨率，主要用于陆地和沿海地区的观测，为区域环境监测提供土地覆盖图和土地利用分类图。为了灾害监测的需要，AVNIR-2 提高了交轨方向能力，侧摆角度为 + 440，能及时观测受灾地区。PALSAR（雷达孔径成像最高分辨率 10 m）采用了 L 带的合成开口雷达，一主动式微波传感器，它不受云层、天气和昼夜影响，可全天候对地观测，比 JERS-1 卫星所携带的 SAR 传感器性能更优越。该传感器具有高分辨率、扫描式合成孔径雷达、极化三种观测模式，高分辨率模式（幅度 10 m）之外又加上广域模式（幅度 250 ~ 350 km），使之能获取比普通 SAR 更宽的地面幅宽。

为对不同影像源的海岛环境遥感应用情况进行比较，本专题选取了不同空间分辨率、光谱分辨率的影像源进行比较分析，主要包括 Landsat TM/ETM、SPOT5、Quickbird、ALOS 等。

6.1.2 不同环境要素的影像特征

利用同一地区不同分辨率的遥感数据进行目视解译，从影像中提取不同地物类型，并比较其在不同分辨率的遥感影像中表现出来的纹理特征差异。其结果见表 6-9。

表6-9　不同遥感数据源的地物类型纹理特征差异

地物类型	传感器				
	TM (201009)	ETM+ (200303)	SPOT-5 (201010)	ALOS(AVNIR) (200709)	Quickbird-2 (200809)
01 耕地	(3,2,1) (5,4,3)	(3,2,1) (5,4,3) (PAN)		(ALOS) (AVNIR)	

续 表

地物类型	传感器				
	TM (201009)	ETM+ (200303)	SPOT-5 (201010)	ALOS(AVNIR) (200709)	Quickbird-2 (200809)
02 林地	 （3,2,1） （4,3,2）	 （3,2,1） （4,3,2） （PAN）		 （ALOS） （AVNIR）	
03 草地	 （3,2,1） （4,3,2）	 （3,2,1） （4,3,2） （PAN）		 （ALOS） （AVNIR）	
04 居民地	 （3,2,1）			 （ALOS） （AVNIR）	
05 内陆水体	 （5,4,3） （3,2,1）	 （5,4,3） （3,2,1） （PAN）		 （ALOS） （AVNIR）	

续 表

地物类型	传感器				
	TM (201009)	ETM+ (200303)	SPOT-5 (201010)	ALOS(AVNIR) (200709)	Quickbird-2 (200809)
06 滩涂	(3,2,1) (4,3,2)	(3,2,1) (4,3,2) (PAN)		(ALOS) (AVNIR)	
07 养殖水面	(3,2,1) (4,3,2)	(3,2,1) (4,3,2) (PAN)		(ALOS) （AVNIR）	
08 裸地	(3,2,1) (4,3,2)	(3,2,1) (4,3,2) (PAN)		(ALOS) （AVNIR）	

通过表6-9的对比，可以看出不同地物类型在不同源遥感影像中反映的纹理特征差异很大。从整体上来讲，空间分辨率越高，其地物类型的纹理特征越明显，边界的识别能力越好，地物类型的目视可辨识能力越高。分辨率越低，不同地物类型之间的边界越不明显，主要原因是分辨率越低，其像元所包含的信息越多，混合像元问题越明显，因此，不同地物类型之间边界信息越不明显。

6.1.3　遥感影像的应用潜力比较

通过研究相同位置、不同源影像的可分离度，可以对比不同空间分辨率影像对同一地物类型的可区分程度。

（1）Quickbird 数据

通过目视解译在影像上选取不同地物类型的训练样本，图 6-1(a) (b) 分别是从图上获取的训练样本的均值和标准差的折线图。

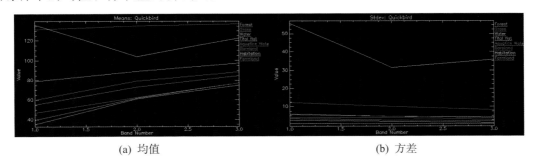

| (a) 均值 | (b) 方差 |

图6-1　Quickbird影像上不同地物类型训练样本均值和方差

通过专业遥感软件计算不同地物类型的可分离度，计算结果见表 6-10。

表6-10　Quickbird计算的样本可分离度

地物类型	地物类型							
	耕地	林地	草地	居民地	内陆水体	滩涂	养殖水面	裸地
耕地	—	1.908 8	1.160 9	1.982 4	2.000 0	1.999 5	1.981 5	2.000 0
林地	1.908 8	—	1.969 1	1.971 3	1.762 1	2.000 0	1.965 6	2.000 0
草地	1.160 9	1.969 1	—	1.968 2	2.000 0	1.998 1	1.899 2	2.000 0
居民地	1.982 4	1.971 3	1.968 2	—	1.995 5	1.984 6	1.968 0	1.973 4
内陆水体	2.000 0	1.762 1	2.000 0	1.995 5	—	2.000 0	2.000 0	2.000 0
滩涂	1.999 5	2.000 0	1.998 1	1.984 6	2.000 0	—	1.999 5	1.999 9
养殖水面	1.981 5	1.965 6	1.899 2	1.968 0	2.000 0	1.999 5	—	2.000 0
裸地	2.000 0	2.000 0	2.000 0	1.973 4	2.000 0	1.999 9	2.000 0	—

从表 6-10 中可以看出利用 Quickbird 影像可以很轻松地选取不同地物类型的训练样本，从计算的可分离度结果看，除草地和耕地可分离度很低外，其他地物类型均可区分。而草地和耕地不可区分主要原因是研究区域内，耕地面积极少，仅有的几块耕地其颜色和色调与草地极其相似，因此造成了两种地物类型的可区分性较差。

（2）ALOS- AVNIR 数据

通过目视解译 Quickbird 影像，从中选取了近乎纯像元的不同地物类型的训练样本，统计其均值和方差，结果如图 6-2(a) (b) 所示。

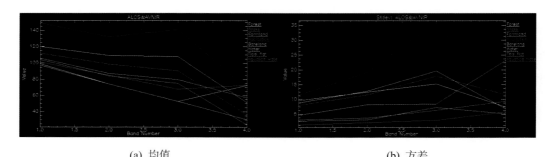

(a) 均值   (b) 方差

图6-2 ALOS-AVNIR影像上不同地物类型训练样本均值和方差

利用这些训练样本,计算 ALOS-AVNIR 影像上不同地物类型的可分离度(表 6-11)。

表6-11 ALOS-AVNIR影像的样本可分离度

地物类型	地物类型							
	耕地	林地	草地	居民地	内陆水体	滩涂	养殖水面	裸地
耕地	—	1.994 8	1.732 9	1.999 8	1.973 8	1.976 2	1.999 2	1.977 4
林地	1.994 8	—	1.993 6	1.999 0	1.947 1	2.000 0	2.000 0	2.000 0
草地	1.732 9	1.993 6	—	2.000 0	1.873 5	2.000 0	2.000 0	1.997 3
居民地	1.999 8	1.999 0	2.000 0	—	2.000 0	1.999 9	1.958 0	1.907 8
内陆水体	1.973 8	1.947 1	1.873 5	2.000 0	—	1.999 3	1.896 1	1.906 3
滩涂	1.976 2	2.000 0	2.000 0	1.999 9	1.999 3	—	1.681 1	1.928 4
养殖水面	1.999 2	2.000 0	2.000 0	1.958 0	1.896 1	1.681 1	—	1.206 7
裸地	1.977 4	2.000 0	1.997 3	1.907 8	1.906 3	1.928 4	1.206 7	—

由表 6-11 可知,ALOS-AVNIR 影像上耕地和草地两种地物类型的可区分性变强,可分离系数达到 1.732 9。从图 6-1 和图 6-2 中可以发现,在图 6-1 中耕地和草地的三波段均值曲线形状只有微小的偏差,而在图 6-2 中,前两个波段耕地和草地的训练样本的均值几乎相同,很难区分,但是在第三波段和第四波段,两种地物类型的均值曲线走向各不相同,从而使两种地物得以区分。

(3)SPOT-5 数据

图 6-3 是 SPOT-5 多光谱数据计算的不同地物类型样本数据的均值和方差。

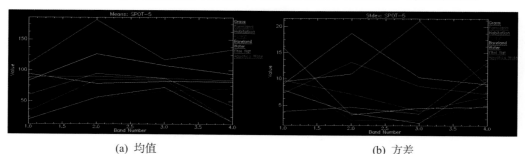

(a) 均值   (b) 方差

图6-3 SPOT-5影像上不同地物类型训练样本均值和方差

通过上面选取的训练样本，计算不同地物类型训练样本在 SPOT–5 影像上的可分离度，其结果见表 6–12。

表6–12　SPOT–5影像的样本可分离度

地物类型	地物类型							
	耕地	林地	草地	居民地	内陆水体	滩涂	养殖水面	裸地
耕地	—	1.978 2	1.568 2	1.999 9	2.000 0	1.998 6	2.000 0	1.828 7
林地	1.978 2	—	2.000 0	2.000 0	2.000 0	2.000 0	2.000 0	2.000 0
草地	1.568 2	2.000 0	—	2.000 0	2.000 0	2.000 0	2.000 0	1.993 3
居民地	1.999 9	2.000 0	2.000 0	—	2.000 0	2.000 0	2.000 0	1.998 6
内陆水体	2.000 0	2.000 0	2.000 0	2.000 0	—	2.000 0	2.000 0	1.999 8
滩涂	1.998 6	2.000 0	2.000 0	2.000 0	2.000 0	—	1.989 8	1.971 9
养殖水面	2.000 0	2.000 0	2.000 0	2.000 0	2.000 0	1.989 8	—	2.000 0
裸地	1.828 7	2.000 0	1.993 3	1.998 6	1.999 8	1.971 9	2.000 0	—

SPOT–5 影像的可分离度计算结果与 Quickbird 十分相似，较难区分的都是草地和耕地，但是由于 SPOT–5 增加了一个波段，使这两种地物的可分离度略有提高。

（4）Landsat TM

利用上述的训练样本统计 Landsat TM 影像上不同地物类型的均值和方差曲线（图 6–4）。

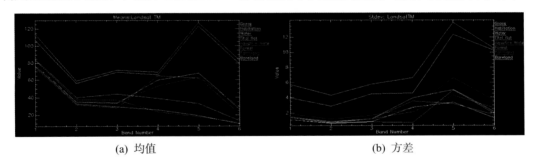

(a) 均值　　　　　　　　　　　　　(b) 方差

图6–4　Landsat TM影像上不同地物类型训练样本均值和方差

通过这些训练样本计算不同地物类型在 Landsat TM 上的可分离度，其结果见表 6–13。

表6–13　Landsat TM影像的样本可分离度

地物类型	地物类型							
	耕地	林地	草地	居民地	内陆水体	滩涂	养殖水面	裸地
耕地	—	1.999 9	1.988 3	2.000 0	2.000 0	2.000 0	2.000 0	2.000 0
林地	1.999 9	—	1.974 3	2.000 0	2.000 0	2.000 0	2.000 0	2.000 0
草地	1.988 3	1.974 3	—	2.000 0	2.000 0	2.000 0	2.000 0	2.000 0
居民地	2.000 0	2.000 0	2.000 0	—	2.000 0	2.000 0	2.000 0	1.525 2

续 表

地物类型	地物类型							
	耕地	林地	草地	居民地	内陆水体	滩涂	养殖水面	裸地
内陆水体	2.000 0	2.000 0	2.000 0	2.000 0	—	2.000 0	2.000 0	2.000 0
滩涂	2.000 0	2.000 0	2.000 0	2.000 0	2.000 0	—	2.000 0	2.000 0
养殖水面	2.000 0	2.000 0	2.000 0	2.000 0	2.000 0	2.000 0	—	2.000 0
裸地	2.000 0	2.000 0	2.000 0	1.525 2	2.000 0	2.000 0	2.000 0	—

从 Landsat TM 地物类型的可分离度上可发现，增加波谱信息可以增强不同地物类型的可分离程度，但是相比较 Quickbird 高分辨率影像数据，不同地物类型的纹理特征明显下降。如果训练样本直接从 Landsat TM 影像中获取，则很难在很小的岛屿上——区分出不同种地物类型，建立地物类型的训练样本，不能建立纯像元的训练样本，就很难保证分类结果的准确度。

6.2 环境要素的遥感信息提取方法体系

6.2.1 岛陆环境要素的遥感信息提取方法

6.2.1.1 岸线提取方法

（1）海岸线提取方法简介

目视解译是利用图像的影像特征（色调或色彩，即波谱特征）和空间特征（形状、大小、阴影、纹理、图型、位置和布局），与多种非遥感信息资料相组合，进行由此及彼、由表及里去伪存真的综合分析和逻辑推理的思维过程。长期以来，目视解译是地学专家获得区域地学信息的主要手段。

海岸线目视判读能综合利用海陆的色调或色彩、形状、大小、阴影、纹理、图案、位置和布局等影像特征知识以及有关地物的专家知识，根据海岸线特征为依据确定其在卫星图像上的解译标志。还可以结合其他非遥感数据资料进行综合分析和逻辑推理，从而能达到较高的专题信息提取的精度。

海线自动解译是单纯利用数字图像处理技术来确定海陆分界线，因没有人的先验知识参与，其提取的只是卫星过顶时的瞬时海陆分界线。海岸线遥感自动解译算法主要包括以下几种：

1）阈值法

阈值法又称密度分割法，是图像分割领域广泛使用的一种分割技术，适用于要分割的物体与背景有强烈对比度的图像，其实现简单、计算量小、性能较稳定。它根据灰度值将一幅数字图像 $f(x,y)$ 分割成不同的区域。如将分割后的图像记为 $G(x,y)$，则可表示为

$$G(x,y) = k, \ k = 1,2,3,\cdots,K \qquad (T_{k-1} < f(x,y) \leqslant T_k)$$

式中，$T_0, T_1, \cdots, T_k$ 是一系列分割阈值；k 为赋予分割后图像各区域的不同标号。

在遥感影像特征提取过程中，密度分割法是一种较为常用的阈值法。该方法较为简单、处理速度快，并且具有较强的适应性，主要用于可见光与反射红外影像上。在水陆背景对比较明显的情况下，影像直方图通常表现为较好的双峰形式，取直方图谷底作为阈值门限，可以将水体和陆地分割成两部分，然后将水陆边界连接起来，就可以得到海岸线。

2）边缘检测算法

图像的边缘对应着图像灰度的不连续性，边缘检测算法就是通过检测每个像素与其直接邻域的状态，根据边界上像元点邻域的像元灰度值变化比较大的原理来判定该像素是否处于边界上。常用的边缘检测算子有 Laplace-Cause Robert、Prewitt 及 Soble 等算子。

3）小波变换算法

该算法基础是平移和伸缩的不变性，将一个信号分解成对空间和尺度的独立贡献，同时又不丢失原始信号的信息，基于小波分析的边缘检测算法能很好地保证所得到的边缘的精度，并能解决传统算法对图像的质量要求。当把海区和陆地部分的灰度值转化为数字信号进行分析处理时，在海陆交界处（即岸界处）数字信号具有明显的不连续性或者说具有奇异性，利用小波技术对这种数字信号进行分析处理，找到奇异点的位置，并把它们顺序连接起来，就可以把岸线确定下来。采用高斯函数的一阶导数作为小波函数，在对海岸带遥感图像做小波变换后，通过检测小波变换模的极值点得到图像的候选边缘点，然后再经过滤波得到图像的边缘。

4）主动轮廓模型方法

主动轮廓模型是 Kass 等 1988 年提出的一种基于能量函数最小的图像分割算法。它的基本思想是定义一个能量函数，在 Snake 由初始位置向真实位置逐渐靠近，寻找能量函数的局部最小值，即通过对能量函数的动态优化来逼近目标的真实位置。一般在岸线提取时，Snake 算法常与边缘检测算法结合起来，以得到连续的岸线轮廓（图 6-5）。

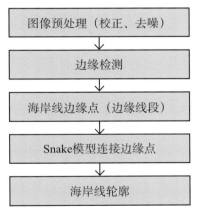

图6-5 Snake方法海岸线检测流程

5）CDC 算法

CDC（Color Difference Canny）即色差算法提取海岸线，这种方法兼顾了梯度幅值计算中边缘定位准确和抑制噪声的要求，充分利用了彩色信息，并能准确地求出符合人眼视觉的颜色差别，在实际中取得了很好的效果。

6）区域增长算法

区域生长的基本思想是将具有相似性质的像素集合起来构成区域，该方法需要先选取一个种子点，然后，依次将种子像素周围的相似像素合并到种子像素所在的区域中。算法的关键在于选择合适的区域生长准则和阈值选取。

（2）不同海岸类型的海岸线提取

根据海岸类型对灰度图像进行预处理后才能提取，具体的提取过程如图6-6所示。

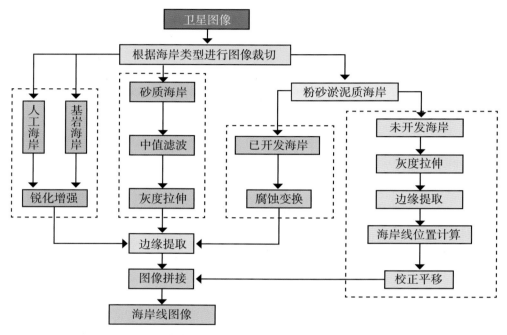

图6-6　海岸线提取流程（参考马小峰等，2007）

1）人工海岸线和基岩海岸线提取

卫星图像中人工海岸与基岩海岸的共同特点是水陆分界线非常明显，可以用高通滤波器进行图像锐化增强，图像锐化增强原理与边缘检测算法原理相同，只是在模板的设置方法上有区别。锐化增强模板的中心像元值远远大于周围像元值。经过锐化增强的图像的边缘特征更加突出，使用Canny算子直接进行提取即可获得很好的效果。需要注意的是在确定基岩海岸的时候所选用的图像应尽量选取高潮位时刻的图像，以保证所提取海岸线的准确性。

2）砂质海岸线提取

砂质海岸线提取，先在图像上提取出整个砂质海岸图块，后取砂质海岸靠近陆地一侧的边缘即可作为砂质岸线。在卫星图像上砂质海岸并不是每个像素都是同样的灰度，在和非砂地区的连接处会有一些亮度低于砂质地物而高于其他非砂地物的像素。为了去掉这些噪声点的干扰，可以使用均值平滑、高斯低通滤波、中值滤波等平滑图像的方法。相比发现中值滤波后的图像更能突出图像的边界，符合海岸线提取研究的要求。

中值滤波后的图像中砂质海岸的边界已经清晰，把砂与非砂地物确定为两类不同的图像类型，使用目视解译的方法对图像的直方图进行拉伸，确定一个域值使砂质海岸与其他地物分为不同的两个灰度值，从而实现图像二值化。经过二值化后的图像，其砂质海岸与非砂质地物的分界线非常明显，可以使用Canny算子进行海岸提取。

3）淤泥质海岸线提取

已开发的淤泥质海岸：可以选择其他地物（如植被、虾池、公路等）与淤泥质海岸的分界线作为海岸线。这类淤泥质海岸的近岸一侧修筑了大量的虾池、盐田等经济区域，在虾池、盐田的近海一侧均修筑了防浪堤，这些经济区域与淤泥质海岸的分界线就是其海岸线。

未开发的淤泥质海岸：淤泥质岸滩与海水的分界线在图像上很清晰，经过锐化滤波器增强图像后即可提取岸线。由于其岸滩面积较大，在图像上无法找到明显的解译标志，需要通过潮位与卫星图像的对比进行计算，才能得出海岸线在淤泥质海岸上的准确位置，其原理见图6-7。

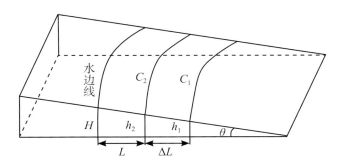

图6-7　海岸线位置计算原理

① 对于地形起伏小的海域：通常泥沙质岸的地形一般起伏小，坡度很缓，较小的潮差就会导致水边线相差甚远。提取海岸线时，必须考虑潮位的影响，利用水边线进行潮位校正。首先提取两幅影像的水边线，分别设为 C_1、C_2，量出图像上两水边线的距离，设为 ΔL，同时确定两幅图像中摄影时刻的潮位高度，分别设为 h_1，h_2 段（设 $h_2 > h_1$），则岸滩坡度为：$\theta = \arctan[(h_2 - h_1)/\Delta L]$。

然后确定平均大潮高潮位的潮水高度 H（根据多年潮位观测资料得到），计算出对水边线（以 C_2 为例）至海岸线的距离（校正距离）为：$L = (H - h_2)/\tan\theta$。

② 对于地形起伏较大的海域：潮间带是地形测量的困难地区。基于潮间带 DEM 和潮汐模型提取海岸线的基本思路是，首先假定摄影时刻在一定范围内，水边线不受潮位影响，水边线的位置可以认为是干出滩上高程一致点连接而成的等高线（也称等水位线）。在上述假设条件下，利用多时相的遥感影像提取的水边线信息，结合潮汐模型（或验潮数据）推断出水边线的高程值，一系列不同潮位条件下获得的遥感水边线即可形成一系列已知高程信息的等高线，利用这些等高线和海图的 0 m 线通过空间插值进而得到潮间带 DEM，最后根据潮汐模型计算当地平均大潮高潮面（海岸线定义所处潮位）的高程，以此为高程参考面与 DEM 横切（可用等值线自动跟踪方法）得到海岸线。当然可借助潮间带实测的高程断面获得水边线高程来验证潮汐模型的准确性。海岸线提取流程见图 6-8。

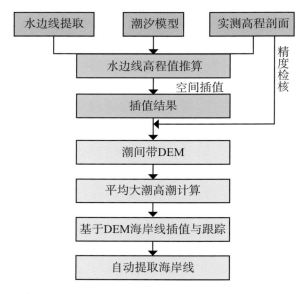

图6-8 DEM建立与海岸线提取流程

（3）岸线自动提取方法应用比较

基于知识的目视解译是高分辨率影像海岸线信息提取的一种好方法，根据不同海岸类型建立影像中的解译标志（见表6-14），可以较大精度地提取海岸线信息。较低分辨率的MSS、TM、ETM等遥感数据通过与较高分辨率的SPOT、SAR影像的融合，提高分辨率及地物的纹理特征，更加方便地物信息的提取。这种多源遥感数据的融合技术也是海岸线特征信息提取的一种重要方法。

表6-14 不同类型岸线在SPOT5影像中的解译标志

海岸线类型	影像特征	SPOT5影像示例
人工岸线	面积较大，通常用明显的虾池养殖区、码头、船坞、防波堤等几何形状比较规则的水工建筑物和公路分布	
基岩岸线	明显的山脉纹理、海岬角和直立陡峭的海蚀崖	

续 表

海岸线类型	影像特征	SPOT5影像示例
砂质岸线	沙滩亮度明显高于周围其他地物	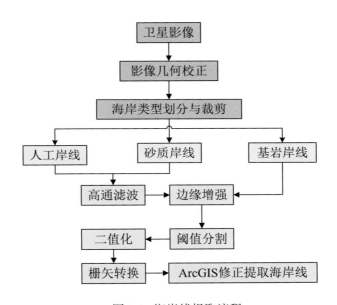

以山东省镆铘岛为例，该岛岸线类型主要为基岩岸线、砂质岸线和人工岸线。基岩岸线主要分布在南侧及西南侧，人工岸线主要分布在岛北半侧、东北侧，主要为道路、养殖池、码头及厂房等；砂质岸线主要分布在岛东北岬角处和西南海湾中，物质多为细砂。

不同类型的海岸线遥感提取的技术流程如图 6-9 所示。

图6-9 海岸线提取流程

1）砂质、基岩及部分人工海岸提取

① 阈值法二值化提取：确定合适的阈值对影像进行二值化，将海水与陆地分开，然后对二值图像进行边缘增强处理，再对增强影像进行二值化，即可很好地提取人工海岸的海岸线。

海岸线提取的图像处理过程如图 6-10 所示。

（a）镆铘岛Spot5B1波段原始影像　　　　　　　（b）图像边缘增强

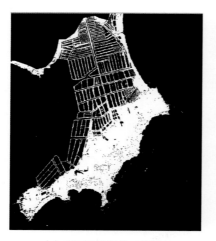 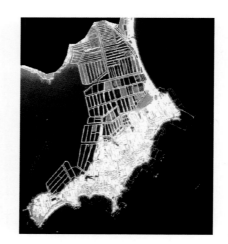

（c）利用阈值图像二值化　　　　　　　　（d）栅矢转换后的海岸线

图6-10　砂质、基岩及部分人工岸线阈值法提取的图像处理过程

②　Sobel 边缘检测提取海岸线：Sobel 算子是一阶微分算子，它利用像素周围邻近区域的梯度值来计算该像素的梯度，并且根据阈值来取舍最后确定梯度值，它由下式给出：

$$s = (\, \mathrm{d}x^2 + \mathrm{d}y^2)^{\frac{1}{2}}$$

Sobel 算子很容易在空间上实现，图 6-11 所示的是 Sobel 算子中的 2 个卷积核，该卷积核为一个 3×3 算子模板，其中一个核对图像垂直边缘响应最大，另一个对水平边缘响应最大。最后以 2 个卷积核计算后得出的最大值作为该点的输出值。运行结果是 1 幅边缘幅度图像（图6-11）。

（a）SPOTB2波段边缘增强后Sobel边缘检测 （b）Sobel边缘检测提取的岸线

图6-11 砂质、基岩及部分人工岸线Sobel边缘检测法提取的图像处理过程

③ Roberts 边缘检测提取海岸线：Roberts 边缘提取算子根据任意一对互相垂直方向上的差分可用来计算梯度的原理，采用对角线方向相邻两像素灰度值之差，即：

$$g(x, y) = \left(\sqrt{f(x, y)} - \sqrt{f(x+1, y+1)} \right)^2 + \left(\sqrt{f(x+1, y)} - \sqrt{f(x, y+1)} \right)^2$$

其中，$f(x, y)$，$f(x+1, y+1)$，$f(x+1, y)$，$f(x, y+1)$ 分别为 4 邻域的坐标，且是具有整数像素坐标的输入图像；其中的平方根运算使得该处理类似于人类视觉系统中发生的过程。Roberts 算子是 2×2 算子模板。该边缘检测算子提取岸线的过程如图 6-12 所示。

（a）SPOTB2波段边缘增强后Roberts边缘检测 （b）Roberts边缘检测提取的岸线

图6-12 砂质、基岩及部分人工岸线Roberts边缘检测法提取的图像处理过程

2）已开发的淤泥质人工岸线提取

对于已开发的淤泥质海岸，可以选择其他地物（如植被，虾池，公路等）与淤泥质海岸的分界线作为海岸线，因为在大潮高潮时，海水不能越过其分界线。这类淤泥质海岸的近岸一侧修筑了大量的虾池、盐田等经济区域，为了避免海洋恶劣天气的影响，在虾池、盐田的近海一侧均修筑了防浪堤，目的是为了防止大潮高潮时海水无控制的灌入，而这些经济区域与淤泥质海岸的分界线就是其海岸线。图像中的虾池、盐田储有大量海水，与淤泥质海岸区分明显，但是在不同虾池的分界处有一些引海水入池的槽沟，这些槽沟在图像中与淤泥质海岸相同，而且与其相连同，影响了对岸线的提取。

数学形态学是一种非线性滤波方法，其基本运算是腐蚀和膨胀以及它们的组合：开、闭运算。随着数学形态学理论的不断完善与发展，数学形态学在图像边缘检测中得到了广泛的研究与应用。用形态学方法进行图像边缘检测，算法简单同时能较好地保持图像的细节特征，较好地解决边缘检测精度与抗噪声性能的协调问题。

为了去除对海岸线提取的影响因素，首先利用数学形态学中的腐蚀变换对图像进行了滤波，使图像中的槽沟与虾池融为一体，再利用相应边缘检测算子完成对图像中海岸线的提取（图 6-13）。

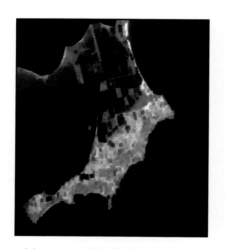 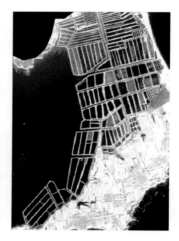

（a）SPOTB1波段边缘增强后腐蚀处理　　（b）腐蚀型提取的海岸线

图6-13　已开发的淤泥质人工岸线腐蚀型提取的图像处理过程

镆铘岛 SPOT 卫星提取的全部岸线拼接叠加如图 6-14 所示。

图6-14　SPOT5卫星影像提取的镆铘岛海岸线

Sobel算法提取了边缘处的双边，即两个像元的宽度。计算机中的卫星图像都是栅格图像，栅格的宽度代表一定的地面距离，为了降低分辨率对海岸线位置产生的影响，应尽量使图像中的海岸线保持一个像元的宽度，基于以上原因，Sobel 算法不很适用于卫星图像的海岸线提取。Sobel 算子根据像素点上下、左右邻点灰度加权差，在边缘处达到极值这一现象检测边缘。对噪声有平滑作用，提供较为精确的边缘方向信息，边缘定位的精度不够高。当对精度要求不高时，这种方法比较常用。

采用对角线方向相邻的两像素之差近似梯度幅值检测边缘。检测水平和垂直边缘的效果好于斜向边缘，定位精度高，对噪声敏感；Roberts 算法中提取的边界是边缘中的一条边，也就是一个像元的宽度。

总体而言，上述这些边缘提取算法，Sobel 算法和 Roberts 算法原理简单，易于实现，运算速度也较快。

综合 SPOT 卫星影像提取的岸线结果来看，阈值分割法在选择阈值分割水边界时，若遇到近海岸水体比较混浊的情形，其提取结果误差较大。

Soble 边缘提取器不但产生较好的边缘提取效果，而且受噪声的影响也比较小，能提供较为精确的边缘方向信息，是一种较为常用的边缘提取方法。

用形态学方法进行已开发的淤泥质海岸边缘的检测，算法简单同时能较好地保持图像的细节特征，较好地解决边缘检测精度与抗噪声性能的协调问题。

6.2.1.2　植被分类方法

海岛植被覆盖类型的研究，对于研究海岛生态系统有重要意义，并为开展以统筹海岛生态系统保护与开发为核心的政策框架研究和全面制定海岛保护与利用规划提供理论与技术支持。

遥感技术是近几十年代新兴的一门科学，随着传感器技术和计算机图像处理技术的不断发展，它在农、林、海洋等领域发挥了巨大的作用。它的高空间分辨率和高光谱分辨率数据，可为识别海岛植被类型、研究和分析海岛的植被类型分布及其周期性动态变化提供可靠的数据源。

利用遥感解译海岛植被类型主要包括以下几个部分：

①分类系统的建立；

②分类方法的选择；

③分类结果比较分析；

④专题地图的制作。

（1）植被类型分类系统的建立

植被是地球表面土地覆盖中的一个重要类型。植被分类系统是植物学上依据植物群落的特征定义的植物分类系统。在自然资源调查中，常根据不同的分类系统和技术标准对植被类型进行分类，以满足不同的需要。由于对地观测技术的发展，遥感技术广泛地应用于土地覆盖和全球变化等大尺度的科学研究，然而土地利用和植被的分类系统中规定的类别有些在遥感影像中无法识别。因此，参考《中国植被》（中国植被编辑委员会编著）的分类系统以及区域植被分类系统，同时结合遥感技术特点和区域实际情况，将植被分为自然植被和人工植被两大类。具体分类准则见表6-15。

表6-15　植被分类系统

一级	二级	三级	
1 自然植被	11 针叶林	111 落叶针叶林	
		112 常绿针叶林	
	12 阔叶林		
	13 混交林		
	14 灌丛	141 灌丛	
	15 草丛	151 灌草丛	
		152 草丛	
	15 水域植被		
2 人工植被	21 木本栽培植被	211 经济林	
		212 防护林	
		213 果园	
	22 草本栽培植被	221 农作物群落	
		222 其他	

（2）分类方案

植被类型的遥感解译主要分为目视判读和计算机分类两种，两者的手段不同，但目的一致。前者是把地学工作人员的专业知识介入到图像分析中去，是遥感解译的基本方法，后者是利用计算机模拟人类的识别能力。在实际工作中，常常是将二者有机结合起来，取长补短。计算机分类利用各波段、各像元的灰度值最小差异，探测目标的微小变化，精度较高，适于定量分析，速度快，可重复性好，因而得到越来越广泛的应用。

根据分类时是否存在先验知识并是否使用到这些先验信息，计算机分类可分为监督分类和非监督分类。

监督分类是一种常用的精度较高的统计判决分类，其基本思想是：首先根据已知类别的先验知识在训练场地上提取各类训练样本，然后通过一定数量的已知类别的样本观测值构建特征变量来确定判别函数和相应的判别准则，计算函数待定参数的过程称之为学习 (learning) 或训练 (training)。特征变量包括像元亮度均值、方差等多种信息。建立数学判别方法后，即可以依据已知样本提供的信息来识别非样本像元，将未知像元的特征代入判别函数或者模型，根据判别准则对像元的所属类别做出判定，从而把图像中的各个像元点划归到各个给定类的分类方法。监督分类常用的方法有：最小距离法，平行六面体法，最大似然法和决策树法等。

非监督分类是在没有先验类别知识的情况下，根据图像本身的统计特征及自然点群的分布情况来划分地物类别的分类处理。非监督分类方法是依赖图像的统计特征作为基础的，它并不需要具体地物的已知知识。非监督分类方法有特征空间图形识别、最大似然度分类和聚类分析。

（3）分类结果的评价指标

分类后，要对分类结果进行评价，以确定何种分类方法分类精度更高，更适用于该研究区域。分类评价指标有很多，这里采用了混淆矩阵、基本统计精度和 Kappa 分析来评价分类精度。

混淆矩阵是用来表示精度评价的一种标准格式。混淆矩阵是 n 行 n 列的矩阵。矩阵中对角线上列出的是正确分类的像元数量。通过建立混淆矩阵，以此计算各种统计量并进行统计检验，最终给出对于总体的和基于各种地面类型的分类精度值。

基本的精度指标包括总体分类精度 (overall accuracy)、用户精度 (user accuracy) 和制图精度 (producer accuracy)。

1）总体分类精度

$$P_C = \frac{\sum_{k=1}^{n} P_{kk}}{P} \times 100\%$$

总精度由正确分类的总像元数 (主对角的元素之和) 除以总像元数来计算。

2）用户精度

$$P_U = \frac{P_{ii}}{P_{i+}} \times 100\%$$

每一类正确分类的像元数目除以被分作该类的总像元数（行元素之和）。

3）制图精度

$$P_U = \frac{P_{ii}}{P_{i+}} \times 100\%$$

将每一类正确分类的像元数（主对角线上）除以该类用作训练样区集的像元数目（列元素之和）。

Kappa 系数是在综合了用户精度和制图精度两个参数上提出的一个最终指标，它的含义就是用来评价分类图像的精度问题，在遥感里主要应该使用在精确性评价 (accuracy assessment) 和图像的一致性判断。如果两幅图像差异很大，则其 Kappa 系数小。Kappa 系数仅适用于行数和列数相等的方表，Kappa 分析产生的指标被称为 K。它是通过把所有真实参考的像元总数 (N) 乘以混淆矩阵对角线 (P_{ii}) 的和，减去某一类中真实参考像元数与该类中被分类像元总数之积后，再除以像元总数的平方减去某一类中真实参考像元总数与该类中被分类像元总和之积对所有类别求和的结果。下面是 Kappa 系数的计算方法：

$$Kappa = \left(N \sum_{i=1}^{n} P_{ii} - \sum_{i=1}^{n} P_{i+} P_{+i}\right) \Big/ \left(N^2 - \sum_{i=1}^{n} P_{i+} P_{+i}\right)$$

当两个诊断完全一致时，Kappa 值为 1。当观测一致率大于期望一致率时，Kappa 值为正数，且 Kappa 值越大，说明一致性越好。当观测一致率小于期望一致率时，Kappa 值为负数，这种情况一般来说比较少见。根据边缘概率的计算 Kappa 值的范围应在 −1 ～ 1 之间，分类质量与 Kappa 统计值之间的关系见表 6–16。

表6–16　分类质量与Kappa统计值

Kappa系数	分类质量
< 0.00	很差
0.00～0.20	差
0.20～0.40	一般
0.40～0.60	好
0.60～0.80	很好
0.80～1.00	非常好

（4）不同植被分类方法对比——以山东省镆铘岛为例

1）训练样本的选择

监督分类首先要建立分类样本。训练样本的选择是监督分类的关键。一般认为，训练样本必须是均质的，不能含有其他类别，也不能是和其他类别之间的边界或混合像元；其形状和位置必须同时在图像和实地（或其他参考图）容易识别和定位（赵英时，2002）。参考非监督分类结果，在影像上地物属性十分明显，并易于区分的区域选取分类样本。

首先要确定研究区域中植被类型，并要了解该植被类型在影像上的色调和纹理特征。结合地面调查数据和历史资料，镆铘岛地区主要植被类型为常绿针叶林、草丛和农作物群落三类。分析镆铘岛 2004 年 SPOT5 影像，了解不同植被类型的在影像中反映出的纹理和色调特征。常绿针叶林为不规则多边形，纹理表现为簇状特征；农作物群落一般为长方形或类长方形，条带状或块状规则分布，方形区域内，纹理均一，无簇状纹理；草丛在图像上色调异于常绿针叶林和农作物群落，而且纹理细腻程度介于常绿针叶林和农作物群落之间，见表 6–17。

表6-17　镆铘岛植被图图示

地物类型	式样	颜色(R,G,B)
常绿针叶林		(45,34,32)
农作物群落		(70,40,40)
草丛		(41,36,34)

选取训练样本后要对其进行的精度评价。通过计算任意两类样本间的统计距离，确定两个类别间的差异性程度。计算结果为0～2.0，大于1.9说明样本可分离性较好，属于合格样本；小于1.8，需要重新选择样本；小于1.0，需要考虑将两类样本合并为一类样本。结果见表6-18。

表6-18　训练样本的可分离程度结果

地物类型Ⅰ	地物类型Ⅱ	可分离程度
常绿针叶林	草丛	1.878
常绿针叶林	农作物群落	2.0
农作物群落	草丛	2.0

图6-15为训练样本的多维散点图，其中绿色部分为农作物群落，红色部分为常绿针叶林，天蓝色部分为草丛。从图6-15中可以看出，各样本之间具有较好的可分离性。利用该训练样本对SPOT影像进行监督分类。

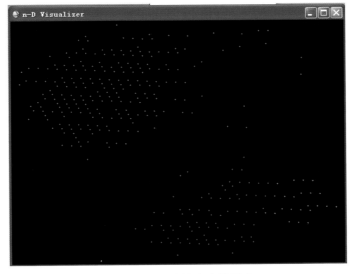

图6-15　训练样本多维散点

2）分类方法

① 平行六面体分类器分类：平行六面体是根据训练样本的亮度值形成一个 n 维的平行六面体数据空间，其他像元的光谱值如果落在平行六面体任何一个训练样本所对应的区域，就被划分其对应的类别中。平行六面体的尺度是由标准差阈值所确定，而该标准差阈值则是根据所选类的均值求出。

分类后，利用计算机随机生成 260 个检测点进行精度检验。

平行六面体分类器的分类结果计算的三种统计精度结果见表 6-19。

表6-19 平行六面体计算分类精度

类别名称	参考点（个）	分类点（个）	正确数（个）	制图精度（%）	用户精度（%）
未分类	67	65	59	—	—
常绿针叶林	68	65	56	82.35	86.15
农作物群落	67	65	59	88.06	90.77
草丛	58	65	52	89.66	80.00
总计	260	260	226	总体分类精度 = 86.92	

Kappa 系数计算结果见表 6-20。

表6-20 平行六面体分类结果Kappa系数

类别名称	Kappa 系数
未分类	0.875 6
常绿针叶林	0.812 5
农作物群落	0.875 6
草丛	0.742 6
总Kappa系数	0.825 6

② 支持向量机分类器分类：支持向量机（support vector machines, SVM）是数据挖掘中的一个新方法，能非常成功地处理回归问题（时间序列分析）和模式识别（分类问题、判别分析）等诸多问题，并可推广于预测和综合评价等领域。这种分类器的特点是它们能够同时最小化经验误差与最大化几何边缘区。因此支持向量机也被称为最大边缘区分类器。

使用同一分类样本对影像进行分类，并使用同样的 260 个检验点对分类结果进行评价。

计算分类精度见表 6-21。

表6-21　支持向量机计算分类精度

类别名称	参考点（个）	分类点（个）	正确数（个）	制图精度（%）	用户精度（%）
未分类	67	53	53	—	—
常绿针叶林	68	53	49	72.06	92.45
农作物群落	67	74	62	92.54	83.78
草丛	58	80	56	96.55	70.00
总计	260	260	211	总体分类精度 = 84.62	

Kappa 系数计算结果见表 6-22。

表6-22　支持向量机分类结果Kappa系数

类别名称	Kappa 系数
未分类	1.000 0
常绿针叶林	0.897 8
农作物群落	0.781 5
草丛	0.613 9
总Kappa系数	0.795 5

③ 最小距离分类器分类：最小距离法（minimum distance）是以地物在特征空间中到其对于地物空间中心的距离作为分类的依据，主要有两种判别方法，一种是最小距离判别法，另一种是最近邻域判别法。最小距离判别法需要对图像中所有类别计算出一个具有代表意义的统计特征值或者平均值，首先计算像元与已确定类别间的距离，然后选择距离最小的作为其归属的类别。最近邻域分类法是最小距离法在多光谱遥感图像分类中的拓展。

使用最小距离分类器，对影像进行分类，并对分类结果进行评价。各评价指标结果如下。

分类精度计算结果见表 6-23。

表6-23　最小距离法计算分类精度

类别名称	参考点（个）	分类点（个）	正确数（个）	制图精度（%）	用户精度（%）
未分类	67	53	53	—	—
常绿针叶林	68	42	39	57.35	92.86
农作物群落	57	73	62	92.42	84.93
草丛	58	92	57	98.28	61.96
总计	260	260	211	总体分类精度 = 81.15	

Kappa 系数计算结果见表 6-24。

表6-24 最小距离法分类结果Kappa系数

类别名称	Kappa 系数
未分类	1.000 0
常绿针叶林	0.903 3
农作物群落	0.797 0
草丛	0.510 3
总Kappa系数	0.750 0

④ 马氏距离分类器分类：马氏距离分类器类似于最小距离分类器，通过计算输入图像到各训练样本的马氏距离，最终统计马氏距离最小的，即为此类别。

分类精度见表6-25。

表6-25 马氏距离分类法计算分类精度

类别名称	参考点（个）	分类点（个）	正确数（个）	制图精度（%）	用户精度（%）
未分类	67	53	53	—	—
常绿针叶林	68	39	21	30.88	53.85
农作物群落	67	49	44	65.67	89.80
草丛	58	119	55	94.83	46.22
总计	260	260	173	总体分类精度 = 66.54	

Kappa 系数计算结果如表 6-26。

表6-26 马氏距离分类法分类结果Kappa系数

类别名称	Kappa 系数
未分类	1.000 0
常绿针叶林	0.375 0
农作物群落	0.862 5
草丛	0.307 8
总Kappa系数	0.558 3

⑤ 最大似然分类器分类：最大似然法（maximum likelihood）是逐点计算图像中每个像元与每一个给定类别的似然度，然后把该像元分到似然度最大的类别中。最大似然法假定训练区地物的光谱特征近似服从正态分布，利用训练区可求出均值、方差以及协方差等特征参数，从而可求出总体的先验概率密度函数。该分类方法的前提是，图像中各个类别的总体分布是正态分布，当总体分类不服从正态分布时，分类精度与可靠性不高。最大似然法的训练样本个数至少要 $n+1$ 个（n 是特征空间的维数），这样才能保证协方差矩阵的非奇异性。

计算分类精度见表6-27。

表6-27　最大似然法计算分类精度

类别名称	参考点（个）	分类点（个）	正确数（个）	制图精度（%）	用户精度（%）
未分类	67	0	0	—	—
常绿针叶林	68	55	52	76.47	94.55
农作物群落	67	129	64	95.52	49.61
草丛	58	76	57	98.28	75.00
总计	260	260	173	总体分类精度 = 66.54	

Kappa 系数计算结果见表 6-28。

表6-28　最大似然法分类结果Kappa系数

类别名称	Kappa 系数
未分类	0.000 0
常绿针叶林	0.926 1
农作物群落	0.321 2
草丛	0.678 2
总Kappa系数	0.554 8

（5）各分类方法比较

植被类型的遥感分类，分别使用了非监督分类器、平行六面体分类器、支持向量机分类器、最小距离分类器、马氏距离分类器和最大似然分类器6种方法，各种分类器对植被类型的区分和识别能力各不相同，下面从分类精度和 Kappa 系数两个方面对 6 种方法分别进行比较。

表 6-29 反映了不同分类器的总体分类精度和 Kappa 系数。从中可以看出其中以平行六面体分类器为最优。

表6-29　各种分类方法分类精度比较

分类方法	平均精度（%）	总Kappa系数
非监督分类器	65.77	0.550 9
平行六面体分类器	86.92	0.825 6
支持向量机分类器	84.62	0.795 5
最小距离分类器	81.15	0.750 0
马氏距离分类器	66.54	0.558 3
最大似然分类器	66.54	0.554 8

在随机选取的 260 个检验点中未分类别有 67 个，常绿针叶林为 68 个，农作物群落有 67 个，草丛有 58 个。对于非监督分类方法常绿针叶林的产品精度为 100%，说明该方法，对森林识别较好，但是其用户精度却只有 42.96%，说明识别不准确，即把其他地物也识别成常绿针叶林，因此用户精度较低。平行六面体分类器产品精度和用户精度分别为 82.35% 和 86.15%，它具有较好的识别和正确归类能力。支持向量机分类器、最小距离分类器、马氏距离分类器和最大似然分类器中，都是用户精度较高，说明这几种分类器对于常绿针叶林的正确分类能力

较强，但是对于常绿针叶林的识别能力较差，因此产品精度较低。从分类精度来看，尤以马氏距离分类器对常绿针叶林的识别和分类能力最差。对于农作物群体的识别以最大似然分类器识别能力最强，但是它的识别准确性较差，也使得其用户精度很低。支持向量机分类器和最小距离分类器的识别能力次之，以马氏距离分类器的识别能力最低。而分类的准确度而言，以平行六面体分类器最高，分监督分类器和马氏距离分类器次之，而以最大似然分类器最差。草本在该研究区域分布较少。斑块较小，并且色调接近于常绿针叶林，非监督分类器未能识别出草本，而是将其分类为常绿针叶林。而其他分类器中最大似然和最小距离分类器对草本识别能力较好，平行六面体分类器最差，但制图精度也达到了89.66%，并且它的用户精度最高为80.00%，最大似然分类器和支持向量机分类器次之，马氏距离分类器最差，只有46.22%（表6-30、表6-31）。

表6-30 各种分类方法制图精度（%）

类别	非监督分类	平行六面体分类器	支持向量机分类器	最小距离分类器	马氏距离分类器	最大似然分类器
常绿针叶林	100.00	82.35	72.06	57.35	30.88	76.47
农作物群落	89.55	88.06	92.54	92.42	65.67	95.52
草丛	—	89.66	96.55	98.28	94.83	98.28

表6-31 各种分类方法用户精度比较（%）

类别	非监督分类	平行六面体分类器	支持向量机分类器	最小距离分类器	马氏距离分类器	最大似然分类器
常绿针叶林	42.96	86.15	92.45	92.86	53.85	94.55
农作物群落	89.55	90.77	83.78	84.93	89.80	49.61
草丛	—	80.00	70.00	61.96	46.22	75.00

表6-32是根据不同方法的分类结果，计算的各植被类型的Kappa系数。Kappa系数是综合用户精度和制图精度而定义的一个分类精度评价指标。Kappa系数越大，说明分类器越优越，分类方法越好。对于常绿针叶林以最大似然分类器和最小距离分类器的Kappa系数最大；而农作物识别中以平行六面体分类器和马氏距离分类器最优；对于草本的识别平行六面体分类器的Kappa系数最大。

表6-32 各种分类方法Kappa系数比较

类别	非监督分类	平行六面体分类器	支持向量机分类器	最小距离分类器	马氏距离分类器	最大似然分类器
常绿针叶林	0.265 9	0.812 5	0.897 8	0.903 3	0.375 0	0.926 1
农作物群落	0.859 3	0.875 6	0.781 5	0.797 0	0.862 5	0.321 2
草丛	—	0.742 6	0.613 9	0.510 3	0.307 8	0.678 2

综合分析各种分类结果发现，平行六面体分类器对该研究区域有较高的分类精度。并且在不同植被类型的分类精度的比较中，平行六面体分类器对其均能较准确地识别，说明平行六面体分类器对该区域植被类型的综合识别能力较好。虽然支持向量机分类器和最小距离分类器也有较高的分类精度，但是这两个分类器在不同植被类型的分离中，用户精度和产品精度各不相同，差异较大，也就是说它们对某一植被类型具有较好的可分离性，但是整体的可分离性略逊于平行六面体分类器。图 6-16 是原始影像和平行六面体分类结果。

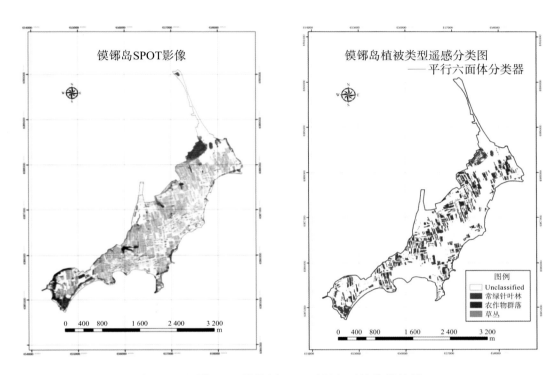

图6-16　原始SPOT影像图 2.31 平行六面体分类结果

6.2.1.3　土地利用分类方法

土地利用是人类根据自身需要和土地的特性，对土地资源进行的多种形式的利用。土地分类是国家为掌握土地资源现状、制定土地政策、合理利用土地资源的重要基础工作之一。土地分类由于目的不同，有显著的差别，形成不同的土地分类系统。根据土地利用现状分类标准（GB/T 21010—2007）的相关规定，按照是否有植被覆盖，将海岛陆域土地利用类型分为有植被覆盖类型和非植被覆盖类型两大类，其中植被类型中又包括耕地、园地、林地、草地四部分；非植被类型中包括工矿仓储用地、居民地、特殊用地、水域、未利用地及其他用地六类，具体分类体系见表 6-33。

表6-33 土地利用类型分类系统

一级	二级	三级
1 有植被覆盖类型	11 耕地	111 水田
		112 水浇地
		113 旱地
	12 园地	121 果园
		122 其他园地
	13 林地	131 有林地
		132 灌木林地
		133 其他林地
	14 草地	141 天然草地
		142 人工草地
		143 其他草地
2 非植被覆盖类型	21 工矿仓储用地	211 工业用地
		212 采矿用地
		213 仓储用地
	22 居民地	221 城镇住宅用地
		222 农村宅基地
	23 特殊用地	231 军事用地
	24 水域	241 河流
		242 湖泊
		243 滩涂水域
	25 未利用地	251 沙地
		252 裸岩石砾地
		253 裸土地
	26 其他用地	

植被类型的分类，只需要考虑地表植被覆盖部分，并对其进行准确的识别与区分，而地表的其他信息在选取分类样本和分类过程中可以不予考虑。相比较而言，植被的识别与分类较土地利用类型的识别与分类要简单。土地利用类型的遥感解译与分类，与植被类型略有不同，它需要识别地表所有类型的地物，并将其归类。所以，土地利用类型的遥感识别与分类更加复杂。

（1）训练样本的选择

参考历史资料及野外调查结果，镆铘岛地区土地利用类型主要包括耕地、林地、草地、居民地、水域及未利用地六大类型。从 SPOT 影像中，可以很明显地区分出不同的土地利用类型。林地为不规则多边形，簇状纹理；耕地为长方形或类长方形，条带状或块状规则分布，纹理细腻、均一；草地在影像上色调接近于林地，但色彩比林地亮，而且纹理细腻程度介于林地和耕地之间；居民地中包含地物类型较多，既有高反射率的地物如水泥路面、建筑物等，中间又夹杂了一些花园，草地和其他地物信息，因此，居民地在影像中反映出高低不同的色调，纹理破碎。水域中河流为细长型，湖泊为不规则的形状，但边缘平滑，大多无明显棱角，多为暗色，色调一致，区域内颜色变化较小，纹理特征细腻；未利用地反射率高，多为高亮，为不规则形状，无特殊的纹理特征。根据上述特征，在 SPOT 影像中选取各类别的分类样本，分类标志见表 6-34。

表6-34　镇锣岛土地利用类型图示

地物类型	式样	颜色(R,G,B)
林地		(45,34,32)
耕地		(70,40,40)
草地		(41,36,34)
居民地		(53,49,45)
水域		(30,34,32)
未利用地		(74,74,64)

选取一定数量的分类样本后，对各分类样本进行可分离度计算，计算结果见表 6-35。

表6-35　训练样本的可分离程度结果

地物类型 Ⅰ	地物类型 Ⅱ	可分离程度
林地	草地	1.878
林地	居民地	1.958
草地	居民地	1.965
居民地	未利用地	1.99
林地	水域	1.998
草地	水域	1.998
居民地	水域	1.999
林地	耕地	2.0
耕地	居民地	2.0
耕地	草地	2.0
耕地	水域	2.0

续 表

地物类型Ⅰ	地物类型Ⅱ	可分离程度
耕地	未利用地	2.0
林地	未利用地	2.0
草地	未利用地	2.0
水域	未利用地	2.0

图6-17为训练样本的多维散点图，其中绿色部分为耕地，红色部分为林地，蓝色部分为草地，黄色为居民地，天蓝色为水域，粉色为未利用地。从图6-17可以看出，各样本之间具有较好的可分离性。利用该训练样本对SPOT影像进行监督分类。

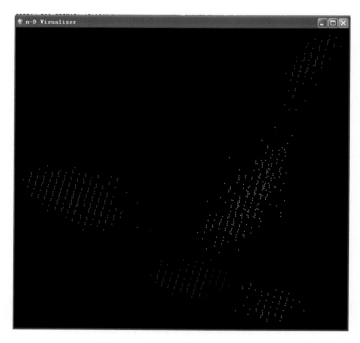

图6-17　训练样本多维散点

（2）不同分类方法应用研究

1）平行六面体分类器分类方法

利用上节采集的土地利用分类样本，对研究区域进行影像分类，并对分类结果进行精度评价。

随机生成384个检查点，对平行六面体分类器分类结果，进行精度评价。

分类精度计算结果见表6-36。

表6-36　平行六面体法分类精度

类别名称	参考点（个）	分类点（个）	正确数（个）	制图精度（％）	用户精度（％）
未分类	53	54	52	—	—
林地	63	54	46	73.02	85.19
耕地	69	57	52	75.36	91.23
草地	46	54	40	86.96	74.07
居民地	44	60	31	70.45	51.67
水域	59	54	45	76.27	83.33
未利用地	50	51	43	86.00	84.31
总计	384	384	309	总体分类精度 = 80.47	

Kappa 系数计算结果见表 6-37。

表6-37　平行六面体法分类结果Kappa系数

类别名称	Kappa 系数
未分类	0.957 0
林地	0.822 8
耕地	0.893 1
草地	0.705 5
居民地	0.454 1
水域	0.803 1
未利用地	0.819 7
总Kappa系数	0.772 2

2）支持向量机分类器分类结果

对支持向量机分类器分类结果，进行精度评价。

分类精度结果见表 6-38。

表6-38　支持向量机法分类精度

类别名称	参考点（个）	分类点（个）	正确数（个）	制图精度（％）	用户精度（％）
未分类	53	0	0	—	—
林地	63	38	37	58.73	97.37
耕地	69	64	57	82.61	89.06
草地	46	78	45	97.83	57.69
居民地	44	48	29	65.91	60.42
水域	59	103	42	71.19	40.78
未利用地	50	53	45	90.00	84.91
总计	384	384	255	总体分类精度 = 66.41	

Kappa 系数计算结果见表 6-39。

表6-39　支持向量机法分类结果Kappa系数

类别名称	Kappa 系数
未分类	0.000 0
林地	0.968 5
耕地	0.866 7
草地	0.519 3
居民地	0.552 9
水域	0.300 3
未利用地	0.826 5
总Kappa系数	0.607 5

3）最小距离分类器分类结果

对最小距离分类器分类结果，进行精度评价。

分类精度见表 6-40。

表6-40　最小距离法分类精度

类别名称	参考点（个）	分类点（个）	正确数（个）	制图精度（%）	用户精度（%）
未分类	53	0	0	—	—
林地	63	33	31	49.21	93.94
耕地	69	64	57	71.01	92.45
草地	46	78	45	100.00	52.27
居民地	44	48	29	68.18	53.57
水域	59	103	42	69.49	41.00
未利用地	50	53	45	90.00	83.33
总计	384	384	255	总体分类精度 = 63.02	

Kappa 系数计算结果见表 6-41。

表6-41　最小距离法分类结果Kappa系数

类别名称	Kappa 系数
未分类	0.000 0
林地	0.927 5
耕地	0.908 0
草地	0.457 8
居民地	0.475 6
水域	0.302 9
未利用地	0.808 4
总Kappa系数	0.569 3

4）马氏距离分类器分类结果

对马氏距离分类器分类结果，进行精度评价。

分类精度见表6-42。

表6-42　马氏距离法分类精度

类别名称	参考点（个）	分类点（个）	正确数（个）	制图精度（%）	用户精度（%）
未分类	53	0	0	—	—
林地	63	98	27	42.86	27.55
耕地	69	57	53	76.81	92.98
草地	46	89	42	91.30	47.19
居民地	44	32	22	50.00	68.75
水域	59	54	43	72.88	79.63
未利用地	50	54	44	88.00	81.48
总计	384	384	231	总体分类精度 = 60.16	

Kappa 系数计算结果见表6-43。

表6-43　马氏距离法分类结果Kappa系数

类别名称	Kappa 系数
未分类	0.000 0
林地	0.133 3
耕地	0.914 5
草地	0.400 0
居民地	0.647 1
水域	0.759 3
未利用地	0.787 1
总Kappa系数	0.533 6

5）最大似然分类器分类结果

对最大似然分类器分类结果，进行精度评价。

分类精度见表6-44。

表6-44　最大似然法分类精度

类别名称	参考点（个）	分类点（个）	正确数（个）	制图精度（%）	用户精度（%）
未分类	53	0	0	—	—
林地	63	42	41	65.08	97.62
耕地	69	61	54	78.26	88.52
草地	46	66	45	97.83	68.18
居民地	44	114	33	75.00	28.95
水域	59	54	45	76.27	83.33
未利用地	50	47	43	86.00	91.49
总计	384	384	261	总体分类精度 = 67.97	

Kappa 系数计算结果见表 6-45。

表6-45　最大似然法分类结果Kappa系数

类别名称	Kappa 系数
未分类	0.000 0
林地	0.971 5
耕地	0.860 1
草地	0.638 5
居民地	0.197 5
水域	0.803 1
未利用地	0.902 2
总Kappa系数	0.628 1

6）决策树分类

决策树是一种利用逐层逻辑判别的方式，使人的知识及判别思维能力与图像处理有机结合起来的图像分析处理方法，由于其具有明确、结构直观等诸多优点，近年来在遥感图像分类领域得到较多应用。

遥感图像的统计特征能揭示和反映遥感数据内部及各波段间内在的规律性。遥感影像的统计特征（如均值、方差等）是图像本身固有的特征，只是人们不能直接观察到，需要通过统计分析计算获得。建立决策树分类，首先需要了解地物间总体规律、内在联系，因而对遥感数据的统计特征分析是建立决策树过程中不可缺少的基础性工作。

对训练区内各已知类别进行各波段数据的统计分析，主要地物类型的统计信息包括各波段的最大值、最小值、均值、方差等。它是对遥感图像亮度值的随机变量概率分布状况较完整的描述。表 6-46 为从 SPOT 影像上提取的研究区域主要地物类型的统计信息。

表6-46　各地物类型遥感影像统计特征

类别	统计量											
	SPOT 红波段				SPOT 绿波段				SPOT 蓝波段			
	最小值	最大值	均值	方差	最小值	最大值	均值	方差	最小值	最大值	均值	方差
林地	39	55	45.28	2.00	33	37	34.28	0.89	30	37	32.14	1.25
耕地	57	79	70.13	3.76	37	45	40.19	1.28	36	45	40.90	1.62
草地	39	43	41.19	0.80	35	37	36.28	0.51	32	35	33.53	0.67
居民地	42	71	52.97	4.04	38	75	49.35	5.28	37	59	45.41	3.79
水域	25	41	30.15	2.13	32	37	33.86	0.78	30	36	32.16	1.48
未利用地	65	78	73.71	2.37	62	79	73.81	3.15	53	68	63.69	2.67

类别	统计量											
	NDVI				红波段×绿波段				NDVI×红波段×绿波段			
	最小值	最大值	均值	方差	最小值	最大值	均值	方差	最小值	最大值	均值	方差
林地	0.07	0.20	0.14	0.02	1 287	2 035	1 552.30	83.83	90.82	398.15	214.95	43.72
耕地	0.18	0.32	0.27	0.02	2 257	3 318	2 821.06	208.88	399.59	1 014.60	766.31	103.19
草地	0.04	0.08	0.06	0.01	1 365	1 591	1 494.71	43.53	56.16	119.33	94.85	13.93
居民地	−0.03	0.11	0.04	0.03	1 596	5 325	2 633.11	478.15	−145.89	242.96	89.46	57.01
水域	−0.15	0.05	−0.06	0.03	850	1 517	1 021.20	82.72	−129.66	77.80	−57.94	32.36
未利用地	−0.03	0.03	−0.000 49	0.01	4 092	6 084	5 447.14	386.66	−151.90	127.88	−4.84	57.69

分别提取了典型地物在红、绿、蓝波段和波段运算结果的统计特征。从各波段的统计特征可以看出林地、水域和未利用地，利用 SPOT 红波段基本可以区分出来；林地、耕地和未利用地可以通过 SPOT 绿波段或 SPOT 蓝波段加以区分；而无论是哪个波段，草地、居民地与耕地和林地之间都存在着不同混淆，较难区分。但从波段运算后的统计特征中，可以发现 NDVI 与波段的乘积可以一步区分出不同地物的混淆，再结合其他统计信息，便可一一区分不同的土地利用类型，实现土地利用类型的分类。

① 决策树的建立：结合上文的统计分析，建立分类决策树。首先利用 SPOT 红波段区分水域和非水域部分，然后 NDVI×R×G 和 NDVI 区分出混淆在水体中的林地、草地。然后利用 SPOT 红波段区分未利用地，并结合 NDVI×R×G 和 SPOT 的蓝波段区分混淆较重的耕地和居民地。最后利用 SPOT 绿波段、NDVI×R×G 和 R×G 区分剩余部分中的耕地、林地和草地。决策树结构如图 6-18 所示。

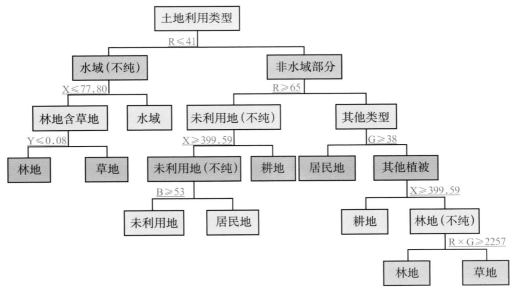

图6-18　决策树图结构

结构图中R代表SPOT 红波段；G代表SPOT绿波段；B代表SPOT蓝波段；X代表SPOT的NDVI×红波段×绿波段；Y代表SPOT的NDVI；R×G代表SPOT红波段×绿波段

② 决策树分类结果：对决策树分类结果进行精度评价。分类精度见表6-47。

表6-47　分类精度

类别名称	参考点（个）	分类点（个）	正确数（个）	制图精度（%）	用户精度（%）
未分类	53	54	53	—	—
林地	63	68	55	87.30	80.88
耕地	69	71	63	91.30	88.73
草地	46	61	44	95.65	72.13
居民地	44	34	30	68.18	88.24
水域	59	44	41	69.49	93.18
未利用地	50	52	46	92.00	88.46
总计	384	384	255	总体分类精度 = 86.46	

Kappa系数计算结果见表6-48。

表6-48　分类结果Kappa系数

类别名称	Kappa 系数
未分类	0.978 5
林地	0.771 3
耕地	0.862 6
草地	0.683 4
居民地	0.867 1
水域	0.919 4
未利用地	0.867 3
总Kappa系数	0.841 4

（3）各分类方法比较

土地利用类型的遥感分类，分别使用了平行六面体分类器、支持向量机分类器、最小距离分类器、马氏距离分类器、最大似然分类器和决策树分类6种方法，各种分类器对土地利用类型的区分和识别能力各不相同，下面从分类精度和Kappa系数两个方面对6种方法分别进行比较。

表6-49反映了不同分类器的总体分类精度和Kappa系数。

表6-49　各种分类方法分类精度比较

分类方法	平均精度（%）	总Kappa系数
平行六面体分类器	80.47	0.772 2
支持向量机分类器	66.41	0.607 5
最小距离分类器	63.02	0.569 3
马氏距离分类器	60.16	0.533 6
最大似然分类器	67.97	0.628 1
决策树分类	86.46	0.841 4

　　从表6-49中可以看出，无论是分类精度还是地物类型的可分离性都是决策树分类方法明显优于其他分类方法。可见，基于知识的专家分类系统具有较高的区分和识别能力。此外，还对某一种土地利用类型比较了不同分类方法的制图精度和用户精度（表6-50，表6-51）以及 Kappa 系数（表6-52）。

表6-50　各种分类方法制图精度（%）

类别	平行六面体分类器	支持向量机分类器	最小距离分类器	马氏距离分类器	最大似然分类器	决策树分类
林地	73.02	58.73	49.21	42.86	65.08	87.30
耕地	75.36	82.61	71.01	76.81	78.26	91.30
草地	86.96	97.83	100.00	91.30	97.83	95.65
居民地	70.45	65.91	68.18	50.00	75.00	68.18
水域	76.27	71.19	69.49	72.88	76.27	69.49
未利用地	86.00	90.00	90.00	88.00	86.00	92.00

表6-51　各种分类方法用户精度比较（%）

类别	平行六面体分类器	支持向量机分类器	最小距离分类器	马氏距离分类器	最大似然分类器	决策树分类
林地	85.19	97.37	93.94	27.55	97.62	80.88
耕地	91.23	89.06	92.45	92.98	88.52	88.73
草地	74.07	57.69	52.27	47.19	68.18	72.13
居民地	51.67	60.42	53.57	68.75	28.95	88.24
水域	83.33	40.78	41.00	79.63	83.33	93.18
未利用地	84.31	84.91	83.33	81.48	91.49	88.46

表6-52　各种分类方法Kappa系数比较

类别	平行六面体分类器	支持向量机分类器	最小距离分类器	马氏距离分类器	最大似然分类器	决策树分类
林地	0.957 0	0.968 5	0.927 5	0.133 3	0.971 5	0.771 3
耕地	0.822 8	0.866 7	0.908 0	0.914 5	0.860 1	0.862 6
草地	0.893 1	0.519 3	0.457 8	0.400 0	0.638 5	0.683 4
居民地	0.705 5	0.552 9	0.475 6	0.647 1	0.197 5	0.867 1
水域	0.454 1	0.300 3	0.302 9	0.759 3	0.803 1	0.919 4
未利用地	0.803 1	0.826 5	0.808 4	0.787 1	0.902 2	0.867 3

　　从上述统计精度中可以看出，对于林地的区分，决策树具有最好的制图精度，达到了87.30%，但是用户精度却远没有最大似然分类器好。最大似然分类器的用户精度达到了97.62%。说明决策树在对林地的识别和属性的判断综合能力较好，而其他分类器对于林地的识别能力较差，但是各种分类器识别的准确率普遍较高。对于耕地的识别，决策树分类的制图精度也是最高的；但是用户精度中以马氏距离分类器最优，精度达到了92.98%。草丛

的识别中各种以最小距离分类器识别最好，达到 100%，但是它的用户精度也很低，仅仅才 52.27%，说明在最小距离分类器对于草地的识别比较有效，但是对于识别的准确性较差。草地识别中以平行六面体分类器识别准确性最高。各种分类器对居民地的分类和识别都不甚理想，究其原因，主要是因为居民地地物斑块零碎，并且期间地物种类繁多，且不成块，零星地分布在居民地中，导致居民地的图像特征与其他地物信息混淆严重，不易直接分类和识别。水体的分类中以平行六面体分类器和最大似然分类器分类效果最佳，以决策树分类最为准确。未利用地的分类以决策树分类方法最佳，而分类准确性以最大似然分类器最准确，决策树次之。

综合考虑各种指标，认为决策树分类方法明显优于其他分类方法。基于知识的专家分类系统具有较高的区分和识别能力。图 6-19 是用决策树分类方法获取的镆铘岛土地利用类型专题图。

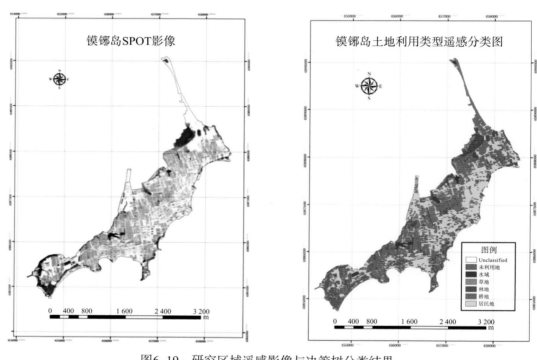

图6-19 研究区域遥感影像与决策树分类结果

对于土地利用类型的遥感分类，几种基于统计学习的分类方法分类结果都不甚理想，而决策树分类方法具有较好的分类能力和识别准确性。但对于居民地的识别无论哪种方法精度都较低，主要与居民地分布零散有关，影像中表现出零碎斑块，而且其间夹在着其他零星的地物类型，如林、草等，这部分信息也混淆了居民地本身的光谱属性，导致计算机分类和识别能力降低。但综合比较，决策树分类的识别能力和分类稳定性都优于其他分类方法（杨曦光等，2012）。

6.2.2 潮间带环境要素的遥感信息提取方法

潮间带沉积物分布是理解海岸侵蚀、河口生态和污染过程需要考虑的重要影响因素，同时也是地貌演变的指示器。因此研究沉积物的粒径分布特征已经成为海岸环境动力地貌学家们非常感兴趣的课题。然而由于潮间带反复被海水淹没和水深较浅，从陆地和海洋都不易到达，使得表层沉积物参数的测量工作费力而耗时。因此，航空遥感技术被用于对潮间带表层沉积物分类的研究，并在微波遥感、航天遥感和光学、高光谱遥感中取得了大量研究成果。高光谱遥感在物质分类研究中表现出了很大的优越性。但基于多光谱数据时间跨度长和影像易于获得等特点，本节通过利用多光谱和高光谱两种数据，选取莱州湾西南部近岸潮间带为研究对象，对不同空间和光谱分辨率数据在潮间带沉积物分类研究中的应用前景进行探讨。

（1）数据和方法

研究区位于现行黄河口南部，莱州湾西南岸，小清河口至潍河口附近（图6-20）。潮滩宽 6 ~ 9 km，坡降约为 0.45×10^{-3}，组成物质主要为极细砂和粉砂，粒径介于 0.125 ~ 0.016 mm 之间。属不正规半日潮海区，平均潮差 1.25 m。本文所用的实测数据为 1990 年 5 月沿莱州湾南岸测量的潮滩表层沉积物光谱数据和相应的取样数据，仪器采用与 Landsat-MSS 影像四个波段相对应的 ASD 公司的四通道光谱仪，和 2010 年 5 月利用 SVC HR-1024 型光谱仪（350 ~ 2 500 nm）采集的现场光谱测量资料（图6-21）和海滩剖面同步取样数据。高光谱影像为中国 2008 年 9 月发射的 HJ-1A 卫星搭载的高光谱成像数据，其在 0.45 ~ 0.95 μm 波段范围内设置了 110 ~ 128 个通道，空间分辨率 100 m。本书通过建立沉积物地表反射率与常规粒度参数（包括平均粒径、中值粒径、偏态、峰态和分选系数）之间的统计相关模型，来分析沉积物粒度参数的空间分布趋势，通过分析 Landsat-MSS、TM 和高光谱数据反演的精度，定量评价空间和光谱分辨率的差异对遥感反演潮间带沉积物分布的影响程度。

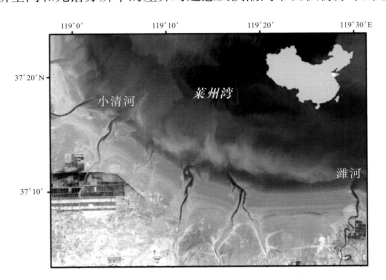

图6-20　研究区域——小清河口沙岛

数据处理过程和反演模型建立的步骤如下。

① 选用与地面光谱测量准同步的 Landsat-MSS（19841005）、ETM 影像（20100615）和 HJ-1A 高光谱数据（20100413），进行几何精校正，同时对高光谱数据还要进行剔除信噪比过低的无效波段（包括 1–54 和 113–115），并做坏线修复和垂直条纹去除。

② 利用 ENVI 的 FLAASH 模块实现多光谱和高光谱数据的大气校正，并做水陆分离处理以提取潮间带。

③ 对采集并处理后的样品用激光粒度仪进行粒度分析，结合公式计算获得中值粒径、平均粒径、偏态、峰态和分选系数等粒度参数。

④ 分析粒度参数与光谱反射率的单波段及波段组合因子的相关关系，确定粒度参数的遥感反演因子（表6-53 至表6-56）。

⑤ 将采集的沉积物样本分为建模组和检验组，利用建模组样本构建光谱反射和粒度参数之间的线性、指数、对数、幂指数和二次多项式等形式的反演模型，利用检验组数据进行模型的精度评定，选择模型相关系数好，精度高的作为反演模型，对潮间带沉积物粒度参数进行反演（表6-57）。

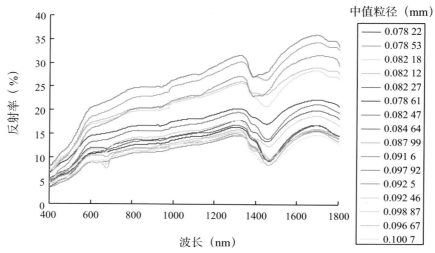

图6-21　潮间带不同粒径沉积物的光谱反射率特征

中值粒径（mm）
- 0.078 22
- 0.078 53
- 0.082 18
- 0.082 12
- 0.082 27
- 0.078 61
- 0.082 47
- 0.084 64
- 0.087 99
- 0.091 6
- 0.097 92
- 0.092 5
- 0.092 46
- 0.098 87
- 0.096 67
- 0.100 7

（2）结果与讨论

由实测光谱可知，干出潮滩表层沉积物反射率明显高于含水潮滩，因此将样品分干、湿情况分别建立反演模型。结果显示 Landsat 数据与含水潮滩沉积物粒径参数间不具备相关性，HJ-1A 相关性良好（表6-56）；而沉积物粒度参数中，中值粒径（mm）与多光谱或高光谱均具有较好的相关性（RHJ>RETM>RMSS）（表6-53 至表6-56），因此选干出潮滩的中值粒径作为性能评价的指标。首先建立含水量反演模型（实测含水量范围18% ～ 43%），用于区分潮滩的干湿区域，结果显示 HJ 数据对潮滩含水量的反演精度明显优于 ETM（表6-57）。进一步分别估算多光谱影像的干出潮滩和高光谱数据的干、湿潮滩发现，ETM 和 HJ 对干出潮滩反演结果的平均绝对误差相当，均较大，而 HJ 对含水潮滩的反演精度很高。对比反演公式估算的 1984 年 10 月研究区潮滩粒径分布特征与 1984—1986 年该区实际调查结果显示，MSS 数据对干出滩的 ST、TS 和 FS 类型区分较好，边界明显。而相似空间分辨率的 HJ 数据反演出的 2010 年 4 月的干出滩沉积物类型呈离散斑点分布，没有明显的趋势性。由此可知，LandsatMSS 数据对于大范围内识别潮滩沉积物的整体分布趋势上具有较好的效果；而对于小范围内沉积物粒径范围的监测上，HJ-1A 表现出较好的优越性（图6-22 至图6-24）。

表6–53　Landsat–MSS波段与粒径参数的相关性

不同波段	MSS4	MSS5	MSS6	MSS7
中值粒径(mm)	0.47	0.48	0.58	0.47

表6–54　Landsat–ETM单波段及波段组合与粒径参数的相关性

沉积物物理参数	TM1	TM2	TM3	TM4	TM5	TM5/4	TM5–4	TM4–3/4+3	TM5–3
分选系数	0.47	0.49	0.48	0.47	0.40	−0.26	0.24	−0.14	0.26
偏态	0.16	0.02	−0.06	−0.11	−0.23	−0.26	−0.43	−0.56	−0.41
峰态	−0.15	−0.33	−0.43	−0.48	−0.57	−0.81	−0.71	−0.59	−0.70
平均粒径(Φ)	−0.47	−0.56	−0.59	−0.61	−0.58	−0.12	−0.50	−0.14	−0.52
中值粒径(Φ)	0.47	0.56	0.60	−0.53	−0.51	0.11	0.50	0.13	0.52
平均粒径(mm)	0.47	0.56	0.60	0.61	0.59	0.11	0.50	0.13	0.52
中值粒径(mm)	−0.47	−0.56	−0.59	−0.61	−0.58	−0.11	−0.50	−0.13	−0.52
含水量(%)	−0.47	−0.73	−0.79	−0.83	−0.90	−0.81	−0.93	−0.78	−0.52

表6–55　HJ–1A 单波段及波段组合与干样品粒径参数的相关性最大值

沉积物物理参数	Ri	Ri/Rj	Ri–Rj	RiRj/(Ri–Rj)	(Ri+Rj)/(Ri–Rj)
分选系数	0.487	0.833	−0.893	−0.954	0.957
偏态	−0.127	0.964	0.939	−0.981	−0.978
峰态	−0.487	0.932	−0.814	−0.999	−0.997
平均粒径(Φ)	−0.616	−0.701	−0.935	−0.977	−0.956
中值粒径(Φ)	0.618	0.700	0.938	−0.973	0.949
平均粒径(mm)	0.619	0.702	0.939	−0.973	0.949
中值粒径(mm)	−0.615	−0.698	0.936	−0.975	−0.953

表6–56　HJ–1A 单波段及波段组合与含水样品粒径参数的相关性最大值

沉积物物理参数	Ri	Ri/Rj	Ri–Rj	RiRj/(Ri–Rj)	(Ri+Rj)/(Ri–Rj)
分选系数	0.219	0.878	0.920	0.791	0.794
偏态	0.120	0.887	0.889	0.783	0.821
峰态	−0.100	0.801	0.795	0.765	0.741
平均粒径(Φ)	0.396	0.914	0.786	0.842	0.930
中值粒径(Φ)	−0.389	−0.928	0.818	0.836	0.941
平均粒径(mm)	−0.406	−0.920	0.794	0.843	0.933
中值粒径(mm)	0.385	0.925	0.815	0.836	0.939
含水量(%)	−0.841	−0.791	0.976	0.861	0.796

表6-57 中值粒径（mm）和含水量（%）反演关系式

传感器	回归方程	R^2	平均绝对误差（MAE）
MSS	$y = -1.37+0.006\,5x$	0.61	—
ETM	$y = 0.000\,3x^2-0.010\,8x+0.171\,8$	0.67	0.031
HJ（干）	$y = 2e-07x+0.097\,2$	0.97	0.026
HJ（湿）	$y = -18.996x^2+34.339x-15.422$	0.80	0.003\,6
MoistureETM	$y = 57.206e-0.099\,2x$	0.88	14.9
MostureHJ	$y = 88.273e-1.422\,2x$	0.96	7.8

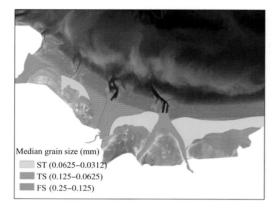

图6-22 中值粒径实测结果
（影像时间：1984—1986年）

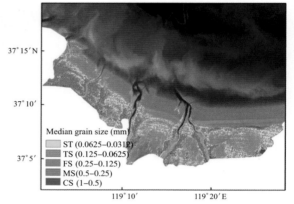

图6-23 基于Landsat MSS的中值粒径反演结果
（影像时间：1984年10月5日）

图6-24 基于HJ-1A的中值粒径反演结果
（影像时间：2010年4月13日）

（3）结论

　　利用 Landsat-MSS、ETM 和 HJ-1A 高光谱数据反演的潮间带沉积物粒度参数与实地调查数据对比分析显示，高光谱数据能够很好地估算研究区含水量在 18% ～ 43% 范围内的潮滩沉积物类型；而多光谱 ETM 数据对于干出滩的反演结果与高光谱数据结果相当，精度较低；而同样低分比率的、具有长时间序列的 MSS 数据，对估算该区历史时期内广阔的干出潮滩沉积物类型分布趋势，表现出了良好的优越性。

通过实地光谱测量和取样分析，评价多光谱和高光谱不同时、空分辨率数据对估算潮滩表层沉积物分布的适用性。结果表明，对于粒径范围 0.07 ～ 0.1 mm 的潮滩，HJ–1A 高光谱数据对含水量在 18% ～ 43% 范围内的潮滩反演结果的平均绝对误差为 0.003 6；Landsat–ETM 数据和 HJ–1A 高光谱数据对干出潮滩的反演结果的平均绝对误差分别为 0.031 和 0.026；Landsat–MSS 能够准确区分出 FS、TS 和 ST 沉积物类型的分布情况。对比分析可知，对于围海造陆前的大范围干出滩，Landsat–MSS 能较好地估算出潮滩沉积物的分布趋势；对于小范围内潮滩沉积物粒径大小的估算，HJ–1A 反演精度较好。

6.2.3　环岛水域环境要素信息提取方法体系

6.2.3.1　悬浮体浓度定量反演 —— 以河北唐山沙泥岛周围海域为例

与悬浮颗粒物有关的生物地球化学循环为影响生态系统结构及其变化的关键过程，一方面，悬浮体影响着水体初级生产作用，悬浮体可以作为过滤动物的食物来源，在低营养海区其碳含量可以作为细菌、浮游动物、浮游植物的主要能源；另一方面，悬浮体还可作为载体对营养物 – 污染物等进行吸附和输运，控制着水体中污染物的富集与迁移过程。正因如此，如何获取悬浮体时空分布的定量信息已经成为近海生态环境研究不同领域共同关注的热点问题。

海洋悬浮颗粒是水体中的主要光学活性物质之一，尤其是二类水体，其浓度含量、粒度结构以及紊动程度都直接影响到光辐射与吸收的强度，诸多国内外学者对如何运用遥感获取的水体光谱数据提取出悬浮泥沙的专题信息进行了长期的研究。

近岸二类水体悬浮体浓度信息对于河口海岸带水质和水污染管理与监测、泥沙分布与运移模拟以及泥沙淤、蚀动态平衡等方面研究都具有重要意义（Curran et al, 1988）。除传统现场取样外，航空或航天遥感光谱辐射观测为全面、快速、低成本、同步重复地获取这些信息开辟了另一蹊径。但其前提是，必须建立卫星遥感信号与影响水体光谱特性的水色组分之间的定量关系。

传统的调查取样精度更高，但多船同步观测花费的成本太高，而走航式观测在近岸海域则受潮汐作用影响明显，获得的数据无法真实反映悬沙浓度的瞬时态，遥感技术提供了一种更为快速、同步、低成本、重复的调查方式。悬沙定量反演的理论基础是建立卫星遥感信号与影响水体光谱特性的水色组分之间的定量关系。水体的光谱特性为体散射，这就决定了其光谱特征主要决定于 Chl–a、SPM、CDOM 以及水深、底形等因素的影响。正因此，尽管不同学者分别基于室内模拟实验和现场标定的方式获得了光谱值对不同悬沙浓度、粒径等因素的响应模式，但无法在尤其是近岸二类水体建立普适的定量模式，不同水域悬浮物的成分、粒径分布和浓度的不同，其相应的反射率光谱特性也有所差异，从定量遥感的角度考虑，深入研究局地水体的光谱特征、建立不同区域条件下的局地反演模式尤为重要，目前对海岛周围环境水体光谱特征的研究尚较为少见，这对遥感技术手段在该区域的应用极为不利。

（1）研究区域

打网岗沙岛群位于渤海湾西北端、京唐港和曹妃甸中间，由一系列 NE－SW 向延伸的冲积沙洲组成。沙洲狭长，是滦河不同时期分流入海时形成的三角洲滨岸沙坝发育演化而成。

滦河自晚更新世以来先后发育了全新世早期、全新世中期、历史早期、历史晚期和最新的5个次一级亚三角洲堆积体，打网岗岛、石臼坨岛和月坨岛是岛群里的三个大岛，面积分别为17.5 km²、4.4 km²和10.5 km²，从第四纪成因上看均属于早期滦河从大清河口、长河口入海时建造的三角洲前缘沙坝，与其内侧的潟湖和陆域海岸组成了典型的复式沙坝–潟湖海岸。该区海岸线绵长，由岸向海有数条沙垄平行发育，滩广水浅，以打网岗岛为例，其陆地海拔低于5 m，海岸延伸入海坡度平缓，小于1.5 m水深宽度约500 m，优良的海滩环境和区位优势使其成为我国北方滨海旅游开发的集中地。然而，自滦河迁徙改道北移入海之后，该区陆源泥沙来源断绝，加之京唐港的开发建设，港口防沙堤不断向海延伸，截断了沿岸泥沙的补充，目前打网岗岛群已呈沙滩侵蚀退化的趋势；另一方面，在京唐港、曹妃甸围海、填海工程的外部环境变化和岛群旅游开发双重作用下，海域环境如何演化值得重点关注。需要指出的是，该区有大型海上采油平台分布，软基底床和风暴诱发可能导致溢油，这一环境风险也为加强海域环境监测提供了需求。与大陆环境不同，海岛生态环境系统更为原生、脆弱，人类活动干预下的易损性和难恢复性更为明显，随着海岛法的颁布施行，海岛海域环境的监测和维护已成为目前广为关注的问题。

（2）数据获取与分析

2010年8月14—15日，中国科学院海洋研究所在唐山乐亭打网岗岛、石臼砣岛和月坨岛的中心航道和外围海域对不同浊度水体进行了现场光谱测量，为减少不同太阳高度角对反射率的影响，反射光谱的测定均在当地天气晴朗无云的09:00—14:00间（太阳高度角＜30°）进行。观测期间天气为晴，气象条件稳定。具体站位见图6-25。

表观光谱测定仪器为美国SVC生产的HR-1024便携式全光谱地物光谱仪，其光谱测量范围为350～2 500 nm，波谱通道数为1 024，光谱分辨率在350～1 000 nm波段≤3.5 nm。测量方法参照唐军武等（2004）提出的水面之上测量方法，具体测量内容包括表观向上辐射亮度观测（L_u）、天空漫散射的反射辐照亮度观测（L_{sky}）和标准板的总辐照度反射观测（L_p）。每个站位所测水体光谱反射曲线不得少于15条，时间至少跨越一个波浪周期以消除船体颠簸的影响。

海面光谱观测同时，在每个站点采集表层（0～50 cm）海水样品2 L，采用负压抽滤法过滤（滤膜孔径为0.45 μm，按总量的20%设置校正膜），因研究靶区水质较清，过滤样品量为500～1 000 mL。按照《海洋调查规范 海洋地质地球物理调查》（GB/T 13909—92）的要求，空白滤膜及过滤后滤膜在40℃恒温下反复烘干、称量，直至前后两次重量差不超过0.01 mg（电子天平精度为10⁻⁵）为止，据此计算悬沙浓度（SSC）。

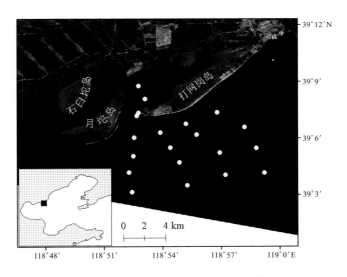

图6-25　打网岗岛环岛海域调查站位

（3）反射光谱特征

反射光谱特征如图 6-26 至图 6-31 所示。

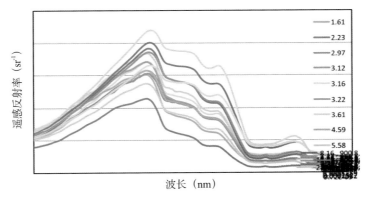

图6-26　打网岗岛环岛海域的水体反射光谱曲线

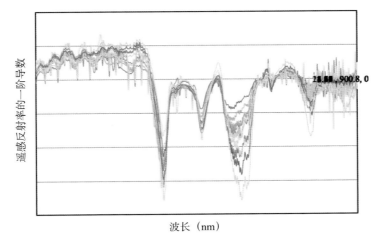

图6-27　遥感反射率的一阶导数

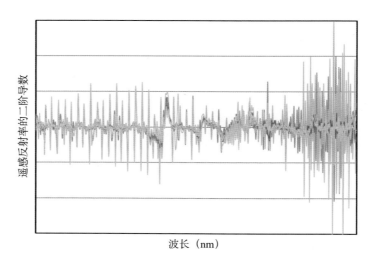

图6-28 遥感反射率的二阶导数

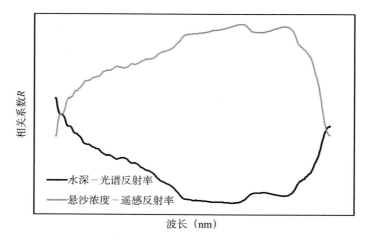

图6-29 不同谱段遥感反射率与TSM和水深的相关性

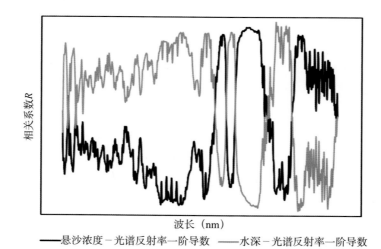

图6-30 不同谱段遥感反射率与TSM和水深的相关性的一阶导数

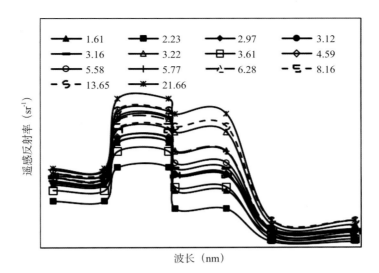

图6-31　大清河口不同含沙浓度水体在ALOS各波段光谱特性模拟

（4）打网岗环岛海域水体 TSM 的定量反演模式

悬浮泥沙浓度与 ALOS 不同波段组合特征光谱反射率的关系见表 6-58。

表6-58　悬浮泥沙浓度与ALOS不同波段组合特征光谱反射率的关系

波段组合	回归方程	相关系数 （样本数=14）
R_{ALOS_B1}	$R_{B1} = 0.001\ln(SPM) + 0.007\,3$	$R^2 = 0.417\,5$
R_{ALOS_B2}	$R_{B2} = 0.002\,9\ln(SPM) + 0.011$	$R^2 = 0.712\,2$
R_{ALOS_B3}	$R_{B3} = 0.004\,5\ln(SPM) + 0.004$	$R^2 = 0.872\,7$
R_{ALOS_B4}	$R_{B4} = 0.001\ln(SPM) + 0.000\,7$	$R^2 = 0.716\,9$
R_{B2}/R_{B1}	$R_{B2}/R_{B1} = 0.119\,3\ln(SPM) + 1.550\,4$	$R^2 = 0.461\,6$
	$R_{B2}/R_{B1} = -0.001\,3SPM^2 + 0.043\,7SPM + 1.550\,8$	$R^2 = 0.541\,7$
R_{B3}/R_{B1}	$R_{B3}/R_{B1} = -0.003\,7SPM^2 + 0.126\,6SPM + 0.686\,4$	$R^2 = 0.871\,2$
	$R_{B3}/R_{B1} = 0.365\,7\ln(SPM) + 0.653\,5$	$R^2 = 0.830\,2$
R_{B3}/R_{B2}	$R_{B3}/R_{B2} = 0.155\,5\ln(SPM) + 0.456\,9$	$R^2 = 0.847\,9$
	$R_{B3}/R_{B2} = -0.001\,6SPM^2 + 0.053\,4SPM + 0.473\,4$	$R^2 = 0.853\,4$
R_{B4}/R_{B1}	$R_{B4}/R_{B1} = -0.000\,8SPM^2 + 0.028\,7SPM + 0.124\,1$	$R^2 = 0.716\,1$
	$R_{B4}/R_{B1} = 0.081\,4\ln(SPM) + 0.119\,1$	$R^2 = 0.658\,9$
R_{B4}/R_{B2}	$R_{B4}/R_{B2} = 0.035\,3\ln(SPM) + 0.086$	$R^2 = 0.496\,6$
	$R_{B4}/R_{B2} = -0.000\,4SPM^2 + 0.012\,5SPM + 0.088\,4$	$R^2 = 0.522\,1$
R_{B4}/R_{B3}	$R_{B4}/R_{B3} = -8E\text{-}05SPM^2 + 0.002\,5SPM + 0.190\,8$	$R^2 = 0.017\,2$
	$R_{B4}/R_{B3} = 0.005\,5\ln(SPM) + 0.192\,3$	$R^2 = 0.012\,5$
$(R_{B2}+R_{B3})/R_{B1}$	$(R_{B2}+R_{B3})/RB1 = 0.485\ln(SPM) + 2.203\,9$	$R^2 = 0.756\,2$
	$(R_{B2}+R_{B3})/RB1 = -0.005SPM^2 + 0.170\,3SPM + 2.237\,2$	$R^2 = 0.816\,1$

6.2.3.2　叶绿素(Chl-a)的定量反演 —— 以山东荣成镆铘岛为例

叶绿素a存在于所有的藻类中，其浓度常用于浮游植物生物量及初级生产力的估算，同时也是反映水体营养化程度的重要指标。

研究水体叶绿素a浓度与反射光谱特征的关系是进行叶绿素浓度遥感监测的基础，通过两者之间的关系可以建立计算叶绿素浓度反演算法。高光谱分辨率传感器提供了数十到数百波段的影像数据，实现了连续光谱信息的搜集。利用高光谱数据，结合叶绿素浓度反演算法，可以快速准确地对研究区域叶绿素浓度进行监测。本研究选取镆铘岛附近海域作为研究区域，利用样本的叶绿素a浓度数据和同步反射光谱数据，研究两者之间的关系，为镆铘岛附近海域水体叶绿素浓度的反演提供理论参考。

镆铘岛外围海域为我国典型的海带养殖区，位于山东省半岛东南端，36°55′—37°2′N，122°31′—122°37′E，东侧自岸向海至 –30 m 等深线附近均为养殖海域。

（1）数据获取

本次取样于 2010 年 8 月 8 日完成。样本点覆盖区域广，范围均匀，由陆向海过渡，覆盖了不同水深、不同水动力环境下的区域。取样时海面风速 3 ～ 4 级，浪高 1 ～ 2 m，样点分布如图 6-32 所示。

图6-32　研究区光谱及叶绿素a同步采样站位分布

叶绿素a浓度采用荧光分光光度法测定。取表层海水样本，放入保温箱与冰袋一同保存。回到陆地后摇匀，取 500 mL，用 0.45 μm 醋酸纤维素滤膜进行过滤。过滤时使用抽滤法，抽滤压力小于 30 kPa。所获膜样避光、冷冻保存，于 2 天内利用 Turner Designs 荧光光度计测定叶绿素含量。得到的有叶绿素a浓度、脱镁叶绿素浓度，在本研究中仅使用叶绿素a浓度表示叶绿素含量。

光谱数据获取使用美国 SVC HR-1024 型便携式地物光谱仪进行测量。使用该光谱仪自带数据处理软件的 SIG File Overlap/Matching 功能进行数据初步处理，遥感反射率随波长变化如图 6-33 所示。

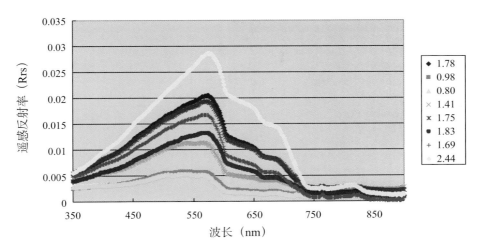

图6-33　遥感反射率（Rrs）随波长变化

（2）结果分析

1）镆铘岛附近海域水体光谱曲线特征

在波长小于 500 nm 范围内，由于叶绿素 a 在蓝光波段的吸收峰及黄色物质在该范围的强烈吸收作用，水体的反射率较低。510 ～ 620 nm 范围的反射峰是由于叶绿素、胡萝卜素弱吸收，细胞和悬浮颗粒的散射作用形成的，该反射峰值与色素组成有关，而且水体叶绿素浓度越高，该反射峰值也越高，可以作为叶绿素定量标志；685 ～ 715 nm 存在一个反射峰，一般认为是叶绿素 a 的荧光峰，该反射峰的出现是含藻类水体最显著的光谱特征，其存在与否通常被认为是判定水体是否含有藻类叶绿素的依据。反射峰的位置和高度是叶绿素 a 浓度的指示。

2）叶绿素浓度与各波长点反射率相关性

叶绿素浓度与遥感反射率呈正相关。在波长小于 720 nm 处相关系数较高，其中波长 580 nm 处相关系数最高，达到 0.95。对比图 6-34 看出该波长处为水体反射峰处，为细胞和悬浮颗粒的散射集中作用区域。在 700 nm 附近为叶绿素荧光峰。

3）基于单波段数据的叶绿素浓度反演

对波长 580 nm 处反射率与叶绿素浓度进行分析，得到回归曲线及回归方程如图 6-35 所示。可以得出结论叶绿素浓度与 580 nm 处反射率线性相关，判定系数 R^2 为 0.9。在镆铘岛附近海域可以根据 580 nm 处海水的遥感反射率计算海水中的叶绿素浓度。

4）叶绿素浓度与反射光谱微分的相关性

微分光谱技术通过对反射光谱进行运算，确定光谱的弯曲点及最大最小反射率的波长位置，并除去部分线性或接近线性的背景、噪声光谱。由于微分技术对光谱信噪比非常敏感，故多采用低阶微分对光谱数据进行处理。对镆铘岛附近海域样点的光谱数据进行微分处理。

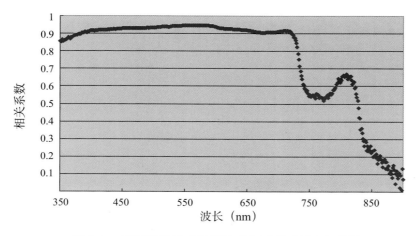

图6-34 不同波长处叶绿素浓度与遥感反射率相关性

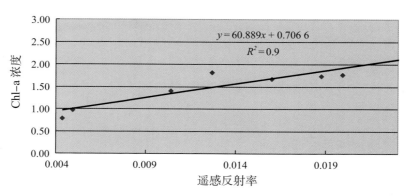

图6-35 580 nm处叶绿素浓度与遥感反射率相关性

$$R'(\lambda) = \frac{|R(\lambda+1) - R(\lambda-1)|}{2\Delta\lambda}$$

上式为$R'(\lambda)$波长处光谱的一阶微分，其中，$R(\lambda+1)$、$R(\lambda-1)$为波长在$\lambda+1$、$\lambda-1$处的光谱反射率。$\Delta\lambda$为波长$\lambda+1$、$\lambda-1$之间的间隔。光谱一阶微分与叶绿素浓度相关性如图6-36所示。

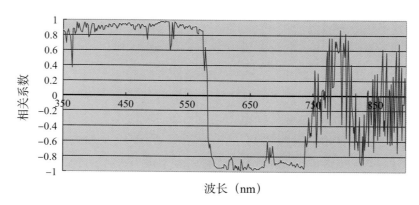

图6-36 不同波长处叶绿素浓度与遥感反射率一阶微分的相关性

在波长范围 375 ~ 575 nm 处叶绿素浓度与光谱一阶微分正相关，多数位置相关系数大于 0.8；在波长范围 600 ~ 725 nm 范围内叶绿素浓度与光谱一阶微分负相关，多数位置相关系数小于 −0.8。相关系数绝对值最高处出现在 507 nm 处，达 0.988 9。

5）养殖筏架对海水遥感反射率的影响

本次研究采样正在海带已收获的季节，海水中海带筏架上进有稀疏的残留海带叶。海带筏架、绳索、残留的海带对海面光谱具有较大影响。对采样点 P9 处海带筏架及海带叶分别采集光谱数据，处理后得到其反射曲线如图 6-37 所示。

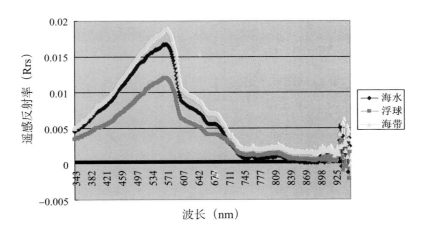

图6-37　海水、浮球、收割后残留海带光谱曲线比较

由图 6-37 可知，3 种要素中海带光谱反射率略高于海水，而养殖区筏架上的浮球，其光谱反射率则远低于海水。大量浮球的存在（图 6-38）使养殖海域的表观反射率降低。

图6-38　海水中的浮球及残留海带

（3）基于 TM 数据的叶绿素浓度定量反演模型

1）反演波段选择

TM 遥感影像广泛应用于地物调查及地物反演中。本研究中，收集到与本次采样同期的 TM5 遥感影像，不同波长处叶绿素浓度与水体遥感反射率相关系数见表 6-59。第 6 波段波长范围较长，在本研究中舍去。

表6-59　TM影像各波段范围及该位置处遥感反射率与叶绿素浓度相关系数

波段	颜色	光谱范围	中心波长	相关系数	分辨率
1	Blue-Green	0.452～0.518	0.458	0.93	28.5
2	Green	0.528～0.609	0.569	0.95	28.5
3	Red	0.626～0.693	0.660	0.91	28.5
4	Near IR	0.776～0.904	0.840	0.29	28.5
5	SWIR	1.567～1.784	1.676	—	28.5
6	LWIR	10.45～12.42	11.435	—	60
7	SWIR	2.097～2.349	2.223	—	28.5

拟分别采用第 1、2、3 波段（蓝绿、绿、红色波段）对该海域叶绿素浓度进行反演。对该幅影像进行辐射校正、大气校正后，获得水面遥感反射率信息。分别提取 8 个采样点处 3 个波段遥感反射率，列于表 6-60 中。

表6-60　各采样点叶绿素浓度及相应波段遥感反射率

叶绿素（mg/m³）	波段1（×10⁻⁴）	波段2（×10⁻⁴）	波段3（×10⁻⁴）	波段4（×10⁻⁴）	波段5（×10⁻⁴）	波段7（×10⁻⁴）
1.78	843.5	1 059.3	788.1	457.9	390.5	385.5
0.83	805.1	996.8	745.7	506.6	437.8	423.6
1.81	896.2	1 142.3	887.8	579.4	452.7	450.4
0.98	871.5	1 106.4	830.6	562.5	471.6	462.1
0.8	817.4	1 017.4	724.2	527.8	444.5	436.8
1.41	908.6	1 158.8	895.7	558.5	477.6	474.4
1.75	849.5	1 137.8	919.8	535.1	415.6	394.5
1.83	820.6	1 102.4	920.6	510.9	366.8	346.8
1.69	755.2	1 017.6	833.8	429.2	334.3	315.6
1.79	804.9	1 261.5	859.7	480.5	352.7	345.0
1.12	777.8	1 092.4	757.4	442.6	323.4	320.0
0.99	803.5	1 034.0	778.4	466.6	378.6	369.3
1.11	843.4	1 051.2	838.8	526.8	422.8	411.8
2.44	879.8	1 094.8	920.9	543.2	421.9	431.8

叶绿素浓度与各波段遥感反射率的相关系数见表 6-61。从表 6-61 中看出，第 2、3 波段与叶绿素浓度相关系数较高，其中第 2 波段相关系数 0.462，第 3 波段相关系数 0.766。

表6-61　叶绿素浓度与各波段遥感反射率相关性

TM1	TM2	TM3	TM4	TM5	TM7
0.280	0.462	0.766	0.067	−0.204	−0.151

建立 TM3 与叶绿素浓度函数，如图 6-39 所示。

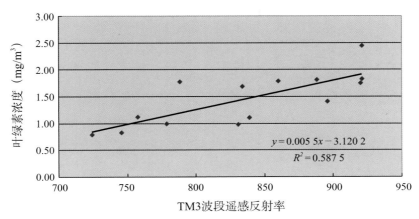

图6-39　TM3波段遥感反射率与叶绿素浓度关系

2）反演结果

综合考虑基于实测光谱数据以及使用 TM 数据统计获得的结果，两者都反映在 TM3 波段，波长 0.66 μm 处，叶绿素浓度与遥感反射率具有较好相关性，故拟采用 TM3 波段使用线性回归法进行叶绿素浓度信息的反演（图 6-40）。

如图 6-40 所示，叶绿素含量在南北两个海岛处较高，中间黑石附近海域亦有较高分布区。北部叶绿素高浓度分布区从褚岛南侧向北延伸，直到桑沟湾湾口及其以外海域；南部叶绿素高浓度区分布从镆铘岛南侧向东延伸，后向北延伸，直到中部黑石附近区域。研究区东部水深大于 30 m 区域，叶绿素浓度小于 0.5 mg/m³，镆铘岛西部海域，也有部分叶绿素浓度较低区域。

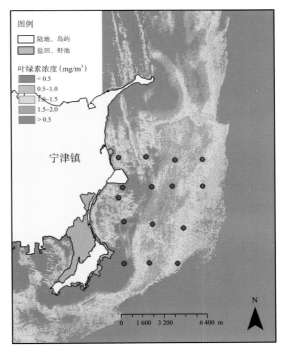

图6-40　基于单波段（Band 3）反演模型的镆铘岛附近海域叶绿素浓度反演结果

湾内养殖区叶绿素较低区域，初步估计是由于养殖区存在大量浮球漂浮在水面上，其反射光谱较低，造成最终混合像元光谱反射率减小，进而影响反演经度。后期将使用更高分辨率的遥感影像对该区域养殖区进行提取，对养殖区叶绿素浓度进行修正，进而得到更精确的反演结果。

6.2.3.3 环岛水域养殖设施识别与提取

我国是世界上海水养殖发达的国家，无论从养殖面积（$1\,579 \times 10^3\,hm^2$，2008 年）和总产量（$1\,340 \times 10^4\,t$，2008 年）均居世界首位，约占世界海水养殖总产量的 2/3。海水养殖中，筏式养殖是最重要的方式之一。筏式养殖是在浅海水面上利用浮子和绳索组成浮筏，并用缆绳固定于海底，浮筏上挂养养殖对象的养殖方式。筏式养殖分布范围、面积、数量的调查对增养殖规划、防止养殖病害和生物多样性保护都是十分必要的。但是，由于浮筏养殖范围广且筏区分散，传统的利用 GPS 在现场进行测量的监测方法，耗费大量的人力物力，仍难以得到准确的监测结果。基于卫星影像对筏式养殖区进行监测，具有覆盖范围广、更新周期快、资料准确翔实等特点，可以快速完成大面积海域的养殖区监测。

山东省荣成市是我国的重要海带养殖区域，海带种植面积高达 $6\,667\,hm^2$ 以上，淡干海带年产量约 $15 \times 10^4\,t$。荣成市黑泥湾及其北部海区自 $-5\,m$ 向海至 $-30\,m$ 等深线附近的海域均为筏式养殖架群填充，进行海带或扇贝等海产品的人工养殖。本研究以山东省荣成市黑泥湾及其北部海域为试验区，探索利用 SPOT 卫星影像开展浮筏养殖用海监测的技术，为快速监测近海水产养殖情况，提高用海管理水平并进行科学合理的用海规划提供服务。

（1）研究区主要地物光谱及纹理特征

本研究区地物类型仅分为两类：纯水体、养殖区。养殖区中有两种地物要素：养殖水体和浮球。纯水体指养殖区之间用以分割和通航的海域，养殖区指进行海带及其他海产品养殖活动的区域。浮球是养殖区内用以悬挂缆绳或扇贝养殖笼的黑色塑料球。人工养殖的海带附着在缆绳上，沉入水底 0.5 m 左右，并通过横向缆绳与浮球相连；扇贝养殖笼也是通过缆绳固定在浮球上，悬挂在特定水层中。这些浮球为黑色塑料质，直径约 0.2 m，间距 1～2 m，被固定在横向的缆绳上，组成一个个长约 100 m 的浮筏。相邻两台浮筏之间间距 4～6 m，数百台浮筏等间距排列，形成数百米乃至上千米的一组条带，在 SPOT 遥感影像上表现为暗色的条带。相邻条带之间，用以通航及分割的纯水体宽度 15～40 m。在海面之上肉眼能看到的仅有浮球而已，并不能直接看到海带或其他养殖品，如图 6-41 所示。

图6-41 浮筏养殖区概貌

由于浮球规则排列，筏式养殖区在不同影像上表现出不同的纹理。在空间分辨率为 1 m 的航片上，可以清晰地区分出每台浮筏，如图 6-42 所示。而在分辨率 5m 的 SPOT 假彩色卫星合成影像上，仅能看到养殖浮筏排列组成的条带，如图 6-43 所示。图 6-43 中红色区域即为图 6-42 数据的范围。在空间分辨率更低的影像上，如 Landsat TM 影像上，由于其空间分辨率 30 m 大于养殖区条带之间的纯水体宽度的最小值，故无法分辨出养殖区范围。这也是选用 SPOT5 假彩色合成影像进行筏式养殖区监测的原因。

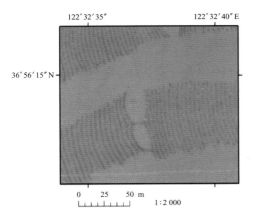
图6-42 航片上的浮筏养殖区

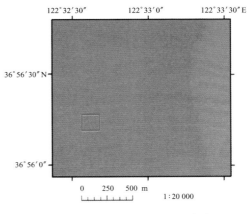
图6-43 SPOT影像上的浮筏养殖区

对上述三种地物目标类型测量光谱曲线，结果如图 6-44 所示。由图 6-44 可以看出，纯水体与养殖区光谱曲线非常接近，在波长 530 nm 以上区域，两条曲线几乎完全重合，530 nm 以下区域，纯水体反射率略高于养殖区反射率。主要原因是海带及其他缆绳上生长的藻类，通常被固定控制在水面以下 0.5 m 水层中，其对离水辐射率影响较小，仅在绿波段有所反映。在 720 nm 以下，浮球的光谱曲线明显小于纯水体及养殖区，720 nm 以上区域，三条曲线基本重合。由此可见，遥感影像上看到的条带状养殖区，主要是由于浮筏上的浮球光谱反射率较低导致。

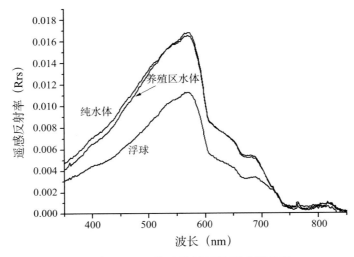
图6-44 三种地物目标类型光谱曲线

进行本次研究使用的 SPOT5 标准假彩色合成影像，其 R、G、B 三个波段分别使用近红外 (0.78 ~ 0.89 μm)，红色（0.61 ~ 0.68 μm），绿色（0.50 ~ 0.59 μm）表示。三个波段中，养殖区在绿色（0.50 ~ 0.59 μm）波段最明显，在近红外 (0.78 ~ 0.89 μm) 波段最不明显，这与图 6-44 中三种地物目标光谱曲线差值所反映的情况一致。故使用单波段分析的方法进行养殖区的提取。

（2）养殖区提取

进行浮筏养殖区信息提取之前，先对遥感影像进行几何精校正、配准操作。对研究区进行空间统计，发现养殖区受浮球影像亮度较低，DN 值略小；纯水体亮度较高，DN 值略大。研究区空间频率整体较低，主要原因是研究区地物类型仅有两种，且光谱特性较为相似，导致亮度值变化很少，进而增加了地物分类难度。

受近岸悬浮泥沙空间分布格局的影响，研究区内不同位置的纯水体在蓝波段 DN 值差异较大，故需要设计一种方法，消除作为背景的纯水体亮度值的变化，凸显出养殖区范围。由于养殖区呈条带状分布，养殖区之间为纯水体，故设计了邻域均值法进行养殖区影像的增强。其操作方法如图 6-45 所示。

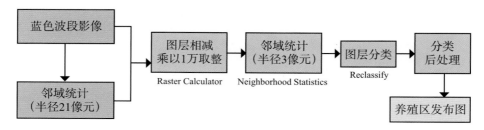

图6-45　遥感图像处理流程

养殖区宽度 80 ~ 100 m，养殖区之间的纯水体宽度 20 ~ 40 m。对蓝波段图像进行邻域分析，设置其邻域半径为 21 个格网，即 105 m。该操作对研究区内每个像元进行统计分析，取以该像元为中心，105 m 为边长的矩形窗口内所有像元的平均值。用蓝波段原始图像减去新生成的图像，结果乘以 1 万并取整。得到的图像中，正值部分表示纯水体，负值部分表示为养殖区。其原理是研究区内养殖区 DN 值小；纯水体 DN 值大。使用 105 m 为邻域分析窗口，保证每个窗口覆盖范围内既有养殖区象元，也有纯水体象元。进行邻域分析后，养殖区 DN 值会变大，纯水体 DN 值变小。因此用原始蓝波段影像减去邻域分析结果，若差值为正，表示该象元原来亮度较高，为纯水体；若差值为负，表示该象元原来亮度值较低，为养殖区。由于提取结果有一定噪声，故在图像相减之后进行半径为 3 像元的邻域统计，消除低频噪声，再进行图像分类，提取养殖区。

通过上述操作，有效去掉了由于海洋动力要素影响，纯水体亮度在不同海域发生变化，对养殖区提取造成的影响。对研究区运用上述方法操作后结果如图 6-46 所示。对得到的图层重分类，即可得到养殖区分布图，如图 6-47 (a) 所示。

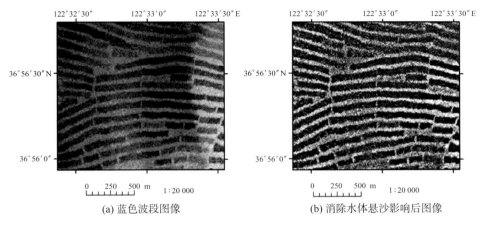

(a) 蓝色波段图像 　　　　　　　　　(b) 消除水体悬沙影响后图像

图6-46　消除悬沙影响处理前后效果比较（深色部分为养殖区）

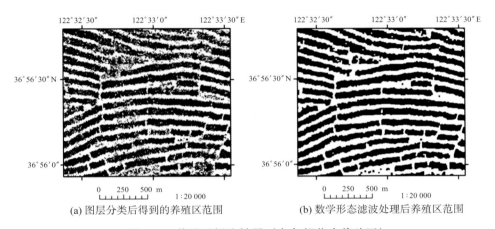

(a) 图层分类后得到的养殖区范围　　　(b) 数学形态滤波处理后养殖区范围

图6-47　养殖区提取结果（白色部分为养殖区）

（3）后期数据处理

新得到的养殖区分布图，养殖区条带分布均匀、形态特征显著。但是在养殖区条带中包含少量纯水体小块。这些小斑块类似于椒盐噪声，主要是由于原始噪声引起。利用数学形态学滤波进行处理，可以大量消除这些斑块，使海水养殖区提取结果更加精确。运用聚类统计、去除分析工具进行处理，效果如图 6-47 (b) 所示。由图 6-47 (b) 可见，经上述处理后，养殖区内部大部分噪声都可以被去除。

对提取结果进行精度评价，计算得到围网养殖区提取精度为 87%，清洁水体精度为 83%，卡帕系数 78%。对提取结果进行分析，发现围网养殖区范围内部提取效果较好，仅有少量小斑块提取错误，且多发生在养殖区边缘不易区分的地方。在养殖区外围，特别是没有养殖筏架的大范围清洁海水区域，容易出现误提取养殖区的操作，需要进行手工剔除。

本研究中以筏式养殖区主要地物类型光谱特征为基础，分析了浮筏养殖区在 SPOT 影像上的亮度及纹理特征。根据纯水体亮度受悬沙分布影响较大的特点，设计了以邻域分析为基础的图像增强及分类方法，并进行聚类统计、去除分析，大大提高养殖区提取精确程度。

与已有使用 Aster、RADASAT、TM 等遥感影像提取的结果相比，本研究使用的是 5 m 分辨率的高精度影像，故提取精度更加准确。同时该方法简单实用，可以自动准确地提取研究区内各条筏架组成的养殖条带，只需进行少量人工后处理工作，即可实现精确监控养殖区规模及分布的监控。利用 SPOT 遥感影像监测海水养殖区，可以全面、客观、直观地再现养殖分布状况以及变化情况。该方法对海水养殖进行定期、宏观监控，可为渔业管理部门快速监测辖区内浮筏养殖情况、合理规划养殖用海提供辅助决策信息，也可为遏制养殖环境的恶化、防治养殖病害提供可靠的科学依据。

6.3 遥感影像专题图的制图精度分析

6.3.1 成图比例尺与影像空间分辨率关系

航空摄影测量的实践可以用来指导分析卫星影像与成图比例尺的选择。二者的成图原理相似，而且航空摄影测量具有大量的实践经验和实验数据，是非常成熟的。航空摄影测量中没有直接给出对影像分辨率的要求，但可以通过对摄影仪物镜分辨率的要求和摄影比例尺来推断。航摄中航摄仪镜头分辨率表示通过航空摄影后在影像上能够分辨的线条的最小宽度（这里没有考虑软片和相纸的分辨率）。

在航摄规范（GB/T 15661—1995）中规定航摄仪有效使用面积内镜头分辨率"每毫米内不少于 25 线对"。根据物镜分辨率和摄影比例尺可以估算出航摄影像上相应的地面分辨率 D，其公式可表示为：

$$D = M/R$$

式中，M 为摄影比例尺分母；R 为镜头分辨率。根据航摄规范中"航摄比例尺的选择"的规定和以上公式，可得表 6–62。

表6–62　成图比例尺、航摄比例尺及影像地面分辨率

成图比例尺	航摄比例尺（规范规定）	影像地面分辨率 (m)
1：5 000	1：10 000～1：20 000	0.4～0.8
1：10 000	1：20 000～1：40 000	0.8～1.6
1：25 000	1：25 000～1：60 000	1.0～2.4
1：50 000	1：35 000～1：80 000	1.4～3.2

表 6–62 可以作为选择卫星影像空间分辨率的参考。从表 6–62 可以看出，虽然成图比例尺愈大，所需的影像空间分辨率愈高，但两者并不是呈线性正比关系，而是非线性的。

6.3.2　不同平台信息源适于制图精度的比例尺对比

研究地图比例尺与遥感空间分辨率的对应关系问题，首先需要了解人的视觉分辨率。人的视觉分辨率是指人眼明视距离（25 cm）能分辨的空间两点之间的最短距离，各种资料对这个数值有不同的看法：毛赞猷等人（2008）指出两点的最短距离为 0.075 mm，在制图时建议将分辨率取为 0.1 mm，限差定位 0.2 mm；《遥感时空信息集成技术及其应用》一书中指出用 LandsatTM 制作专题地图时均以 0.2 mm 作为适宜专题制图的像元空间分辨率（李书楷，2003）。龚明劼等（2009）将人的视觉分辨率定为 0.1 ～ 0.2 mm。

根据以上分析，我们选取 0.1 ～ 0.2 mm 的视觉分辨率设置公式，评估各类地图比例尺的精度。在测量工作中称相当于 0.1 ～ 0.2mm（人的视觉分辨率）的实地水平距离为比例尺的精度（潘正风，杨正尧，2001）。

$$A = L/(1/M)$$

其中，A 为比例尺的精度；$1/M$ 为比例尺；L 为人眼的视觉分辨率。根据上式，并且 L 取值为 0.1 ～ 0.2 mm 时，得到的各种地图比例尺精度，见表 6-63。

表6-63　比例尺精度

比例尺	比例尺精度（m）
1 : 5 000	0.5～1.0
1 : 10 000	1.0～2.0
1 : 50 000	5.0～1.0
1 : 100 000	10.0～20.0
1 : 250 000	25.0～50.0
1 : 500 000	50.0～100.0
1 : 1 000 000	100.0～200.0

为了使遥感图像成图时能达到地图比例尺的精度，遥感影像的空间分辨率应小于地图比例尺的精度。即

$$R_g \leqslant A$$

根据这个原则，根据公式 $A = L/(1/M)$ 和 $R_g \leqslant A$，可以推出：

$$1/M \leqslant L/R_g$$

并定义人的视觉分辨率介于 0.1 ～ 0.2 mm 之间，我们就可以计算出不同空间分辨率确定遥感图像成像的最佳比例尺（表 6-64）。

表6-64　不同平台信息源适于制图精度的比例尺对比

传感器	空间分辨率（m）	最适于制图比例尺
Landsat TM (可见光–近红外)	30	1：300 000～1：600 000
Landsat TM (热红外)	120	1：1 200 000～1：2 400 000
Landsat ETM+ (可见光–近红外)	30	1：300 000～1：600 000
Landsat ETM+ (热红外)	60	1：600 000～1：1 200 000
Landsat ETM+ (PAN)	15	1：150 000～1：300 000
SPOT–5 (多光谱)	10	1：100 000～1：200 000
SPOT–5 (PAN)	5	1：50 000～1：100 000
ALOS–AVNIR (多光谱)	10	1：100 000～1：200 000
ALOS–AVNIR (PAN)	2.5	1：25 000～1：50 000
Quickbird (多光谱)	2.44	1：24 400～1：48 800
Quickbird (PAN)	0.61	1：6 100～1：12 200

实际空间分辨率 R 即图像能够识别的地面上两个目标的最小距离，一般的定义为影像理论分辨率的1/2。此外，考虑到制作挂图，即不在25 cm的明视范围内，则 L 可取0.4 mm以远看，因而，可以把人眼的分辨率定为0.1～0.4 mm，根据 $R = R_g/2$，将公式 $1/M \leq L/R_g$ 转换，可得：

$$R \leq [L/(1/M)]/2 = (L \times M)/2$$

可以确定不同成图比例尺的地图对遥感影像空间分辨率的要求，见表6-65。

表6-65　比例尺对应的影像空间分辨率范围

比例尺	1：10 000	1：50 000	1：100 000	1：250 000
实际空间分辨率 R（m）	0.5～2	2.5～10	5.0～20	12.5～50

一般来说，比例尺越大，要求影像的空间分辨率也就越高。对于一个固定空间分辨率的遥感影像来说，若空间分辨率过高则存在信息和数据的冗余；空间分辨率过低，不适合进行该比例尺的制图。空间分辨率以及比例尺的选择也要考虑影像所包含的地物内容和纹理特征，如果制图内容是以大面积的流域、海域为主，可以选择空间分辨率较低的影像，或降低成图比例尺的大小。通过以上地图比例尺对卫星遥感图像空间分辨率需求的讨论可得出图6-48。图6-48中白色部分表示最佳的制图比例尺范围，灰色部分则表示该空间分辨率过高，虚线部分表示空间分辨率低，不适合进行该比例尺的制图。

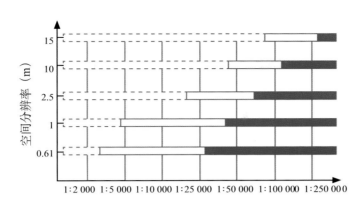

图6-48　成图比例尺对遥感图像空间分辨率的需求

图 6-49 分别针对空间分辨率为 0.6 m 和 1.0 m 的两种遥感影像给出它们与比例尺的关系。其中阴影部分的上边界（350 dpi）表示了最佳的用于制图的像素分辨率［像素分辨率通常定义为单位长度内（通常为 1 英寸）所包含的像素的个数（dpi）］，阴影部分的下边界（75 dpi）表示了可用于制图的最小像素分辨率。对于一幅高空间分辨率的遥感影像来说，在一定的比例尺要求下，如果其像素分辨率超出了阴影部分的上边界，可以适当地降低其像素分辨率，对整体的制图效果不会产生显著的影响。反之，如果低于下边界，则不适于进行制图，这时，可以考虑降低比例尺或提高影像的空间分辨率水平（郭仕德等，2004）。

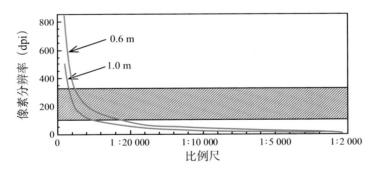

图6-49　遥感制图中比例尺与像素分辨率的关系（郭仕德等，2004）

6.4　海岛保护与利用规划的遥感技术应用分级体系

6.4.1　规范性引用文件

①《中华人民共和国海岛保护法》；

②《全国海岛保护规划》；

③《全国海洋功能区划（2011—2020 年）》，国家海洋局；

④《海洋功能区划技术导则》（GB/T 17108—2006）；

⑤《海洋功能区划图件绘制技术规程》，国家海洋局，2000 年 4 月；

⑥《省级海洋功能区划编制技术要求》，国家海洋局，2010 年 10 月；

⑦《关于印发〈县级（市级）无居民海岛保护和利用规划编写大纲〉的通知》（国海岛字〔2011〕332号）；

⑧"我国近海海洋综合调查与评价"专项《海岛海岸带卫星遥感调查技术规程》，国家海洋局；

⑨《关于编制省级海岛保护规划的若干意见》，国家海洋局，2010年；

⑩《省级海岛保护规划编制技术导则》，国家海洋局海岛管理办公室，2011年；

⑪《省级海岛保护规划编制管理办法》，（国海发〔2010〕25号）；

⑫《海域使用卫星遥感动态监视监测技术规程（暂行)》，国家海洋局，2006年。

6.4.2 海岛保护和利用规划的分级要求

根据《海岛保护法》第二章第八条的规定，国家实行海岛保护规划制度。海岛保护规划制定的分级规定如下。

国务院海洋主管部门会同本级人民政府有关部门、军事机关，依据国民经济和社会发展规划、全国海洋功能区划，组织编制全国海岛保护规划，报国务院审批。主要内容是按照海岛的区位、自然资源、环境等自然属性及保护、利用状况，确定海岛分类保护的原则和可利用的无居民海岛以及需要重点修复的海岛等。

沿海省、自治区人民政府海洋主管部门会同本级人民政府有关部门、军事机关，依据全国海岛保护规划、省域城镇体系规划和省、自治区土地利用总体规划，组织编制省域海岛保护规划，报省、自治区人民政府审批，并报国务院备案。

省、自治区人民政府根据实际情况，可以要求本行政区域内的沿海城市、县、镇人民政府组织编制海岛保护专项规划，并纳入城市总体规划、镇总体规划；可以要求沿海县人民政府组织编制县域海岛保护规划。沿海城市、镇海岛保护专项规划和县域海岛保护规划，应当符合全国海岛保护规划和省域海岛保护规划。

沿海县级人民政府可以组织编制全国海岛保护规划确定的可利用无居民海岛的保护和利用规划。

6.4.3 技术途径

以本专题构建的环境要素遥感信息提取方法体系为支撑，通过卫星遥感调查为主要手段，充分发挥卫星遥感技术所具有的大面积、快速、同步等优势，配合现场调查，可以为海岛规划编制提供有效支持。

整体流程框架如下：

①采用辐射校正、几何校正、信息增强、多源数据融合等手段实现遥感数据的预处理；

②综合目视解译、监督分类、非监督分类等方法，提取专题信息；

③对专题信息提取的结果进行验证；

④基于地理信息系统（GIS）编制遥感专题图。

6.4.4 海岛规划编制中的遥感技术应用分级体系

6.4.4.1 环境监测要素分级

根据本专题构建的针对不同环境要素的遥感监测与信息提取方法，对海岛规划编制中的遥感技术应用进行系统归纳，具体如图6-50所示。

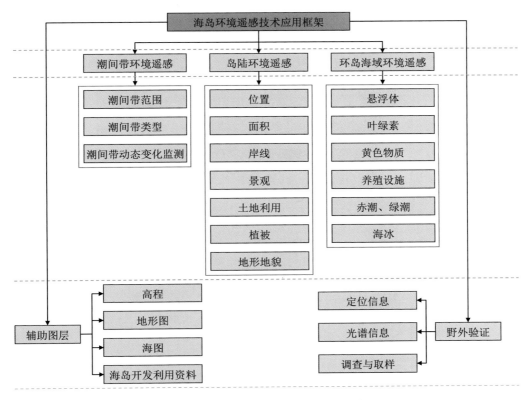

图6-50 海岛环境遥感技术应用框架

分别根据省级海岛保护规划、县级（市级）海岛保护规划和单岛海岛保护规划的不同侧重点（图6-51），对遥感手段在不同等级海岛规划编制中的应用进行分级。

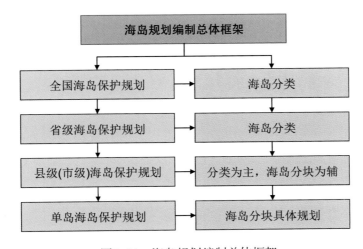

图6-51 海岛规划编制总体框架

2011 年颁布的《省级海岛保护规划编制技术导则》中对省级海岛保护规划的目标、内容和技术要求做了明确的规定，根据《海岛保护法》和海岛开发利用实际情况，将省级海岛分类保护体系划分为三级十三小类，见表 3-16。

具体分级结果见表 6-66。

表6-66　遥感技术应用指标体系分级

环境要素		省级海岛规划	县级(市级)海岛规划	单岛海岛规划
		指导原则		
Ⅰ级	Ⅱ级	分类	分类为主分块为辅	分块
岛陆环境	位置	★	★	★
	面积	★	★	★
	岸线	★	★	★
	景观	☆	☆	★
	土地利用	★	★	★
	植被	☆	☆	★
	地形地貌	☆	☆	★
潮间带环境	类型	★	★	★
	范围	★	★	★
	动态监测	☆	☆	★
环岛海域环境	悬浮体	★	★	★
	叶绿素	☆	☆	★
	黄色物质	☆	☆	☆
	养殖设施	★	★	★
	赤潮、绿潮	☆	☆	★
	海冰	☆	☆	☆

（注：左侧第一列跨全表为"遥感技术应用指标体系"）

6.4.4.2　遥感影像源应用分级

在海岛规划编制的遥感技术应用中，选用适宜的空间分辨率遥感影像十分重要，这关系到地图成图的精确度以及地物信息的丰富程度。在制作地图时，工作者往往根据多年的经验选择相应空间分辨率的遥感影像，缺少科学的分析，有时可能因为选用不当，空间分辨率偏低难以达到要求，或空间分辨率过高使得制图成本增加。如何选取最佳空间分辨率对遥感制图有着重要的意义。

基于遥感数据的海岛土地利用类型制图远不同于陆地，一般调查的海岛范围为我国近海面积 500 m² 以上的海岛、岛礁等（海岛调查技术规程），相较于陆地而言，研究区域较小，其上地物斑块零碎，增加了遥感解译的难度。因此，在利用遥感数据进行海岛土地利用类型调查过程中，讨论海岛规划编制中的制图比例尺和遥感空间分辨率是十分有必要的。

以国家相关规范性文件为参考，基于关于成图比例尺、影像空间分辨率的分析并结合不同环境要素的遥感特征，初步确定了不同等级海岛规划编制对遥感影像空间分辨率的要求，见表 6-67。

表6-67　不同等级海岛规划编制的遥感影像空间分辨率要求

环境要素	海岛规划等级		
	省级海岛规划	县级(市级)海岛规划	单岛海岛规划
	分类为主	分类为主，分块为辅	分块为主
位置、类型、面积和分布	≤5m	5～1 m	≤1 m
岸线位置、类型和长度		5～1 m	≤1 m
地形地貌		5 m	≤5 m
植被		5～2.5 m	≤2.5 m
土地利用		5～1 m	≤1 m
潮间带		5～1 m	≤1 m
湿地		1～5 m	1～5 m
毗邻海域		5 m	5 m

　　根据《海洋功能区划技术导则》，编绘海洋功能区划图时，要求在注重扩大信息量的同时，要突出海洋功能平面分布和立体分布的特点，提高图件的可操作性。可根据需要选用不同比例尺。一般区域：根据需要选择 1∶50 000 或 1∶100 000 或 1∶200 000 或 1∶1 000 000；重点区域：1∶25 000。根据我国近海海洋综合调查与评价专项《海岛海岸带卫星遥感调查技术规程》普查比例尺 1∶50 000，详查比例尺 1∶10 000，遥感影像源的一般区域分辨率为 30 m，重点区域为 5 m。随着对海岛保护和开发的重视以及开展海岛规划的迫切需求，上述影像分辨率已经不能满足海岛规划编制的需要。2011 年颁布的《省级海岛保护规划编制技术导则》中对遥感资料的使用做了明确要求："应使用 2005 年以后的航空或卫星遥感影像，地面分辨率不低于 5 m。"以此为依据，参照不同环境要素信息提取的最小分辨率分析，提出了不同等级海岛规划编制的遥感影像空间分辨率要求。省级规划编制的遥感影像源分辨率不低于 5 m，县级（市级）规划编制的遥感影像源分辨率应为 1 ~ 5 m 之间，单岛的遥感影像应用应以环境要素信息提取为主，不同的环境要素所需的空间分辨率要求有所差异。另外，根据海岛的大小、地物特征的差异，在选择遥感影像上应更具针对性。

6.5　小　结

　　本章对适于海岛独特环境特征的遥感数据源进行了总结分析，建立了典型海岛的遥感影像预处理方法，包括图像校正、信息增强、遥感图像融合等；针对不同的环境要素指标，建立不同的遥感分类方法，并通过外业补充调查进行分类结果验证，建立并优化海岛规划编制的遥感支撑技术方法体系，将不同遥感应用方法与不同层级的海岛规划编制相衔接，为发展海岛管理理论体系提供科学依据。

第7章　海岛保护与利用规划管理信息系统

　　基于多源、异构、海量、动态的海岛规划综合数据，建立海岛规划评价模型，开展海岛数据处理分析和综合评价，是海岛规划和管理科学决策的重要手段。由于海岛规划管理工作和海岛规划数据的复杂性，海岛规划评价方面的模型、方法较多，体系、标准多。目前，在海岛评价、规划和管理方面，大多集中在理论研究方面，缺乏专业的应用工具，海岛规划信息管理、专业分析评价以及可视化表达工作尚未全面开展。在具体评价过程中，通常利用表格、文本等方式对数据进行组织和计算处理，特别是对于海岛空间数据的多元、多目标、多层次的分析评价工作，计算过程繁琐，而且计算结果无法显示，在面向海岛规划管理工作的综合评价和辅助决策应用方面支撑能力不足。因此，基于海岛规划管理的需求，借助于成熟、先进的空间信息技术，设计和开发的海岛规划管理与信息服务系统，对海岛规划管理数据进行空间分析、评估预测和专题制图，为海岛规划管理工作提供高效、便捷的辅助决策支撑，将对充分了解海岛基本信息，制定科学合理的决策具有重要意义。

7.1　系统设计

7.1.1　系统总体设计

7.1.1.1　设计目标

　　海岛规划管理与信息服务系统是建立在 GIS 平台基础上，以海岛规划数据库为基础，以海岛规划管理信息检索、分析、评价和表达为核心的专业应用系统，能够为海岛规划管理提供先进的技术手段，为管理部门进行海岛发展规划实施、海岛生态系统健康评价、海岛资源的合理配置等宏观决策提供依据和辅助决策工具。海岛规划管理与信息服务系统应当提供以下几个方面的服务。

　　① 建立海岛规划管理信息综合数据库，对海岛规划管理综合资料进行统一管理；

　　② 提供文本、地图等多种方式的快速浏览和检索，便于数据的获取和使用，进而提高数据使用效率；

　　③ 实现适用于海岛规划评价的通用算法，如多目标决策分析、权重计算、网格化分割、重采样、剪裁、等值线提取等，便于在海岛规划评价工作的不同模型中加载和复用；

④ 提供海岛规划管理工作所需的各类专业评价功能，如承载力分析模型、开发适宜性评价模型等，实现评价过程的便捷性、直观性和交互性；

⑤ 实现海岛数据和规划成果的可视化和网络共享，便于用户方便、直观地获取和掌握海岛现状信息和规划成果。

7.1.1.2 系统架构设计

根据海岛规划管理与信息服务系统的总体需求和设计目标，系统主要采用三层架构进行设计。数据层主要通过建设海岛规划数据库实现海岛综合数据的统一管理，为系统提供基础数据支持；应用层主要基于 GIS 模块、算法/模型和数据接口，实现海岛规划系统的业务逻辑处理，负责连接底层数据库，同时，通过 UI 界面和网络服务为客户端提供信息交互浏览和获取功能；客户层主要部署应用系统，通过桌面应用程序或者网络浏览器向用户提供海岛规划分析评价和成果表达服务，满足用户的业务需求（图 7-1）。

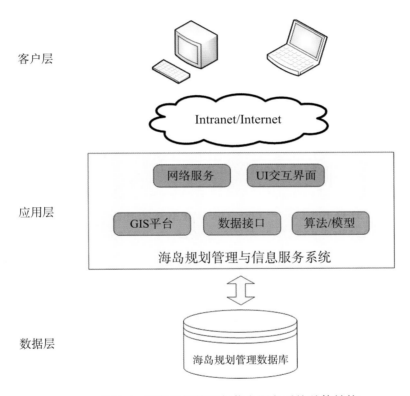

图7-1 海岛规划管理与信息服务系统总体结构

7.1.2 系统功能设计

依据系统的应用需求，海岛规划管理与信息服务系统主要包括以下几个功能模块：空间交互模块、通用计算模块、专题评价模块、可视化管理模块、共享与服务模块（图 7-2）。

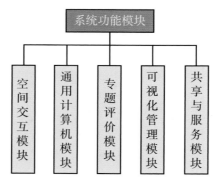

图7-2　系统功能模块

7.1.2.1　空间交互模块

空间交互模块主要利用GIS技术提供海岛规划空间数据的交互操作,包括地图操作(放大、缩小、平移、全屏等)、图层基本操作（图层顺序调整、删除添加图层、图层渲染等）、鹰眼视图等功能,使用户可以直观地获取海岛及周边海域的生态、资源等信息。

7.1.2.2　通用计算模块

通用计算模块主要针对海岛规划评价工作中经常用到的计算方法或数学模型进行开发和封装,便于在海岛规划专题评价工作中进行复用,提升系统开发和使用的效率。在海岛规划专题评价工作中,通常需要运用多目标决策理论计算指标权重,而层次分析法和熵值法是两种常用的多目标决策方法。

层次分析法是一种定性定量相结合的多属性决策分析方法,实现的关键技术在于层次结构的可视化和运算流程的可控性（图 7-3）。熵值法是一种客观赋权法,给定一系列的方案及属性值,运用熵值法便可得到各属性的客观权重。熵值法按照输入样本数据类型为文本数据和图层数据两种情况进行处理。其中当数据类型为图层时,其计算思想是将图层中的每一个网格作为评价对象参与运算,计算各指标权重。熵值法设计流程如图 7-4 所示。通过理论分析及实例验证,当样本数据完整时,采用熵值法计算权重较准确,而当目标结构复杂且缺乏数据时,层次分析法则更为实用。因此,需要针对不同的应用需求和数据类型,采用适合的计算方法和流程来实现,为海岛规划专题评价确定指标权重。

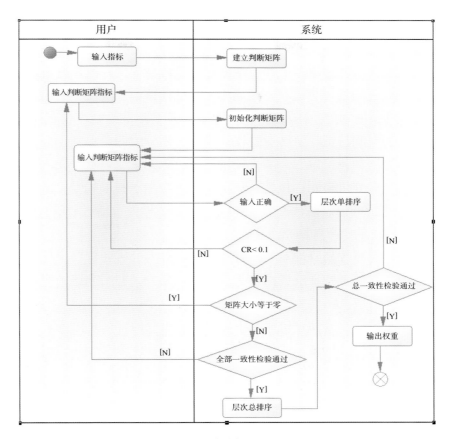

图7-3 层次分析法流程

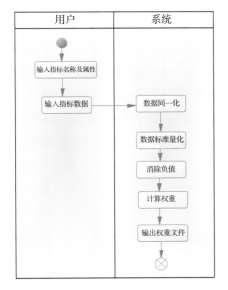

a. 文本类型

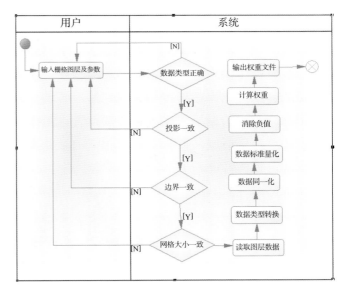

b. 图层类型

图7-4 熵值法流程

7.1.2.3　专题评价模块

专题评价模块主要面向海岛规划管理工作涉及的专业分析和决策评估应用需求，包括功能定位、开发适宜性评价、健康评价和承载力评价等海岛规划专业评价方法和模型。专题评价模块基于 GIS 平台和通用计算模块，集成相关指标体系和评价模型，通过输入指标参数和约束条件，对海岛的功能划分、开发适宜性等级、健康等级和承载力状态等进行。

依据评价单元的空间特征，海岛专题评价模块可划分为两类：基于矢量（点、线、面）的评价单元和基于格网的评价单元。基于矢量的评价单元主要以点、线、面等空间矢量要素作为评价的信息载体和评价单元，包括行政单元、生境和景观单元等；格网评价单元是以网格化单位单元作为评价的信息载体和评价单元，如遥感影像、地形 DEM 模型等，格网评价单元通常要求具有相同的边界和网格大小。

依据评价区域，海岛规划管理专题评价模块可以分为分区评价和全岛评价两种形式。分区评价通常将海岛根据矢量特征或者网格化单元进行划分，利用上述的两种基于空间特征的评价方法对空间单元对应的属性要素进行计算和分析，最终通常以矢量图层或者栅格图层来表达不同区域的评价结果。全岛评价通常不对海岛进行分区，而是采用某一具体数值来标识整个海岛的某一指标属性，根据专业评价模型和对应指标体系对全岛的指标数值进行计算，得到的数值代表整个岛屿的评价结果。分别包括打分法和熵值法两种评价方法。采用打分法评价方法，需对指标图层的数据进行量化分级打分。

基于指标权重计算方法不同，海岛规划管理专题评价模块可以划分为打分法和熵值法两类。打分法主要利用通用计算模块提供的层次分析法模块进行指标权重的计算，熵值法主要利用通用计算模块提供的熵值法模块进行指标权重的计算。

7.1.2.4　可视化管理模块

可视化管理模块主要通过数据接口和可视化模块的设计与开发，提供数据预处理、空间要素提取、数据查询显示、专题图制作及管理等功能。数据预处理包括网格化、边界裁剪、重采样、重分类等模块；空间要素提取主要从海岛规划数据库中提取空间特征，生成矢量或者栅格图层，便于用户开展数据查询和专题评价；数据查询显示主要根据空间要素选择和查询条件输入，从数据库中进行检索并且显示结果；专题图件制作及管理模块可以使用户对提取的空间要素和评价结果图层进行图例设置，制作专题评价图层，并保存到成果库以备日后查阅或资源共享。通过"数据库—专题图—成果库"的数据流动方式，实现了对海岛规划数据库资源的可视化管理。

7.1.2.5　共享与服务模块

共享与服务功能主要通过客户端（桌面应用程序或者浏览器）向用户提供海岛数据和规划成果的共享，为海岛保护、生态修复和海岛开发与利用规划提供信息服务和辅助决策依据。

7.2　系统开发

基于对海岛规划管理与信息服务系统的设计,需要选择合适的数据库管理系统、GIS 平台、开发语言和 UI 界面进行系统开发,使得系统在满足功能需求同时,具有较高的执行效率和友好的交互界面。

7.2.1　开发平台

ArcEngine 是 ESRI 公司开发的一组功能丰富且可以打包的嵌入式 GIS 组件库。该组件库由多个类组成,类又定义了不同的接口,接口中包含不同的属性和方法,具有面向对象的特点,支持类、对象、继承等特性,具有良好的开放性和扩展性,开发人员可以根据客户需求构建具有特定功能的 GIS 应用软件。

基于 Visual C++ 开发环境,能够使用 ArcEngine 提供的 C++ 接口,利用 MFC 类库提供的传统 Windows 用户交互界面,对海岛规划管理和信息服务系统进行开发,在基于 GIS 平台实现海岛规划评价和信息交互浏览的同时,充分利用 C++ 代码的高效执行效率,提高系统的运行速度。

7.2.2　主界面

基于 Visual C++ 和 ArcEngine 开发的海岛规划管理与信息服务系统如图 7-5 所示。系统采用 Windows 界面,集主视图、图层窗口、鹰眼视图、菜单栏、工具栏等于一体,界面美观,可操作性强。主视图是海岛空间要素与评价分析结果的可视化窗口,利用工具栏中的快捷菜单可以方便实现图层的放大、缩小、漫游等交互浏览功能;图层窗口位于主视图左侧,显示主视图中图层列表,可以实现图层添加、删除、导出、顺序调整、可见性设置及图层渲染等功能;鹰眼视图标识主视图中所显示视野范围在全图中的位置,调整窗口内红色矩形框的大小或位置,主视图的图层显示范围也随之变化;菜单栏和工具栏提供了友好、便捷的交互功能,使用户可以方面地调用和操作。

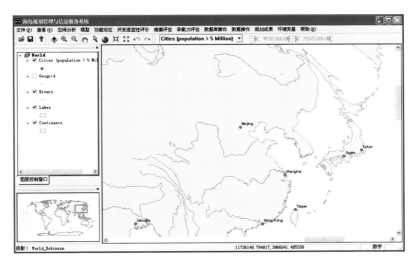

图7-5　系统主界面

7.2.3 权重计算模型

7.2.3.1 层次分析法

层次分析法模块采用 Windows 界面，包含菜单栏、工具栏、主视图等可视化界面。其界面如图 7-6 所示。

图 7-6 (a) 为输入指标体系并建立层次结构模型界面图。针对指标体系自动生成初始判断矩阵，针对每个判断矩阵可选择其包含指标，如图 7-6 (b) 所示。针对构建好的判断矩阵，进行层次单排序，输入指标相对重要性程度，求其权重并进行一致性检验，如图 7-6 (c) 所示。当所有的判断矩阵都通过一致性检验后，进行层次总排序，求出各指标的最终权重并显示，如图 7-6 (d) 所示。

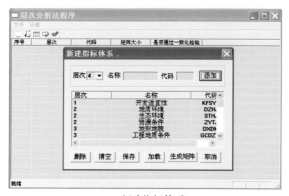

(a) 新建指标体系

(b) 选择判断矩阵指标

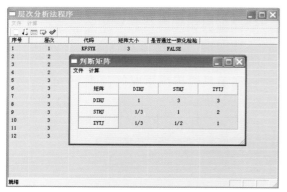

(c) 层次单排序

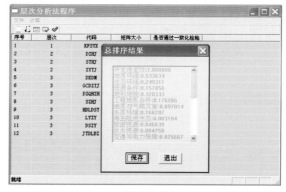

(d) 层次总排序

图7-6 层次分析法界面

7.2.3.2 熵值法

按照输入样本数据类型不同，熵值法所采取的操作不同。

当样本数据为文本类型时，其主界面如图 7-7 所示。主界面中，表格横行题头为指标代码，纵行题头为样本名称。可以手动输入样本数据，也可以加载样本文件，计算权重后显示在右侧文本框内，可导出成文本格式权重文件。

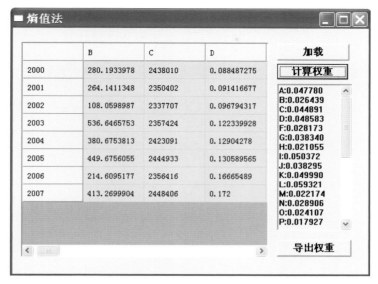

图7-7　熵值法主界面（文本数据）

当样本数据为图层时，其主界面如图 7-8 所示。主界面中，表格横行题头为指标信息，包括序号、名称、代码、路径、属性、权重。可以手动输入指标信息及数据，也可以加载指标栅格文件，计算出权重后显示在列表框内，可导出成文本格式权重文件。

图7-8　熵值法主界面（栅格数据）

7.2.4　专题评价

海岛规划管理与信息服务系统实现的专题评价模块主要包括功能定位、开发适宜性评价、健康评价和承载力分析等。由于基于通用的模块开展指标加载、权重计算和评价模型计算，各专题评价模块的流程和界面类似。

在专题评价之前，首先要建立指标体系（图 7-9）。指标体系建立完成之后，可保存到数据库或者配置文件，在需要的时候通过加载指标体系的方式获得。

在专题评价过程中，首先利用层次分析法或者熵值法确定指标权重。然后，根据评价区域（如全区或分区）采用不同的方式进行指标数据赋值和评价计算。

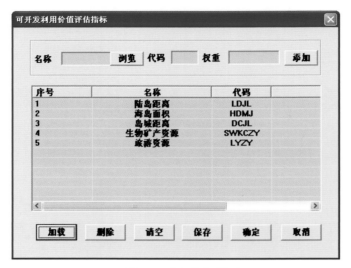

图7-9　建立指标体系

基于全区评价的海岛功能定位界面如图 7-10 所示。图 7-10 (a) 中，表格横行题头为指标代码，纵行题头为用于功能定位的海岛名称。针对每一类海岛分别进行指标打分，计算综合指标值，通过设定阈值初步判定保留类海岛。确定海岛保留后，计算海岛待定位功能的综合指标值，通过优先性排序，得到海岛最适宜性功能 [图 7-10 (b)]。

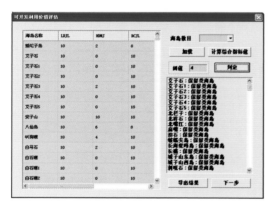

(a) 判定保留类海岛

(b) 功能定位评价结果

图7-10　海岛功能定位（全区评价）

基于分区评价的指标体系赋值和模型计算如图 7-11 所示，适用于海岛适宜性评价、健康评价和承载力分析等专题评价模块。

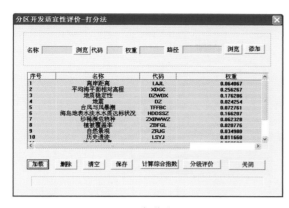
(a) 打分法

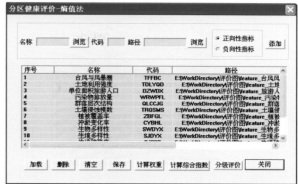
(b) 熵值法

图7-11　基于分区评价的指标体系赋值

7.3　小　结

本章基于多源、异构、海量、动态的海岛规划综合数据，依据海岛生态系统数据的空间特征和属性信息，按照统一的标准对海岛规划管理数据库的逻辑结构进行设计，并且基于PostgreSQL 数据库平台对海岛规划管理数据库进行建设；建立了海岛规划评价模型，开展了海岛数据处理分析和综合评价，是海岛规划和管理科学决策的重要手段。对海岛规划管理数据进行空间分析、评估预测和专题制图，为海岛规划管理工作提供高效、便捷的辅助决策支撑，将对充分了解海岛基本信息，制定科学合理的决策具有重要意义。

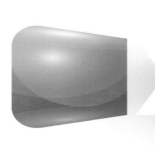

第 3 篇 应用篇

第8章　海岛保护与利用规划编制示范

8.1　河北唐山湾泥沙岛岛群示范区规划研究

8.1.1　规划总纲

8.1.1.1　规划背景与工作内容

随着《国务院关于加快发展旅游业的意见》《国务院关于推进海南国际旅游岛建设发展的若干意见》《海岛保护法》以及国家一系列促进海岛经济社会发展政策措施的公布与出台，海岛旅游发展前景引起社会各界关注，我国海岛的保护、利用与管理迎来一个全新的时期。

唐山湾三岛地处乐亭县，从宏观区位来看，唐山湾三岛位于东北亚休闲圈中草原生态休闲带、陆地自然生态休闲带与海岛休闲带的环抱之中。其中三岛位于的环渤海沿岸位于东北亚海陆休闲旅游版块融汇点，旅游区位优势明显。唐山三岛拥有丰富的人文、自然景观资源，具备滨海旅游的 4S 特征。本研究通过野外实际调查与资料收集分析，确定唐山湾三岛以旅游用岛和自然保护为主导功能用途。

由于海岛、滨海资源是稀缺资源，而且并非所有滨海、海岛都可以开发成休闲度假旅游区。为了规范我国海岛的保护与利用，国家确立了"规划先行、永续利用"的总体指导方针，海岛旅游开发必须贯彻保护与开发并举、开发服从保护原则，把生态环境保护放在更加突出的位置。无论是已经开发、正在开发还是尚未开发的海岛旅游，都必须坚持生态环境保护第一。任何海岛开发旅游，都要科学规划，完整规划，要提高规划水平和规划的可操作性。

8.1.1.2　规划目标

唐山湾岛群以旅游为主导功能，建设成为国内无居民海岛保护利用的典范，打造成无居民海岛生态建设的成功样板，形成无居民海岛旅游开发的"唐三岛"模式。

8.1.1.3　规划原则

（1）保护优先，永续利用

海岛是稀缺性的重要战略资源，生态敏感性较强。应将保护海岛资源及其生态系统放到重要地位，在开发利用过程中也应注重生态环境保护，最大限度降低对生态环境的负面影响，以实现海岛资源的永续利用。

（2）科学规划，合理开发

海岛开发和保护工作是一项长期的系统工程，应对海岛进行科学规划，妥善处理近期与长远利益之间的关系，既结合当前实际进行开发和保护，又为长远发展留有余地、提供空间。

（3）因岛制宜，分类引导

由于海岛地域分布、自然成因、外部环境的不同，资源禀赋差异较大，海岛功能呈现多样化特性。根据个体海岛特色，按照功能用途的不同，实施差异化开发和保护，最大限度地提高海岛资源利用价值。

（4）海陆联动，区域统筹

海岛与其周边海陆之间的关系紧密、互为影响。在实施海岛的开发利用或保护过程中，应妥善处理相邻岛屿之间、岛屿与大陆之间、岛屿与海域之间的关系，统筹考虑、整体实施，实现有效开发和保护。

8.1.2　基本情况分析

8.1.2.1　规划区位置、范围

唐山湾三岛位于河北省唐山市东南面滨海处，乐亭县境内（图8-1），至乐亭县城39.3 km，距北京280 km，距天津220 km，距唐山75 km，距秦皇岛85 km，环抱在京、津、唐、秦四市之中，地理位置优越。规划区域中的无居民海岛包括三大海岛：打网岗岛（祥云岛）、月坨岛（月岛）和石臼坨岛（菩提岛），三大岛屿总面积39.76 km²，其中打网岗岛（祥云岛）22.73 km²，月坨岛（月岛）11.96 km²，石臼坨岛（菩提岛）5.07 km²。

图8-1　唐山湾泥沙岛岛群地理位置与范围

8.1.2.2 岛群资源与环境

（1）地质条件

1）地层岩性

据河北省区域地质志，打网岗岛第四系地层厚度为 580 m 左右，主要由海陆交互沉积而成，各层之间沉积连续，由上至下分述如下。

0 ～ 26.0 m 为全新统（Q4）海相沉积形成的粉质黏土、粉砂、粉细砂、细砂层；26.0 ～ 160.0 m 为上更新统（Q3）海相沉积的粉细砂、粉质黏土互层；160 ～ 300 m 为中更新统（Q2）海陆及湖相沉积，主要岩性为细砂、黏土互层；300 ～ 580 m 为下更新统（Q1）湖相沉积及陆相冲积而成，主要岩性为细砂与黏土互层。

其下为上第三系明化镇组（N2m）砂砾岩、砂岩及砂质泥岩，顶板埋深 580 m 左右。上第三系底界埋深约为 1 200 m。下第三系底界埋深约为 2 000 m，基底地层为中生界（M2—未分）地层。

2）地质构造与区域地壳稳定性

① 地质构造：海岛基底构造位于中朝准地台华北拗陷（Ⅱ级构造单元）渤中断凸（Ⅳ级构造单元）之上，区域主要断裂构造有宁河—昌黎断裂、滦县—乐亭断裂、柏各庄断裂、唐山断裂、渤中断裂等，海岛内断裂构造不发育。

② 区域地壳稳定性：海岛区位于 NE 向华北平原唐山—河间—邢台地震带与 NW 向张家口—蓬莱地震构造带交会部位。本区抗震设防烈度为 7 度，设计地震分组为第一组，为区域地壳较稳定区。

3）工程地质条件

规划区地质构造属华北断块，地壳结构与整个华北断块地壳结构基本相同。

4）水文地质条件

海岛区处滨海平原成水分布区，咸水底界埋深 137 m 左右，属滨海冲积海积低平原水文地质区。本区第Ⅳ含水层埋藏较深，尚处于未开发状态。但海岛区浅层水为咸水，且水位埋深较浅，对工程施工构成了影响，评估区水文地质条件较差。

5）人类工程活动对地质环境的影响

海岛区为规划用地，无地下采掘活动。评估区周边人类工程活动较弱，人为活动对地质环境影响较弱。

（2）地形地貌

乐亭县海域为单调的水下三角洲，其边缘可达 20 m 等深线附近。

规划区内用地以岛屿和国有滩涂为主，地处华北断块内东北部，境地内部主要为中生界、新生界沉积层。地面为燕山褶皱带南缘、渤海北岸滨海平原，其平原为滦河冲积扇和滨海平原两部分所组成。北部平原成土母质为滦河冲击物，南部沿海平原为海相沉积物，两者之间淤积物呈交错沉积。基岩埋深 800 ～ 1 000 m。

（3）气候

唐山湾三岛属暖温带滨海半湿润大陆性季风气候，盛行东风和东南风，暖热多雨，四季分明。冬季寒冷干燥，雨量稀少。春季气温回升较快，降水稀少，常有大风天气。夏季天气闷热多雨。秋季天气晴朗，秋高气爽。年平均日照时间为 2 579.1 h，日照百分率达 58%，太阳辐射年总量约为 505 kJ/cm²。

全年平均气温 10.7℃，最热月（7 月）平均气温 24.8℃。多年平均降水量达 613.2 mm，主要集中在夏秋雨季。多年平均霜期 188 d，无霜期 177 d。夏季盛行东北偏北风，冬季多西北偏西风，最大风速达 26 m/s。

年平均大气压力 1 016.3 hPa。1957—2004 年年平均降水量 570.1 mm，全年雨量分布不均，降水多集中在 6—9 月，约占全年降雨量的 70%。年最大降水量 982.4 mm（1964年），年最小降水量 285.8 mm（2002 年），其中日最大降水量 234.7 mm。多年平均蒸发量 1 634 mm，4—6 月份蒸发量最大，无霜期 180 d。主导风向受季风控制，年平均风速 3.6 m/s，全年最多风向频率 ENE，约占 9%。最热月月平均相对湿度 82%，最冷月月平均相对湿度 56%。

当年 12 月至翌年 3 月为冰冻期。标准冻结深度 0.8 mm。最大积雪深度 18 cm。

（4）周边海域生态

三岛海域位于渤海北部靠西岸，东北接昌黎海域，距秦皇岛港 64 n mile；西南与滦南海域为邻，距天津新港 70 n mile；南与山东半岛的九龙、烟台相望，位置优越。陆地海岸线东起滦河口，由东向西依次有稻子沟、二滦河、老米沟、长河、新河、大清河等入海口。海岸线比较平直，属砂质岸，全长 98.2 km，其中淤泥岸线 23.8 km，砂质岸线 74.4 km。沿海岛屿 62 个，岛屿岸线总长 125.3 km。

海滨自然生态环境有两种类型：一种是沿岸低洼荒地和盐碱地，以生长芦苇、碱蒿等耐盐碱植物为主的生态环境；另一种是处于高潮线上下的滩涂浅海及岛屿生态环境。浅海滩涂广阔，总面积约 20×10⁴ hm²。

（5）海岛资源条件

1）土地资源

唐山湾三岛无居民海岛现状土地利用以滩涂和岛屿为主，现状用岛情况还包括三岛的旅游服务设施用地、石臼坨岛（菩提岛）的生态保护绿地、月坨岛（月岛）的人工绿地。大清河、小河子流经唐山湾三岛。

2）生态资源

① 植物资源：三岛现状植物资源主要集中于石臼坨岛（菩提岛）和月坨岛（月岛）中部地区。

主要分布的有酸枣、杜梨、洋槐、朴树、野葡萄等，人工栽培的有杏、梨、桃、葡萄、苹果等；花草有蔷薇、芍药、山竹、萱莲等；野生药材有白芨、黄精、野菊、枸杞等。海巾草为岛上特产。岛南部有苇塘，生长芦苇，周边有盐蓿等耐盐植物。此外岛上还有菩提树、酸枣王、木丝棉、古榆、黄精、白苇、荻草等在黄河以北极为少见的植物。

② 动物资源：规划区内动物资源丰富，主要分为鱼类、鸟类及野生动物。野生动物常见的有蛇、野鸡、野兔及季节性鸟类。鸟类就有 400 多种，主要有啄木鸟、鹌鹑、柳莺、麻雀、金腰燕、海鸥、野鸭、红喉潜鸟等。珍奇鸟类纷飞其中，国家一、二级鸟类 60 多种，世界上存量极少的黑嘴鸥、半蹼鹬、短尾信天翁等在此常见。

渔业资源丰富，拥有许多鱼，虾，蟹，贝类的海洋及淡水动物。

③ 滩涂资源：滩涂用地 2 386.97 hm²，主要在三岛的分布状况见表 8-1。

表8-1　三岛滩涂用地分布状况

所在岛屿	面积（hm²）	占岛百分比（%）	具体位置
石臼坨岛	299.40	59.05	石臼坨岛西部
月坨岛	429.35	35.90	月坨岛西部、四周皆有
打网岗岛	1 656.33	72.87	打网岗岛中部

④ 海洋化学资源：唐山湾三岛海区海水的溶解氧丰富，pH 适中，营养盐充足，符合《海水水质标准》（GB 3097—1997）Ⅱ类海水水质标准，是海洋生物生长、繁殖、栖息的良好场所，具备了发展水产养殖，建立海洋牧场的优越条件。同时，本区海水硅、磷、氮等营养盐比较丰富，可满足浮游藻类的需要。

3）旅游资源

依据《旅游资源分类、调查与评价》（GB/T 18972—2003），对唐山湾三岛旅游区旅游资源进行分类，结果见表 8-2。

表8-2　唐山湾三岛旅游区主要旅游资源分类表

大类	主类	亚类	基本类型	资源名称
自然景系	地文景观	岛礁	岛区	石臼坨岛
				金沙岛
				月坨岛
		地质地貌过程形迹	岸滩	石臼列岛，沿岸复式海岸线
	生物景观	草原与草地	草地	石臼坨岛草甸
		野生动物栖息地	鸟类栖息地	石臼坨岛等
	水域风光	泉	地热与温泉	王滩温泉
		河口与海面	观光游憩海域	新戴河旅游区
人文景系	建筑与设施	综合人文旅游地	宗教与祭祀活动场所	潮音寺
		交通建筑	港口渡口与码头	北港码头

4）能源资源

唐山湾三岛年平均风速 5.2 m/s，高于大陆沿岸的 4.5 ～ 5.0 m/s 平均风速，全年有效风速 3 ～ 20 m/s，出现时数为 7 360 h，占全年总时数的 84%。年有效风能密度 199 W/m²。

唐山湾三岛大部分地段位于异常区内。其地热属非火山型地热资源，蕴藏有丰富的水温在七八十摄氏度、拥有丰富的矿物质以及微量元素的温泉资源。温泉水中硫化氢含量较高，对人的皮肤、心血管、呼吸系统、神经系统和肾功能皆有良好作用。

8.1.2　海岛开发利用价值分析与功能定位规划

从岛群生态敏感性、资源价值、交通条件、用地条件等进行分析，在分析的基础上，对岛群的功能定位、产业定位和海岛定位进行规划。

8.1.2.1　岛群开发利用价值分析

（1）岛群用地条件评价

唐山湾三岛旅游区用地条件较好，主要体现在以下方面。

唐山湾三岛现状用地以岛屿和国有滩涂为主，用地成本低。

地形以平原地形为主，有利于交通设施、基础设施、工程设施、建筑设施等建设。

岛内适宜建设区和已建成区面积较大，可利用土地充足。

岛内生态环境较好，拥有地表水域、湿地、林地等天然生态系统，岸线资源丰富，沙滩景观较好，适宜旅游开发。

（2）岛群生态敏感评价

1）海岛生态条件

唐山湾三岛皆为沙岛，地形单调，土壤类型比较简单，而且岛上多盐碱地，除石臼坨岛（菩提岛）外的岛屿野生植物生长的自然环境状况较差。

三岛区域常年风速较大，大气降水集中，海拔较低，易有涝渍灾害，部分区域常年受海潮侵蚀或淹没，岛陆生态环境恶劣。

唐山湾三岛抵御自然灾害能力较弱，海岛生境类型单一。岛上的物种来源少，生态脆弱，不利于整体层面的植被生态优化。

海岛植被现状普遍存在绿化层次不清晰、植物景观季相变化不明显、色彩单调的特点。植被恢复过程缓慢，对海岛生态系统的稳定和发展构成影响。

受地貌、土壤和地下水影响，使得三岛（尤其体现在石臼坨岛和月坨岛）形成了较为多样的植被类型：盐生植被、灌草丛和草丛植被、沼生植被、滨海砂生植被等，陆域植被总覆盖率达 89%。

三岛区域受地理条件所限，地形单调，不利野生动物栖息。唐山湾三岛野生动物种类单一，石臼坨岛（菩提岛）鸟类众多。

由于三岛坑塘较多，有利于淡水鱼蟹和苇蒲等野生动植物生长。海岸线长，海洋鱼虾蟹种类繁多。

2）生态敏感性评价

海岛生态环境敏感性评价应用定性与定量相结合的方法进行，结合实地调查数据，结合遥感数据、地理信息系统技术及空间模拟等先进方法与技术手段进行叠加分析，绘制海岛生态环境敏感性空间分布图，对所评价的生态环境问题划分出不同级别的敏感区，并在各种生态环境问题敏感性分布的基础上，进行区域生态环境敏感性综合分区。通过生态敏感性分析，将三岛旅游区生态敏感性分为三个等级，即高敏感性、中敏感性、低敏感性（图 8-2）。

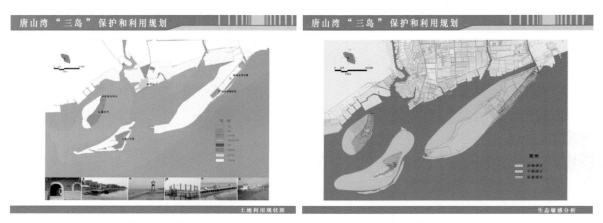

图8-2　唐山湾三岛用地条件（左）和生态敏感性评价结果（右）

（3）交通条件评价

唐山湾三岛旅游区的现状交通条件较差，无法满足旅游区未来发展。从外部联系来看，仅祥云岛与大陆相接，游客通往该岛可以采用陆路或水路方式，月岛和菩提岛则通过水路方式可达。从岛上内部交通来看，由于长期以来人类活动较少，岛上内部交通网络基本未形成，需要对岛上交通进行规划以适应旅游业的发展。

（4）岛群资源价值评价

1）海岛：独特的海滨海岛资源

三岛旅游区拥有独特的海滨海岛旅游资源，岛屿长链般散落于渤海中，形成世界罕见的复式双道海岸线壮丽景观。祥云岛、月岛、菩提岛三岛隔海相望，形态各异。其中，祥云岛状若保龄球形，是我国最大的由河流和海汐冲积而成的细沙岛屿。菩提岛是华北第一大岛。月岛因形似弯月而得名。

三个岛屿各具特色，可以形成不同主题的旅游功能和开发模式，适宜开展海滨旅游、海岛旅游、生态旅游。

2）沙滩资源：优良的海滨浴场

连绵的沙滩、海岸线是三岛地区旅游开发无可替代的宝贵资源。祥云岛海岸线长26 494 m，陆地海拔高度3～5 m，海岸属优质天然细沙地质，海岸延伸入海坡度平缓，海水水质一级，能见度3 m左右，是优良的天然海滨浴场。月岛岛上沙丘松软，滩缓潮平，沙阜隆起，连绵起伏，在岛南形成一条长达5 km的沙滩；环岛海滩素洁坦阔，沙质洁净，海水清碧，深度适宜，是天然良好浴场之所在。

宜人的海岛气候，优良的海滨浴场，是发展高端休闲度假产品的理想之地。

3）生物资源：植被广覆，充满野趣

菩提岛有各种植物260多种，更有大片菩提树林，自然植被覆盖率98%以上，有"孤悬于海上的天然动植物园"之美誉。月岛绿荫植被广覆，环境幽静，野生禽鸟、小型兽类繁多，几近封闭的自然环境从未遭到人为的干扰与破坏，充满野趣和情致。

未受人为干扰的生物资源为三岛旅游开发提供了优秀的绿色资源，适宜开发生态旅游、绿色旅游、养生旅游，为处于快节奏生活的城市人提供了一处绝佳的养生休闲之所。

4）地热温泉：储藏丰富，水质优良

三岛旅游区蕴藏丰富的地热资源，地热水质优良，储量充足，含大量的钾、钠、钙、银等矿物质，水温一般在 70℃左右，具有良好的利用价值，开发温泉旅游项目得天独厚。

5）人文历史景观：寺庙观堂，佛教古迹

乐亭历史悠久，文化底蕴深厚。三岛地区荟萃了丰富的人文历史景观，其中尤以佛教建筑景观最为出众。位于石臼坨岛（菩提岛）的潮音寺为清末僧人法本所建，全院建有佛殿三层，雕梁画栋，流光溢彩，围墙雕有千身罗汉，各具风韵，是三岛旅游区重要的人文旅游资源。

8.1.2.2 岛群规划功能定位规划

（1）功能导向

功能定位：唐山湾三岛以旅游和自然保护用岛为主导方向，同时兼顾三岛其他经济产业发展。

目前，唐山湾三岛产业发展主要有旅游业、海洋渔业、滩涂养殖等。旅游业，以观光游览型为主的旅游产品（如沙滩浴场、出海渔猎、酒店度假、生态观光等），开发档次较低，缺乏体验型旅游产品。海洋渔业，唐山湾三岛海区海水条件良好，是海洋生物生长、繁殖、栖息的良好场所，具备发展水产养殖，建立海洋牧场的优越条件。

结合唐山湾三岛资源价值评价，可知唐山湾三岛拥有丰富的自然资源，岛屿、沙滩、游憩海域、地热温泉、原生态景观等是三岛主打资源，其中观光游憩海域、海岛景观、温泉资源在京津冀地区具有较强的垄断性，具有发展海岛旅游的天然优势，因此，三岛开发利用方向为旅游用岛。

（2）产业发展规划

唐山湾三岛致力于打造蓝色海洋经济，依托海岛资源（包括内海、外海）禀赋，发展以海洋海岛旅游业为核心，以海洋新兴产业、现代渔业、旅游地产、海洋餐饮业、会展业为重点的海岛产业体系。

1）海洋海岛旅游业

唐山湾三岛依托打网岗岛（祥云岛）、石臼坨岛（菩提岛）、月坨岛（月岛）三大海岛，充分利用各海岛优势资源，采取差异化、主题化海岛旅游发展模式，分别形成大众娱乐、商务休闲岛，中国生态文化主题岛，世界海洋风情主题岛，大力发展以假日休闲、文化休闲和商务休闲为先导，以滨海生态观光、海洋休闲渔业、海岛分时度假等为支撑，以海湾生态基础设施和旅游基础设施建设为基础，将海岛建成面向东北亚的国际海岛休闲度假中心。

2）海洋新兴产业

唐山湾三岛将依托丰富的风力、潮汐资源、地热资源以及太阳能资源条件，科学开发海洋新能源，加快实施风力发电等项目，加快太阳能发电项目的研究与利用，还将实施海岛海水淡化和综合利用项目，扩大海水直接利用比重和范围。

还将加强海洋生物产业的基础研究和应用研究，改造与提升现状海水养殖与滩涂养殖，不断调整和优化养殖品种结构，加强优良品种引进、繁育与推广；建设水产良种场建设，积极与科研院校合作，开展特色物种选育；开展贝类苗种自然增殖和人工繁育基地建设。

3）现代渔业

唐山湾三岛将大力发展海水低碳养殖业，大力加强远洋捕捞业，逐步提高生态循环养殖规模，提高远洋渔业占三岛渔业总产值的比重。

4）旅游地产

唐山湾三岛将充分利用京津冀经济圈效益，大力发展海景房产、海岛房产、生态房产、度假房产建设。将通过统一规划，重点在打网岗岛、石臼坨岛西部、月坨岛东部建设旅游地产。

5）海洋餐饮业

唐山湾三岛将大力发展海鲜餐饮业。加快建设上规模、上档次的海鲜餐饮酒店，有序发展海鲜排档小吃，加快形成餐饮硬件设施高、中、低档系列齐全的格局；挖掘海鲜餐饮菜肴品种，形成特色鲜明、风味独特的海鲜菜肴系列；将餐饮与旅游、餐饮与渔业互动，加大宣传促销力度，打响唐山湾三岛海鲜餐饮品牌。

6）会展业

唐山湾三岛将大力发展会展业，积极承办旅游、商务、海洋、海岛、企业等相关会议会展，逐步提高三岛论坛、会展、会议举办水平，不断壮大会展规模，扩大在京津冀地区的会展知名度。

7）目标市场

以京津冀地区作为核心市场，依托"海岛资源＋温泉资源"的组合资源在该地区具有一定的垄断性优势；以山西省、河南省、山东省、东北地区等周边省市、地区作为基本市场，依托海岛资源、生态资源、温泉资源以及节事资源，主要开展海岛海洋旅游、休闲度假旅游、生态旅游、节事旅游为主的旅游方式，以国内其他客源地作为机会市场（三级市场），依托节庆、会展、会议等事件性旅游，提高唐山湾三岛的知名度和美誉度，吸引该层次游客。

以港澳台、日本、韩国、俄罗斯等客源地（国）作为一级市场，针对性提供有特色的旅游产品，发展海岛旅游、温泉旅游、生态旅游、文化旅游，争夺国际客源市场份额。以东南亚、欧美市场作为第二市场，发挥毗邻北京、天津等国内重要目的地城市的优势，与京津开展旅游合作，突出差异化旅游定位，提供海岛旅游、海洋旅游、文化旅游等特色旅游产品，吸引该部分市场。

（3）岛群功能定位

依据《唐山湾"三岛"海岛开发利用方案》，将三个岛分区细分如下。

1）打网岗岛（祥云岛）片区

该岛功能定位为"乐"——大众娱乐与商务休闲岛。岛屿总面积 22.73 km²。旅游产品侧重商务会展与大众海岛休闲产品的开发，避免旅游功能区开发同质化，应形成错落有致、客群层次分明的区块定位。

2）月坨岛（月岛）片区

海岛功能定位为"养"——世界海洋风情主题岛，岛屿面积 11.96 km²。以高端海岛娱乐休闲和运动设施为开发主题，开发高品质旅游产品和配套设施；避免大型人造景点及设施的开发，应着力突出高端动感海岛的主题定位。

3）石臼坨岛（菩提岛）片区

海岛功能定位为"修"——中国生态文化主题岛，规划面积 5.07 km²。开发侧重于生态保护和高端体验，挖掘岛内的生态与文化资源，形成高端的养身养心圣地。因此，石臼坨岛（菩提岛）产品将以自然生态体验与文化观览为主，遵循高端和私密的低密度开发原则。

8.1.3　海岛空间管制分析与规划

根据适宜性开发相关理论与方法，建立海岛旅游开发适宜性指标体系，运用加权综合评价法与 GIS 空间分析方法，进行唐山湾三岛旅游开发适宜性评价，在开发适宜性分析基础上，提出海岛分区管制规划，并进一步确定唐山湾三岛保护性开发的功能分区以及六线控制体系。同时，综合考虑内外因素，如三岛资源差异、可利用资源、市场需求等等，对三岛旅游特色分区、空间结构、土地利用等作出科学规划。基于客源市场的定位与预测，并指导三岛配套设施、基础设施等建设规模。

8.1.3.1　旅游开发适宜性分析

（1）评价方法

根据本研究的有关成果，利用唐山湾三岛 2010 年航空影像，影像资料像元大小为 0.5 m×0.5 m，在 GPS 支持下，结合实地考察和收集到资料，建立起地物原型与卫星影像之间的解译标志，通过监督分类和人工解译相结合分类，解译出评价区的土地类型情况。

根据唐山湾三岛海岛特点，将海岛旅游开发适宜性评价指标体系分为 4 个等级：目标层、制约层、要素层和指标层，共 15 个因子。综合考虑开发经济性、开发安全性、生态敏感性、生态保护等因素，如海岛及周边区域的生态系统（土壤敏感性、生态系统敏感性等）、自然环境（地形、地貌、自然灾害、植被盖度、海洋水文）、资源承载力（自然资源、土地资源）、旅游开发价值（文化历史价值、娱乐体验价值、康体疗养价值）、社会经济（经济发展、区位交通、潜在市场、基础设施、食宿条件）、防灾安全（自然灾害、安全性）等方面。

在 ArcGIS 地理信息系统软件的支持下，通过建模将各影响因子图进行空间叠加，得到开发适宜性评价区，过程大致可分为以下三个部分。

① 应用遥感技术进行唐山湾三岛遥感解译，采用复合解译方法，提取土地类型的基本信息，结合 GIS 技术对其进行数字化及建立属性数据库。

② 评价因子赋值及栅格化。将选取的所有评价因子在属性表中赋值。由于图层计算中使用的主要是栅格数据，因此在计算过程中需运用数据转换功能将数据栅格化。

③ 叠加图形计算与输出。通过运行上述计算过程，得到唐山湾三岛旅游开发适宜性叠加图，直观地表现了区域内各部分的开发适宜性差异。

（2）开发适宜性评价

通过对海岛旅游开发适宜性评价计算，理论分值区间在 1 ～ 5 分，即最低分数为 1 分，最高分值为 5 分，但是在实际中，最低分值与最高分值是难以达到的。参考《自然保护区类型与级别划分原则》（GB/T 14529—1993）标准，借鉴吴楚材（2003）森林旅游资源的分级研究成果，并结合海岛的实际情况，进行总体适宜性等级划分。

分值不小于 4.5 分的，表明适宜旅游开发。资源价值突出，具有世界意义，物种极为丰富，观赏性极高；旅游基础设施很完善，具有很好的开发条件；市场潜力很大，对国内外游客有强烈吸引力，具有广阔的客源市场和巨大的经济效益。

分值在 3.5 ～ 4.5 分之间，表明较适宜旅游开发。资源价值突出，其价值具有全国意义，物种丰富；旅游基础设施完善，具有较好的开发条件；对国内游客有强烈吸引力；市场潜力大，具有较大的客源市场和经济效益。

分值在 2.5 ～ 3.5 分之间，表明勉强适宜旅游开发。资源价值一般，物种一般，其价值具有省级意义；旅游基础设施一般，开发条件尚不完善；市场潜力一般，对省域内游客有强烈吸引力。

分值在 1.5 ～ 2.5 分之间，表明较不适宜旅游开发。资源价值一般，物种较少，其价值在本地区域较大；旅游基础设施不完善，开发条件不高；对本区域内游客有吸引力。生态环境较脆弱。

分值不大于 1.5 分的，表明不适宜旅游开发。

（3）开发适宜性结论

通过开发适宜性分析，得出唐山湾三岛适宜旅游开发。其资源价值较突出，具有一定独特性，是北方高纬度稀缺的海岛资源，沙滩资源优质，海水清澈，生态资源优越，动植物资源丰富，植被覆盖率高，人文资源底蕴深厚，具有开发旅游的基础条件。区位条件好，可依托环渤海、京津、东北亚等休闲圈，对国内外市场具有吸引力。综上所述，唐山湾三岛适宜旅游开发。

8.1.3.2　空间管制规划

根据三岛建设用地适宜性评价结果，结合发展目标和规模，划定唐山湾三岛的禁止开发区、限制开发区、适度利用区、重点开发区，并分别制定空间管制、资源保护措施（表 8-3，图 8-3）。

表8-3　唐山湾三岛四区划定及管制策略

四区	管制策略
禁止开发区	作为生态培育、生态建设的首选地，应对区内生态环境实施严格保护，实施严格的生态保育政策，除区域性重大市政基础设施建设外原则上禁止任何建设行为，任何不符合资源环境保护要求的建筑必须限期搬迁
限制开发区	作为海岛生态系统的主要组成部分，是直接服务于三岛的生态空间，除市政基础设施和公益性项目以外，原则上禁止大规模建设开发
适度利用区	适建区应严格按照规划的范围、性质、规模、发展方向及控制指标、规划设计条件和环境要求进行开发建设。其建设不得损坏生态敏感区的环境和景观。建设须因地制宜，充分利用地形地貌及现状资源条件
重点开发区	应以提高土地利用率和生产效益为主。重点优先开发区内的未利用土地（包括弃置地），对影响三岛整体功能发挥的用地进行功能转换

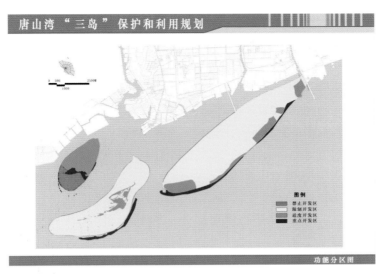

图8-3　唐山湾岛群功能分区规划

（1）禁止开发区

禁止开发区，位于石臼坨岛南部，面积为 0.35 km²，占岛总面积的 21.10%，是石臼坨诸岛省级鸟类自然保护区的一部分。保护区成立于 2002 年 5 月 1 日，以海洋生态系统及鸟类为主要保护对象。

结合唐山湾三岛旅游区旅游资源的类型、特质及分布，基于各类旅游资源保护的特殊性，开展旅游资源的有目的性保护，将三岛旅游区划分为沙滩保护区、岸线保护区域、植被景观保护区域、人文景观保护区域、地热温泉保护区域 5 种类型，此 5 种类型资源作为三岛旅游区的旅游发展的核心吸引物，在旅游开发过程中应当进行重点保护与培育（表 8-4）。

表8-4　三岛重点保护区域划分

重点保护区域	分布	保护类型
沙滩保护区域	广泛分布于三岛	沙滩资源保护
岸线保护区域	广泛分布于三岛	海岛岸线、轮廓保护
植被景观保护区域	石臼坨岛（菩提岛）、月坨岛（月岛）中部地区	植被群落自然生态保护
人文景观保护区域	石臼坨岛（菩提岛），以潮音寺、朝阳庵为主	古迹、遗迹、人文建筑保护
地热温泉保护区域	广泛分布于三岛	温泉

（2）适宜建设区

1）重点开发区

包括石臼坨岛东南部沿海地带与中部小块区域、月坨岛沿海地区及其周边小部分区域以及打网岗岛沿海地区，面积分别为 0.21 km²、0.29 km²、0.35 km²，占各岛总面积的 6.16%、2.93% 和 1.57%。分区结果显示三岛的重点开发区面积较小且主要分布在沿海区域。这是因为三岛是华北地区海岛旅游的主要目的地、而滨海区域无论从自然环境、旅游资源还是现有开发密度都很高，因此旅游开发的适宜性程度较高。该区域是今后海岛旅游发展的重点区域，应据其自身特点开发配套旅游项目。

石臼坨岛重点开发区：位于石臼坨岛东南部沿海区域，交通便利，旅游设施较完善，环岛公路等建设项目已完成。该区现主要以赶海活动、观鸟类产品为主的海岛生态观光为主要旅游功能。由于石臼坨岛主要以生态旅游为主，今后可在石臼坨岛南侧营造弧形沙滩，适宜沙滩慢跑、垂钓、瑜伽以及太极拳等让人心境舒缓平和的运动。中部区域现有特色景点为潮音寺、朝阳庵、四面八方佛塔、潮音寺等人文古迹，可重点发展以文化宗教为展示的相关产业。

月坨岛重点开发区：位于月坨岛东南部沿海及其附近小部分区域，此区域旅游设施完善。现已在此区域建设了情侣度假区，主题定位是突出沙滩、阳光、动感、体验等定位元素的情侣度假产业。主要项目有情人湾游艇度假区、旅游服务中心、旅游商业服务区、餐饮区等；同时也建设了凸显海洋运动与健康养生两大亮点主题的运动休闲产业。主要项目有沙滩摩托运动、红月亮广场、温泉养生会馆等。由于月坨岛沙滩条件极佳，可根据沙滩条件分区域开发。月坨岛西侧设定为高端酒店和高档度假村设置专属沙滩；月坨岛南侧，结合欧洲特色宿营地，功能定位为异国情调休闲度假。

打网岗岛重点开发区：位于打网岗岛沿海区，区域狭长，交通便利，旅游设施较完善。现主要以海水浴场开发为主，附近有温泉设施。打网岗岛南侧，是较为开阔的一段海滩，该段沙滩生态环境保存较好，滩面较为平坦，残留低缓沙丘，适合开展运动项目。根据其自身条件，今后可发展以体育为主题的旅游活动、如沙滩排球、沙滩足球等。

2）适度利用区

包括石臼坨岛北部、月坨岛中部以及打网岗岛沿岸部分区域。面积分别为 2.53 km²、0.94 km²、2.14 km²，占各岛总面积的 72.74%、9.30% 和 9.51%。分区结果显示适度开发区面积大小不一，但多分布在重点开发区附近，这是因为该区自然环境、旅游资源和开发条件一般、生态系统相对比较脆弱，但具有一定旅游开发价值，因此可开发建设一些永久性的设施，如宾馆、饭店、广场、道路、水源地等，为重点开发区的建设提供保障。但为了防止一些不可避免的干扰破坏，尤其是人类活动对环境的潜在影响，此区域内的活动也受到管制。在开发过程中要控制建设数量、规范标准，时刻关注正在进行的开发活动与其对环境的影响。

石臼坨岛适度利用区：石臼坨岛适度利用区面积占石臼坨岛总面积的一半以上。这部分区域自然条件、旅游资源适中。开在此区域建设以宗教为主题的酒店等基础设施，与石臼坨已有的登岛码头、旅游商业服务区等菩提岛旅游服务设施相衔接。

月坨岛适度利用区：月坨岛适度利用区面积适中。这部分地区植被覆盖率较高、景色优美，可配合月坨岛的开发主题建设特色宿营地、温泉养生会馆疗、疗养度假区等海滨高端休疗设施以及配套商业设施。

打网岗岛适度利用区：打网岗岛适度利用区面积与重点开发区相当。这部分区域地势平坦，紧邻海滨浴场，因此可建设与海水浴场配套的商业酒店等。特别是打网岗西部的金沙岛，与月坨岛隔海相望，现有景观环境优美，可在此区域建设高端海景酒店、酒店游艇码头、旅游商业服务区等。

3）限制开发区

包括月坨岛周边区域及其打网岗岛潟湖区域。面积分别为 8.85 km^2、19.98 km^2，占各岛总面积的 87.77%、88.92%。分区结果显示限制开发区面积很大，集中分布在岛的外部区域。这是因为此区自然环境较差，旅游资源一般或较少，开发条件不高，易受到人类活动干扰而难以恢复，海岛旅游开发的适宜性程度较差。因此应严格控制开发量，在不破坏生态环境的条件下有选择性地进行开发。开发活动以保护和生态修复为主，加强生态保护设施的建设。如在保护区域内现有植被资源的基础上，积极建设可增强生态自我平衡和修复的植被，加强生物物种的保护等。

石臼坨岛自然环境与旅游资源状况整体较好，因此无限制开发区。

月坨岛的限制开发区主要分布在周边海域。此处岸滩淤积严重，旅游资源较少。

打网岗岛的限制开发区分布在打网岗北部的潟湖区域。此处环境复杂、旅游资源很少，受潮汐影响较大，总体较不适宜开发。

8.1.3.3　六线控制体系

唐山湾岛群六线控制规划图如图 8-4 所示。

（1）绿线

生态保护绿地、防护绿地、公共绿地、道路绿地、附属绿地等划入绿线范围。其中，生态保护绿地、防护绿地、道路绿地等控制线属于绿线控制重点内容，应严格执行有关控制保护的规定。在旅游开发时，要尽量避开林地选择草地，如果非要占用林地的，则须占一补一，还要在海岛其他地方进行补偿性种植。

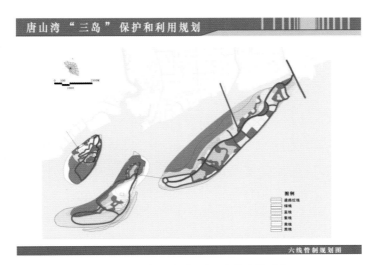

图8-4　唐山湾岛群六线控制规划

绿线划定标准如下。

大型岛屿沙质类型海岸按照从海水涨潮最高限起，向岸上延伸 100 ~ 200 m 的标准划定绿线；淤泥类型海岸按照从能够植树的地方起，向陆地延伸 100 m 的标准划定绿线；基岩类型海岸以临海一面坡为标准划定绿线。小型岛屿不低于 30 m。

高压线走廊 20 ～ 150 m 宽地面地段划定为灌木和草坪绿化带。

道路干线两侧分别划定 10 ～ 50 m 防护林带。

居住区绿地率控制不低于 35%。

公共设施用地绿地率控制不低于 30%。

对外交通用地绿地率控制不低于 25%。

市政设施用地绿地率控制不低于 35%。

（2）蓝线

三岛岸线、河、湿地等地表水体等划入蓝线范围。其中，岸线、湿地等控制线属于蓝线控制重点内容，应严格执行有关控制保护的规定。

原则上不得改变其原有的水域形态，不得减少水域面积。在蓝线控制区的陆域内不得建设除排涝必需的设施以外的任何其他建（构）筑物。滨水地区现状建设对水域及环境造成污染的必须迁出或逐步改造。

（3）紫线

本次规划中用于界定石臼坨岛（菩提岛）宗教设施的用地范围成为紫线。紫线控制核心是朝阳庵、潮音寺等设施用地范围。

紫线划定标准如下。

建筑群或成组的建筑：在现在围墙（或其他界线）以外 10 ～ 20 m 划定保护范围，保护范围外 50 ～ 200 m 划定建设控制地带。

单体古建筑：以该建筑基座底边外延 20 ～ 30 m 划定保护范围，保护范围外 50 ～ 100 m 划定建设控制地带。

（4）黄线

指基础设施规划控制黄线。海水处理厂、污水处理厂、垃圾中转站、变电所、沼气供气站、消防站等，按照规划严格控制用地范围，禁止随意变更用地规模和性质。

规划在打网岗岛、石臼坨岛、月坨岛各建设 1 处污水处理厂，并对其进行用地控制。

规划在月坨岛建设 1 处海水处理厂，并对其进行用地控制。

规划岛内建设 1 处垃圾中转站，并对其进行用地控制。

规划岛内设 1 座变电站，并对其进行用地控制。

规划打网岗岛、石臼坨岛、月坨岛各设置 1 处消防站，并对用地进行控制。

（5）红线

本次规划中用于界定道路和其他重要交通设施的用地范围线称为红线。红线控制的核心：一是控制道路和其他重要交通设施用地范围；二是控制各类红线沿线建（构）筑物的设置条件。其中主次干道道路红线不得随意调整，支路道路红线可以调整。

道路红线宽度划定标准如下。

海岛服务于机动车的交通性主干路道路红线一般以 24 ～ 36 m 为宜，交通流量较大的大型城镇、旅游岛屿可放宽到 50 m，次干道道路红线以 16 ～ 24 m 为宜。支路的宽度在 14 m 以下为宜。

建筑后退道路红线划定标准：沿主干路的各类建筑，后退距离应当不小于 15 m。沿支路的各类建筑后退距离应当不小于 8 m。沿一般道路的各类建筑后退距离应当不小于 5 m。道路交叉口的建筑，其后退距离还应当满足道路交通安全视距要求。

（6）黑线

规划用于界定市政公用设施用地范围的控制线。黑线导控的核心是控制各类市政公用设施、地面输送管廊的用地范围，以保证各类设施的正常运行。高压走廊、给水管走廊等基础设施走廊需按相应规范要求进行严格控制，任何建设不得占用。

黑线划定标准如下。

电力高压线两侧控制的宽度为高压走廊（黑线），在其控制的范围内不得建造永久性建筑。110 kV、220 kV 及以上的高压走廊，110 kV 控制宽度不小于 20 m、220 kV 控制宽度不小于 30 m。

8.1.4　海岛生态建设与保护规划

8.1.4.1　主要环境影响分析

（1）对海岛形态的影响

开发建设过程中，对海岛形态的影响主要包括房屋、道路等的建设。岛上房屋建筑占用海岛面积较小，建房过程中需要挖沟动土；道路建设将改变海岛局部的地形地貌；岛上其他建筑物和设施对海岛地形地貌也会产生局部的影响。

（2）对海岛资源的影响

项目开发对唐山湾三岛资源的影响对象主要包括海岛岛体（主要是土壤）资源、岸线资源、沙滩资源、植被资源、淡水资源。

（3）对海岛土壤的影响

土壤是岛陆动、植物生存的基础，是维持海岛生态系统的重要依托。项目开发可能会造成海岛水土流失，使一些肥沃的土地表层被侵蚀；项目运营期间，游客的增多也会造成海岛土壤透气性变差，生产力下降。一旦被大面积破坏，其植被群落的生存就要随之受到影响，短时间内难以恢复。

（4）对岸线的影响

项目对岸线资源的利用主要是港口配套设施，前期海岛开发利用未对岸线资源造成破坏性影响。

（5）对沙滩的影响

从目前海岛开发利用现状来看，以建筑物为主的旅游设施建设占据相应的沙滩资源，对沙滩资源造成一定负面影响。根据本规划，将对项目开发建设及旅游容量进行严格控制，因此遵照规划开展实施的旅游项目开发不包含沙滩的破坏性开发利用，对沙滩的影响较小。

（6）对植被的影响

唐山湾三岛拥有良好的植被资源，植被种类繁多，覆盖率高，菩提岛上更是拥有大片菩提树林，月岛几近封闭的环境更好地保护了天然植被资源。随着海岛的开发利用、人为干预的增加，游客活动可能会对海岛植被产生一定影响，并增加有害物种侵入的风险。

（7）对淡水资源的影响

根据给水规划，祥云岛、菩提岛淡水资源通过供水管道接自港城，月岛淡水资源采取地下水及海水淡化两种方式结合，因此，项目开发可能会对海岛淡水资源构成一定影响，依据规划及海水淡化技术的成熟将逐步降低对海岛淡水资源的负面影响。

8.1.4.2 自然生态建设与保护规划

（1）海岛生态功能区划

根据唐山湾三岛各岛生态特征、生态系统服务功能与生态敏感性空间分异规律，确定不同区块的主导生态功能，将唐山湾三岛旅游区划分为生态调节功能区、旅游生态功能区、渔业生态功能区 3 个功能区。

1）生态调节功能区

范围：主要位于石臼坨岛（菩提岛）东部区域。

主导功能：生物多样性保护。

主要生态问题：海岛开发，交通、水电等基础设施建设，外来物种入侵等，可能导致林地、湿地、滩涂等生物自然栖息地遭到破坏，生物多样性受到威胁。

生态保护和建设方向：防止旅游资源开发、旅游运营过程中产生的环境负面影响，对旅游资源进行整体规划和综合开发，开展以绿色、生态、低碳为主题的旅游方式，防止造成植被的破坏和旅游带来的环境污染。特别加强对石臼坨岛（菩提岛）、月坨岛（月岛）、打网岗岛（祥云岛）上植被资源和滩涂、湿地资源的保护，维护野生动物赖以生存的栖息环境，维持其良好的生态系统。

2）旅游生态功能区

范围：包括打网岗岛（祥云岛）、月坨岛（月岛）全部陆域部分，石臼坨岛（菩提岛）西部区域。

主导功能：旅游生态环境。

主要生态问题：海岛旅游开发与建设，游客、旅游从业者活动对唐山湾三岛生态环境形成一定压力，不合法的开发行为、不文明的游览行为、不守秩序的经营行为等都会对唐山湾三岛旅游区的生态环境产生负面影响。

生态保护和建设方向：加强唐山湾三岛生态环境、景观资源的建设，保护好唐山湾三岛现有旅游资源，同时防止旅游开发造成的生态环境污染。重点对海岛资源、沙滩岸线资源、生物资源、历史古迹、滩涂湿地资源、地热资源进行保护，确保三岛旅游资源的可持续利用。对现有破坏三岛旅游资源的旅游开发及设施的建设进行改造、拆除，严格按照规划所制定的控制方案进行旅游开发及建设。

3）渔业生态功能区

范围：周边海域。

主导功能：渔业养殖生态环境。

主要生态问题：水产养殖对海水质量、沉积物环境质量、生物质量造成一定影响。

生态保护和建设方向：协调好生态保护与经济建设之间的关系，重点发展特色水产品的养殖，培养优质品种，提高质量和产量，将其建成三岛重要的水产品供应基地。水产养殖要避开生态敏感区，避免过度使用饲料、药物。

（2）生态绿化规划

1）生态绿化网络

以《唐山湾三岛旅游区总体规划》提出的"一心、两核、三带、多楔"的"环楔－点网"绿地结构为基础，着手构建三岛地区绿地生态网络，将绿地建设和海岛植被修复有机结合，统筹安排绿地的空间布局，科学选择植物物种，有目的地营造乔－灌－草搭配的人工植被生态系统。建设临街绿化带和小型绿地公园，改善岛内环境质量。加大旅游区各单位内部绿地建设，提高绿地率和绿化覆盖率，新建各项设施必须将绿化率、绿化覆盖率等作为强制指标，随容积率一道作为土地出让和开发规划许可的先决条件，同时对在绿地建设方面有积极贡献的单位给予奖励和政策优惠。有条件的地方可以开展建筑屋顶绿化和立体绿化，拓展绿色空间，提升景区品味。

2）构建人工防护林体系

打网岗岛（祥云岛）和月坨岛（月岛）向海一侧常年受海风和海浪影响，植被低矮，岸线侵蚀，不利于海岛生态环境保护。因此拟在打网岗岛（祥云岛）和月坨岛（月岛）向海一侧滩涂适宜地段进行人工防护林建设，既可以减弱海风对岛上植被的影响，又可以护岸固沙、减缓海岸侵蚀，同时还能减轻台风、海啸、风暴潮等灾难性天气对海岛的破坏。拟建防护林自东至西横贯打网岗岛（祥云岛）和月坨岛（月岛）南部岸线，除个别自然条件不适宜的地段以及旅游开发的关键地段外，基本要做到全部覆盖。此外，为减少北部德龙钢厂、大唐电厂对三岛的空气污染和视觉污染，考虑在适宜地段种植防护林，改善海岛环境。

海岛生态环境较为恶劣，一般物种难以成活，因此当前最重要的是尽快探索适合在三岛地区生长的植物物种，以提高成活率。物种选择应多考虑本地乡土植物，降低成本，同时也要借鉴国内已有的海岛修复成功经验，尽快探索出一条适合三岛地区的生态修复之路。

（3）生物多样性保护

1）保护海岛天然植被

海岛现存自然植被主要包括白茅草、野古草、酸枣－沙蓬、盐地碱蓬、芦苇、獐毛等草丛和灌草丛群落以及少量成片分布的落叶阔叶林。天然植被绝大部分都分布在石臼坨岛（菩提岛）上，月坨岛（月岛）上也有野草、芦苇和少量杨、柳、槐、桑等乔木生长。天然植被是海岛最重要的生态资源，必须加大保护力度，应将尽可能多的天然植被覆盖区纳入生态保育区范围内，通过分级管制措施保护植被。具体措施如下。

设置保育区隔离带，隔离带内禁止一切开发活动，除必要的旅游设施和观鸟台外，不得兴建任何建筑物和构筑物。严格控制保育区外围建筑的性质和规模，确保其不会破坏植被生存环境和影响景观和谐。

严格限制游客数量和活动范围，设置醒目标志，提高游客的环保意识。制定保护和惩罚制度，对破坏植被的行为进行教育和罚款。

开展植物物种登记和外来物种登记，对植物物种进行监测，观测其生长发育态势，以便及时采取相应保护和管理措施。每年进行一次物种资源普查，摸清植被数量及生存状况。

三岛开发利用应避免破坏海岛植被。对于海岛植被减少面积达到用岛范围内植被总面积30%以上的项目用岛，应专题论证，经论证专家一致同意方可通过。

尽量缩小三岛开发利用规模，减小因开发而破坏植被。岛上建筑物应尽量利用岛上裸地和植被稀疏地；岛上道路应顺从自然，可根据自然地势设置自然道路或人工修筑阶梯式道路，也可铺垫碎石或片石，尽量不破坏地表植被和自然景观；在建设过程中，建筑材料的堆放位置最好在道路边或没有植被的陆上进行，避免对植被的压、盖。

三岛开发过程中应避免对三岛林地、动物栖息地等生态敏感区造成影响，可能造成影响的，应采取划定保护范围等有效保护和恢复措施，防止降低生物多样性。

在三岛进行绿化、生态修复等保护活动应尽量采用三岛原有物种或者本地物种，避免造成生态灾害。

2）保护海岛动物资源

建立海岛自然保护区，主要有重要的防护林生态系统和海滨动植物重要的栖息地两类，以保护海滨重要的动植物资源，保护良好的海滨生物群落，维持可持续的生态环境系统。动植物自然保护区管制政策如下。

严格保护自然保护区内的土地、森林、海域等动植物栖息的生态环境。

将此类自然保护区的发展与保护规划应纳入行政计划。由政府采取有利于发展自然保护区的经济、技术政策和措施。

将自然保护区应进一步划分为核心区、缓冲区、试验区。禁止任何人进入自然保护区的核心区。禁止在保护区的缓冲区开展旅游和生产经营活动。在自然保护区的核心区和缓冲区内，不得建设任何生产设施。

保护区内只能在作为科学观察的实验区内开展生态型旅游活动，在划定的实验区内，不得建设污染环境、破坏资源或者景观的生产设施；建设其他项目，其污染物排放不得超过国家和地方规定的污染物排放标准。在自然保护区的实验区内已经建成的设施，其污染物排放超过国家和地方规定的排放标准的，应当限期治理；造成损害的，必须采取补救措施。

保护区外围保护地带建设的项目，不得损害保护区内的环境质量，已造成损害的，应限期治理或搬迁。

严禁在保护区内的虾、蟹洄游通道修建拦河闸坝，禁止建设对渔业资源有严重负面影响的海岸人工设施，对已建设的设施应由建设单位修建生态廊道或者采取其他补救措施。

在候鸟的主要繁殖地、越冬地和停歇地等生态廊道地区，针对生物的迁徙与栖息特性，划定绝对保护期，严禁任何人进入该区域。

（4）水环境保护

1）环境质量标准

海岛地表水按照不低于《地表水环境质量标准》(GB 3838—2002)中规定的Ⅲ类标准执行，海水浴场水质标准不能低于《海水水质标准》(GB 3097—1997)中规定的二类海水水质标准。

海岛开发利用产生的污水、废水应进行达标处理，水质满足《海洋功能区划技术导则》(GB/T 17108—2006)等国家和地方相关标准后方可排放。其中工业、仓储、交通运输、农林牧渔用途污水、废水经处理达标排放后，周边海域水质应不低于二类水质，对于原有水质低于二类的，应不降低原有水质的质量；其他用途污水、废水经处理达标排放后，周边海域水质应不低于一类水质，对于原有水质低于一类的，应不降低原有水质的质量。

2）具体保护措施

① 淡水资源保护。海岛空间狭小，淡水资源匮乏，保护有限的水资源是维系海岛生态系统健康稳定、促进海岛可持续发展的重要基础。海岛上无河流湖泊，可供开发利用的地表淡水资源极其有限，只在石臼坨岛（菩提岛）中部洼地有少量常年积水或季节性积水，并形成以芦苇为优势种的沼泽湿地；在一些海积平地的低洼地段在大雨过后也有短暂积水，土壤较湿润。这些地段应严格保护，禁止一切开发建设，结合自然植被和人工修复工程使其成为环境优美的生态湿地，为附近植物群落和野生动物提供优质的生存环境和栖息地，同时也可以提高大气降水截留利用效率。

地下水是三岛地区淡水资源存在的主要形式，其中浅层地下水含盐度较高，不适合饮用，但是对海岛植被生长却是必不可少的；深层地下水水质好、水量丰富，可供开发利用。地下水开发应坚持"保护为主，适度利用"的原则，做好海岛给水工程规划，以境外供水为主，严格控制地下水开采量，任何单位和个人进行地下水开发都必须提前报批，禁止私自打井取水。防止地下水污染，对海岛范围内生活污水、经营性单位排放的废水须经污水系统收集处理后排海，不得随意排放；同时，对施工建设过程中产生的含油废水须经灭菌或沉淀池达标处理才能排放。水源地周边 1 000 m 范围内为禁止建设区域。

此外，在海岛开发过程中结合体育运动场、垂钓园的建设，人工设置小型坑塘、湿地等水域，提高降雨截留效率，改善局部气候。

② 雨污处理。鼓励污水、废水处理后进行深海排放或者开展中水回收利用，建立雨污分流两套供水系统以节约淡水用水。

禁止生活污水及其他有害废弃物直接排入水源地、风景游览区、自然保护区和水产养殖场水域。

海岛水源地不宜发展旅游和水产养殖，避免对水源造成污染；加强对近海水域水质的保护，防止和控制海水水质污染，保护海洋生物资源。

污水排放应符合国家标准《污水综合排放标准》(GB 8978—1996)的有关规定。

海岛污水排除系统布置要确定污水处理厂、出水口、泵站及主要管道的位置；雨水排除系统布置要确定雨水管渠、排洪沟和出水口的位置；雨水应充分利用地面径流和沟渠排除，污水、雨水的管、渠均应按重力流设计。

（5）湿地保护：湿地生态修复工程

以保护好现有湿地为前提，再进一步修复遭到破坏的湿地。从国内湿地生态修复的经验看，需要投入大量资金，可以考虑运用"自我循环""自我修复"的系统，借助自然物种的力量来自我维护。

1）湿地资源保护工程

划定湿地保护区，保护湿地原生环境。原生地貌则是多样物种最适合的生态环境，虽有可能瘠薄荒凉、树丛中夹杂乱石，但仍顽强地生活着大量的原生动植物。旅游开发中大面积的改变原生地貌：换土、植草、移大树，都是非生态化的措施，增加人工干扰和破坏，只会造成自然物种的减少和景观的单调。在植被丰富、土质松软地段，可用栈道、简易桥梁、架空观景台等设施，既解决游人通行游览问题，又利于动物活动和繁衍。施工过程中尽量采用装配施工方法，保护区外制作现场组装，以减少对自然环境的影响。在环境条件差的地段，提倡修建简易路面，或路边少量换土种植，小规模改良游览环境，重视基地原生植被景观，并实现自然景观与人文景观的过渡与融合。

加强栖息地保护，生物多样性与因地制宜相结合。保障野生动物行动不受阻碍，同时可进行小量与休闲活动有关的开发；丰富的动植物资源有利未来开发建设过程中同时恢复本地植被，改善野生动物栖息地。强化野生动物栖息地保护管理，使野外种群得到良好保护。

控制旅游开发，避免对湿地系统的干扰。湿地保护区建筑数量和规模应严格控制，少建餐饮娱乐等服务设施和其他人工设施，多建利于动植物生息繁衍的生态性建筑。要设置多处游人无法到达没有人为干扰的栖息环境，给生物留一处乐土。此外，还可多建有利于普及湿地保护知识的科普宣传设施，如观景塔、休闲廊架、亲水平台等。

2）湿地生态修复工程

强化植被多样化和乡土化。植物群落的最大生物量是湿地生态系统健康的重要指标。植物是生态系统的基本成分之一，也是景观视觉的重要因素。一方面，应考虑植物种类的多样性，形成丰富植物景观层次，有利于实现生态系统完全或部分的自我循环。另一方面，应尽量采用本地的植物，利用或恢复原有湿地生态系统的植物种类，尽量避免外来种。

3）湿地生态管理工程

制定完善的管理计划和规章制度。完善的管理计划和规章制度是湿地生态旅游可持续发展的前提和保证。其内容应对经营者、旅游者、从业者等进行协调与控制，对湿地自然保护区各种动植物，特别是对于重点保护对象如何进行管理、保护与救护，对游客安全如何保证，对突发事件、火灾险情如何应对以及各项奖惩制度如何落实等。

4）监控预警工程

加强生态监测，建立管理信息系统。加大栖息地保护的科技含量，现代科学技术应在栖息地管理工作中得到广泛的应用。清查资源、护林防火，掌握动植物的变化规律，监测生物多样性的消长；并围绕气候、地质、水文、土壤、动植物区系等生物和生态问题，进行生态系统水平上的综合保护。

建立景区环境承载力监测和控制系统，旅游高峰时对人数进行限制。对生态旅游开发和生态环境的影响进行不断地分析和预测，发现问题，及时解决与补救，确保生态旅游朝着健康有序的方向发展。

8.1.4.3 海岛景观保护规划

（1）海岛景观规划

根据《唐山湾三岛旅游区总体规划》整个旅游区景观系统形成"一心、四区、五带"的景观格局。

"一心"：旅游区形象景观中心；

"四区"：菩提岛生态保护景观区、菩提岛宗教文化景观区、月岛（月坨岛）世界海洋文化景观区、祥于岛（打网岗岛）高尔夫湿地景观区；

"五带"：大清河滨河景观带、小河子滨河景观带、内湾滨水景观带、祥于岛（打网岗岛）滨海沙滩景观带、外海汀坝、渔礁景观带。

（2）人文景观保护措施

主要对石臼坨岛（菩提岛）上的人文景观进行保护，具体措施如下。

古建筑、寺观的保护应以不破坏原有风貌为前提，由国土、建委、文物等部门统一划定保护区域，在划定的区域内进行修建和扩建，禁止随意拆建、改建和在古建筑周围的私搭乱建行为。

对文物古迹的修葺、扩建也应按照"修旧如旧"原则进行。

控制游客数量，制定保护措施，开展宣传教育，杜绝游客损毁古建筑的不文明行为发生。

做好古建筑的安全、防火工作，添置灭火器材、应急照明和疏散标志等硬件设施。

（3）地热温泉保护措施

三岛地热温泉分布较为广泛，在旅游开发过程中应加强温泉资源的保护，具体措施如下。温泉开发应坚持适度的原则，控制地热井的数量，根据旅游淡季和旺季的不同制定合理的开采限额，并通过回灌的形式对地下温泉资源进行水源补给。

加强对温泉开发的管理，禁止单位和个人私自开发，同时加强对地表水及地下水污染的监管，温泉周围禁止建设有可能污染温泉水源的项目。

加强三岛温泉资源地质构造与特征的调查与勘探，掌握地热异常范围和热储体的空间分布，以便为温泉项目的落地提供科学依据；建立热储体监测网，掌握热储体的形状、水温、水质、水位以及开采的变化情况。

温泉资源科学开发利用，使用开采者都应当获得水登记权，以便进行总量控制，避免温泉资源的过度开采；对温泉旅游项目合理布局，防止热储体形状、水温、温泉水质发生变化。

（4）建筑与景观协调性控制

1）建筑高度控制

①建筑高度控制原则：有利于形成本区的空间整体设计。有利于突出重点地区，形成外部空间的区位标志。有利于产生空间轴线和街景轮廓。

建筑高度的控制应与周边自然环境相协调。

②建筑高度：建筑高度控制分成 40～60 m、20～40 m、10～20 m、10 m 以下 4 个等级。打网岗岛（祥云岛）西侧高端酒店区、海岛艺术园区和疗养度假区内、东部临近沙滩的

用地建筑高度控制在 10 m 以下；中部综合服务区、配套商业及打网岗岛（祥云岛）的标志性建筑控制在 10～20 m；东端国际航运港口周边商业娱乐用地建筑高度 20～40 m、40～60 m。

月坨岛（月岛）建筑高度分成两个等级，宿营地和温泉疗养小镇、旅游商业服务区、俱乐部内建筑高度控制在 10 m 以下；酒店区、度假区标志性建筑高度控制在 10～20 m。

石臼坨岛（菩提岛）上有历史文物古迹，建筑高度应在 10 m 以下，对于古建筑区域应当根据建筑物实际高度而定。

2）建筑密度控制

根据唐山湾三岛旅游功能分区，将三岛建筑密度进行分区规划，分为三区即密度一区、密度二区、密度三区。

密度一区：建筑密度一般不高于 40%。包括打网岗岛国际航运港区、温泉度假区、休闲商务区、综合服务区、配套商业区和高端酒店区，月坨岛情侣度假区、休闲娱乐区、疗养度假区。

密度二区：建筑密度一般不高于 25%。包括打网岗岛海岛艺术园区、疗养度假区，石臼坨岛佛教养生区。

密度三区：建筑密度一般不高于 16%。包括打网岗岛休闲运动区，月坨岛生态观光区，石臼坨岛生态观光区和休闲运动区。

3）建筑容积率控制

打网岗岛（祥云岛）建筑容积率不得超过 1.8。石臼坨岛（菩提岛）建筑容积率不得超过 1.2。月坨岛（月岛）建筑容积率不得超过 1.5。

4）建筑风貌控制

建筑物和设施的设计充分考虑打网岗岛（祥云岛）、石臼坨岛（菩提岛）、月坨岛（月岛）的主题文化与差异性，色彩选用与周围景观相协调，与海岛主题相一致，以达到建筑物和设施与海岛自然环境的最佳融合。

8.1.4.4 岸线与沙滩保护规划

根据不同岸线、沙滩的生态特征、地理位置、功能定位，规划对唐山湾三岛自然岸线、沙滩进行功能划分，引导岸线、沙滩的有序利用。

（1）自然岸线功能规划与保护措施

1）岸线功能规划

将自然岸线划分为码头岸线、旅游岸线和生活岸线、生态岸线三种类型。

码头岸线：码头周边 500 m 范围内确定为码头岸线，主要为游客提供跨海通道游船、出海体验游船、供给轮船停靠。

旅游岸线和生活岸线：主要为游客提供观光、游览、休闲、体验。

生态保护岸线：建立生态保护屏障和时时监控海岸线侵蚀状况，减少海平面上升和频繁风暴潮对海岸线的破坏。

2）海岛自然岸线保护措施

海岛开发利用应避免破坏自然岸线资源，对于改变原有海岸线长度达到使用海岸线长度 30% 以上且超过 200 m 的项目用岛，应专题论证，论证专家一致同意方可通过。

在海岛海岸线及周边海域修建码头、房屋等建筑物和设施，鼓励采用透水构筑物形式或者桩基方式，例如栈桥式码头、栈道、高脚屋等。

在海岛上建造建筑物和设施应与海岸线保持适当距离，一般应保持在 20 m 以上。其中对砂质海岸线，建筑物和设施应与海岸线保持 50 m 以上距离。

（2）沙滩保护措施

沙滩上禁止建造永久性建筑，建筑物和设施应与沙滩保持 50 m 以上距离。项目开发和运营期间不得造成沙滩及其周边海域的污染，不得降低海水水质。

沙滩利用实行规划控制，严格控制建设宾馆、酒店等排他性经营项目和别墅、公寓等私人住宅性质的项目，主要建设景观大道、带状公园、林区绿地、休闲广场、海水浴场、步行道、自行车道、沙滩运动设施、海洋公园和水上运动等公众度假休闲旅游项目以及直接为旅游者服务的设施和项目。

规划区内现有旅游设施和项目需按照统一规划的要求进行改造、升级，使之与规划要求的标准、格调相适应，并留出适当的公众活动空间。

严格控制游人容量，当游客容量低于临界容量时，游客和旅游从业人员对海滩造成的负面影响，可在第二年旅游旺季到来之前，海滩在自然力作用下得以恢复。

对游客和旅游从业人员的旅游活动进行控制和引导，不允许在沙滩上烧烤、不许向沙滩直排废水，乱扔废弃物等。

建立沙滩岸线的管理机制，派专人负责沙滩、岸线的日常管理工作，对岸线、沙滩进行日常巡查，严防破坏沙滩、岸线的活动发生。对游客活动区域，要加强清洁管理工作，加大保护的宣传力度，提供给游人最美的海岛风景。

8.1.5 规划实施管理与政策保障

（1）充分发挥规划的导向作用

《唐山湾三岛保护和利用规划》依法批准后，即具有法定效力，任何单位和个人不得违反。有关部门审批各类规划和批准、核准各类项目，必须符合规划。将规划所确定的各项目标和指标纳入海岛开发建设的规划和计划，并严格执行。

（2）建立与周边区域的协调管理机制

海岛及周边海洋的开发利用经常会产生冲突，在没有主导机构的情况下，容易产生推诿扯皮的现象，不利于工作的深入开展。解决问题的关键，就是要尽快成立一个协调管理常设或临时机构，或者达成某种协调机制，一是要明确一个统一的海岛及周边海洋开发利用的监督管理机构，即明确由政府海洋行政主管部门负责海岛及周边海洋的开发利用的监督管理；二是要根据海岛利用的实际情况，对各行政部门的职责权限和涉海规定进行全面清理，加强沟通，综合协调彼此间的利益关系。

（3）加强政策保障

一方面，积极争取国家层面政策支持。争取实行"以岛养岛"政策，加大对海岛地区的财税支持力度；争取更加合理优惠的海岛用地用海政策，依法科学开发利用滩涂资源；争取国家对海岛地区产业项目的政策支持。

另一方面，加强省级层面政策支持。从财税、金融、土地、海域、科技、人才、生态环境保护、海岛基础设施建设等方面，对唐山湾三岛给予政策支持，推进其跨越式发展。

（4）多渠道筹措资金，严格资金管理

强化金融支撑。充分发挥银行等金融机构在间接融资中的主渠道功能，推进企业与金融机构的合作。建设海岛项目信息库，积极向金融机构推介科技含量高、经济效益好、带动效应强、示范作用大的项目。

拓宽融资渠道。支持开发建设主体通过资本市场募集建设资金，对建设周期长、开发前景好的项目，争取发行中长期基础设施债券；对规模较小但具有稳定现金流的项目，通过项目信托计划、资产证券化等多种方式扩大资金来源；引导各类投资基金支持海岛重大产业项目建设。

加强招商引资。坚持政府引导、企业主体、市场运作相结合，加大政府引导力度，充分调动市场、企业的积极性和主动性，建立多元化的海岛投入机制。加大招商选资力度，培育多种投资主体，积极引入外资、内资和民资，共同参与重要海岛开发建设与保护。

（5）发挥科技的保障作用

围绕海岛生态建设、湿地生态建设与修复、海水淡化技术、可再生能源利用、海岛防灾减灾等方面，引进、消化、吸收国内外先进技术，解决唐山湾三岛开发利用过程中的技术难点与瓶颈，充分发挥现代高科技技术在唐山湾三岛保护与利用中的作用。

（6）加强海岛资源保护管理

认真贯彻落实《海岛保护法》，充分运用现代信息技术，依托现有的海域动态监管平台，对海岛的保护与利用等状况实施监视、监测。加强唐山湾三岛资源调查统计，适时启动海岛自然资源的调查评估，提高海岛管理水平。开展海域海岛海岸带整治修复工作。提高海岛开发项目的准入门槛，规范海岛开发利用秩序，引导岛陆、岸滩及近岸海域的合理利用。

（7）落实规划管理责任

明确规划管理的权力和责任，派专人负责实施；每年要定期向市人民政府报告规划及其年度计划执行情况；严格规划管理责任追究制，切实执行海岛保护和利用规划的相关控制要求，实现海岛的永续利用。

8.2　浙江杭州湾岛群示范区规划研究

8.2.1　规划总纲

8.2.1.1　规划范围

本次规划的范围为杭州湾海域范围内的86个海岛。杭州湾位于上海市与浙江省之间，西起浙江海宁县与萧山区之间的钱江十桥规划桥址断面，与钱塘江水域为界；东至上海扬子角—宁波镇海甬江口连线，与舟山、北仑港海域为邻；南连宁波市，北接上海市和嘉兴市。

杭州湾海域共有 86 个海岛，其中 83 个分布于浙江沿海 5 地市（海宁市，海盐县，平湖市，余姚区，嵊泗县，岱山县），3 个位于上海的金山区（图 8-5）。海岛的总面积为 362.69 hm²，海岛海岸线总长为 59.55 km。海岛虽数量众多，但岛屿普遍较小，面积不足 10 hm² 的微型岛屿有 79 个，占总数的 91.86%，合计面积仅为 141.53 hm²；陆域面积在 10 hm² 以上的仅有 7 个，包括白塔岛、西霍山岛、东霍山岛、大金山岛、大白山岛、西三岛和滩浒山岛，其中以滩浒山岛为最大，面积约为 54 hm²。

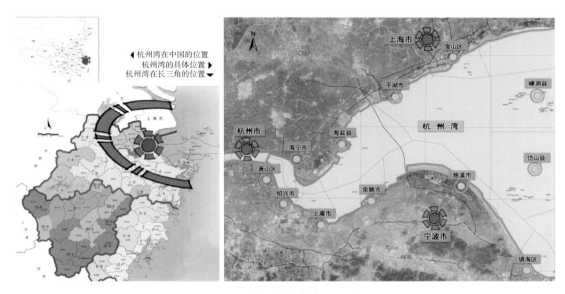

图8-5　杭州湾海岛岛群区位

根据海岛分布的形态，可分为群岛、列岛和海岛三大类。其中杭州湾海岛大致可以分为海盐沿岸海岛群岛、平湖沿海群岛、上海金山三岛群岛、滩浒山诸岛群岛、七姊八妹列岛群岛、王盘山海岛群岛等。按海岛的物质组成可分为基岩岛和堆积岛二大类。基岩岛分布最广，数量最多，杭州湾海域上的海岛绝大多数属此类型；堆积岛的形成沉积环境密切相关，杭州湾海域仅有 1 个，即余姚的西三岛。

海岛分布上具有以下三个主要特征：

① 涉及范围较广，分布相对集中；

② 多为列岛、群岛，呈现链状、群状形式；

③ 在近岸浅海区域的岛屿，与大陆联系较为紧密，多为无人居住的海岛，只有嵊泗县的滩浒山岛为有居民海岛。

8.2.1.2　规划区区域定位

浙江省是海洋大省，海域宽阔，海岛众多。近几年来，在党中央、国务院的领导下，浙江海洋开发不断向广度、深度拓展，海岛的重要性日益显现，开发活动日趋增多，已成为经济社会发展的新空间。舟山新区——国家级战略区的各项建设开发也在快速推进。

《海岛保护法》规定对海岛实行科学规划、保护优先、合理开发和永续利用的原则，并且规定国家实行海岛保护规划制度，海岛保护规划应当按照海岛的区位、自然资源和环境等自然属性以及保护、利用状况,确定海岛分类保护的原则和可利用的海岛以及需要重点修复的海岛等。因此要进行海岛保护及开发,必须先进行海岛保护规划。

浙江省杭州湾拥有的海岛虽然绝对数量在全省海岛仅占较小比例,但区位条件十分优越(扼钱江塘口,与上海、嘉兴、杭州、绍兴、宁波、舟山相邻),因而在全省海岛中地位十分突出,其保护与利用也相应地具有重要的区域性影响和全省示范性作用。

深入分析长三角区域规划、浙江省域城镇体系规划、环杭州湾城市群空间发展规划、省市域海洋功能区划等上位规划要求,结合海岛所属地(县、市、区)社会经济发展规划和城乡规划,广泛吸收国内外海岛开发与保护成功经验,进一步明确和深化研究海岛整体开发和保护思路,具体海岛功能定位、保护与开发类型、模式等框架性和前瞻性问题。

8.2.1.3 规划原则

（1）科学规划,保护优先

以绿色、环保、低碳、节能为理念,因岛制宜,科学确定海岛保护和开发利用的模式。针对海岛生态系统的特殊性,强调优先保护海岛及其周边海域生态。合理利用海岛资源,统筹安排海岛利用的时空布局。

（2）统筹协调,优化布局

根据海岛自然、经济、社会属性,结合区域发展的实际,协调岛－海－陆三者之间的相互关系,衔接相关规划,切实优化布局,形成陆地产业和海岛海洋产业有机结合的生态健康的海岛特色经济。

（3）分类管理,主辅兼顾

立足海岛的区位、资源、环境以及保护利用现状,强化分类管理和分区管理,突出主导功能,兼顾辅助功能,打造特色鲜明的海岛产业群。

（4）科学利用,突出重点

兼顾近期与长远、开发与保护、局部与整体,根据海岛资源环境容量,把握海岛开发的规模,安排好海岛利用的时序,有序、合理推进海岛开发。突出重点海岛的保护与开发利用,实施海岛保护与利用重点工程,促进海岛经济社会可持续发展。

8.2.2 基本情况分析

8.2.2.1 杭州湾资源环境特点

（1）海岛数量众多,面积普遍较小,生态系统脆弱

杭州湾海岛数量众多,分布广,大量岛屿离岸较近且集中分布,有利于岛屿开发利用;但由于岛屿面积普遍较小,配套设施接入环境较差,利用的工程投入相对较大。同时岛屿自然环境恶劣,生态系统脆弱,岛屿由于四周被海水环绕,常风大,蒸发量也大,水资源缺乏,土层浅薄,自然环境恶劣,林木很难生长或生长缓慢,从而导致自然生态系统十分脆弱。据考查发现一个有趣的自然现象:愈小的岛屿,生物种类愈少;在面积只有几平方米的岛屿上,地表生物都很贫乏。

（2）发展潜力较大，水土制约明显

杭州湾海岛拥有较为丰富的旅游、生物、海洋能、风能资源，发展潜力较大，但淡水资源、土地资源不足的劣势也比较明显，土地、淡水资源紧缺，环境容量低，岛屿由于离大陆较远，陆地狭小，四周被海水环绕，丘陵集水面积小，水源短小，因此，岛屿地区的水资源较贫乏，特别是在旱季，供水更为紧张。加上海岛基础设施落后，开发利用的难度相对较大。

（3）利用程度不高，方式较为粗放

杭州湾海岛总体开发利用的程度不高，尤其是距离大陆较远的海岛，基本上仍保持相对原生态的状态，只有少数几个离大陆岸线较近的海岛有不同程度的开发利用，但也仅进行了局部基础设施工程、海洋旅游和海洋渔农业等开发，现状仍为无居民海岛。

（4）保护取得成效，任务依然繁重

依托海洋自然保护区和海洋特别保护区的建设，省内局部无居民海岛的生态环境与生物多样性得到较好的保护与改善，但总体上覆盖面还不够大，大量保护区外的海岛缺乏保护的手段与措施。此外，由于保护区相关配套政策环境建设还相对滞后，对区内无居民海岛保护的针对性和操作性还有待加强。

8.2.2.2 海岛资源价值评价

对杭州湾海岛保护规划既要考虑到其所处的区域大背景，又要考虑到其内部各海岛属性及相互关系。海岛规划应可考虑选取岛屿面积、交通（建港）条件、距离、旅游资源、淡水资源、岛群联络等情况进行综合评估。

根据不同条件的重要程度，拟定以下公式进行计算：

$$P = 25\% \, A/A_{max} + 15\% \, T + 15\% \, D + 20\% \, L + 10\% \, W + 15\% \, O$$

式中，P 代表相对总资源价值；A 代表岛屿面积；A_{max} 代表最大海岛面积；T 代表交通（建港）条件，分为适宜建港、可以建港及难以建港 3 类，分别赋值 1、0.5 和 0；D 代表岛屿到最近的有居民居住的陆域的距离，分为近岸、远岸 2 类，分别赋值 1 和 0.5；L 代表旅游资源，风景宜人程度，主要考虑周围海水清澈度、有无沙滩及岛上风景 3 类因素，赋值为 0 ～ 1；W 代表淡水资源，主要区分径流及水井两力，赋值 0 ～ 1；O 代表其他因素，如林业、渔业、畜牧业以及生物资源等，赋值 0 ～ 1。通过对各调查岛屿不同属性因素赋值计算得出各海岛相对总资源价值（表 8-5）。

表8-5 各海岛资源价值

序号	海岛名称	岛屿面积权重	交通条件	距离	旅游资源	淡水资源	其他资源	总资源价值比重
		A/A_{max}	T	D	L	W	O	P（%）
1	滩浒山岛	1.00	1.0	0.5	1.0	0.8	0.8	87.5
2	白塔岛	0.26	1.0	1.0	0.8	1	1.0	77.6
3	大金山岛	0.42	1.0	1.0	0.8	1	0.5	74.1
4	外蒲岛	0.14	0.5	1.0	1.0	0.8	0.8	65.9

续 表

| 序号 | 海岛名称 | 岛屿面积权重 | 交通条件 | 距离 | 旅游资源 | 淡水资源 | 其他资源 | 总资源价值比重 |
		A/A_{max}	T	D	L	W	O	P（%）
5	马腰岛	0.17	0.5	1.0	0.6	0.5	1.0	58.9
6	东霍山岛	0.38	1.0	0.5	0.5	0.5	0.5	54.5
7	西霍山岛	0.34	1.0	0.5	0.5	0.5	0.5	53.6
8	大白山岛	0.64	0.5	0.5	0.3	0.5	0.5	49.6
9	大白奋斗山岛	0.17	0.5	0.5	0.3	0.5	0.5	37.7
10	小白山岛	0.15	0.5	0.5	0.3	0.5	0.5	37.3

　　初步评估，以上是总资源价值排名前十的海岛：滩浒山岛、白塔岛、大金山岛、外蒲岛等海岛，这些岛屿大都为有较大的岛屿面积，属于近岸海岛，与大陆的距离较近，交通方便，本身拥有建港条件，淡水资源良好及较丰富的旅游资源，综合发展条件较好。其中西三岛为杭州湾湿地海洋保护区内的特殊用岛。

8.2.2.3　杭州湾岛群分类

　　根据对杭州湾海岛资源环境的评价，和上位规划对杭州湾海岛的定位，从三个层级对杭州湾岛群进行分类。首先从海岛类型，即分为有居民海岛和无居民海岛；其次从保护与利用方式，将无居民海岛分为严格保护、一般保护和适度保护与利用三类；第三层即从海岛的主导用途来分，分类体系见表8-6。杭州湾岛群的分类见表8-7和图8-6。

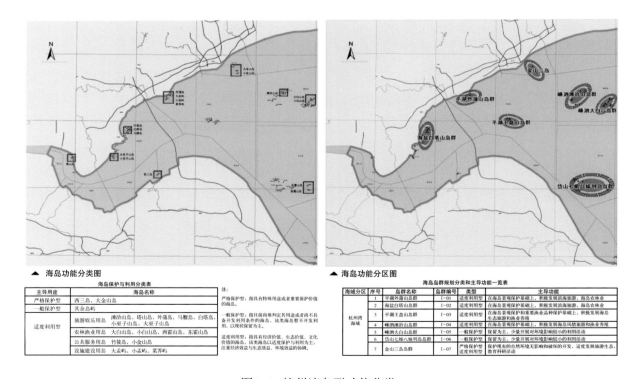

图8-6　杭州湾岛群功能分类

表8-6　海岛分类体系表

一级类		保护与利用方式		主导用途	
名称	定义	名称	定义	名称	分类原则
有居民海岛	是指属于居民户籍管理的住址登记地的海岛				
无居民海岛	是指不属于居民户籍管理的住址登记地的海岛	严格保护	指具有特殊用途或者重要保护价值的海岛。该类海岛事关国家海洋权益和生态安全，需要严格管理，任何单位和个人不得擅自开发利用	领海基点海岛	设有国家公布的领海基点
				保护区内的海岛	位于经有关部门批准设立的保护区核心范围内
				国防用途海岛	用于建设以国防为目的的建筑物、场所、设备等军事设施的海岛，本规划指军事用岛
		一般保护	指目前尚难判定其用途或者尚不具备开发利用条件的海岛，该类海岛暂不开发利用	保留类海岛	目前尚难判定其用途；不具备开发利用条件；资源、环境、生态等基本情况尚未调查清楚；未有开发利用的需要
		适度保护与利用	指具有经济价值、生态价值、文化价值的海岛，该类海岛以适度保护与利用为主，注重经济效益与生态效益、环境效益的协调	旅游娱乐用岛	人文古迹、历史遗迹保存较好，具有独特的自然景观、地质遗迹、民族风情、风俗等旅游资源；建有或可建休息、度假、娱乐、运动等度假村、水上运动等旅游基础设施；海岛邻近海域的环境质量符合海洋功能区划对各类旅游区环境保护要求的有关规定
无居民海岛	是指在浙江海域内无公民户籍所在地的海岛	适度保护与利用	指具有经济价值、生态价值、文化价值的海岛，该类海岛以适度保护与利用为主，注重经济效益与生态效益、环境效益的协调	交通与工业用岛	水深、航道、锚地等条件适宜建设港口码头；地方经济社会发展需要开发海岛港口码头，具有工业基础，交通运输便利；控制港口及工业的发展规模，加强海岛及其邻近海域生态环境的保护和管理
				农林渔业用岛	拥有一定面积的滩涂，水深适中，水交换畅通，温、盐条件适宜，避风浪条件好，适合虾类、蟹类、鱼类等水产经济动植物的生长，初级生产力高；海岛邻近海域的环境质量符合海洋功能区划对各类渔业资源利用区环境保护要求的有关规定；渔业基础设施较完善，交通运输便利
				公共服务用岛	建有或拟建科研、教学、防灾减灾、助航导航、测绘、气象观测、自然灾害监测、海洋监测及其他非营利性基础设施；可适度兼容旅游娱乐、农林渔业功能
				设施建设用岛	建设除交通设施以外的用于生产生活的基础配套设施，包括填海连岛工程、房屋、道路广场、园林草地、人工水域等设施建设

表8-7 海岛保护与利用分类表

主导用途	海岛名称	数量（个）
保护区内的海岛	西三岛	1
保留类海岛	其余岛屿	67
旅游娱乐用岛	滩浒山岛，塔山岛，小巫子山岛，大巫子山岛，外蒲岛，马腰岛，白塔岛	8
农林渔业用岛	大白山岛，小白山岛，西霍山岛，东霍山岛	4
公共服务用岛	竹筱岛，大金山岛，小金山岛	3
基础设施用岛	大孟屿，小孟屿，菜荠屿	3

8.2.3 海岛分区及其相应保护

8.2.3.1 海岛分区的目的和依据

浙江省海岛数量多，分布海域广，不同区域海岛的开发利用程度存在差异，未来发展的定位和要求也有所不同。划分岛群是将若干个地域空间毗邻、自然属性相近、基本功能趋同的海岛所形成的海岛群落作为一个整体进行考虑，并结合区域社会经济发展对用岛、用海的需求，为优化海岛保护和利用布局做出的海岛空间划分。

划分海岛分区的目的在于揭示海岛、群岛或列岛的资源环境特征，准确定位重点海岛的保护目标，优化保护与利用的总体布局，并对海岛开发利用现状中不合理的方面进行调整和整治。

海岛分区依据以下三点原则。

① 海岛分布紧密，海岛及其周边海域自然属性、生态功能具有相似性；

② 满足海岛属地管理的实际需要；

③ 体现海岛的集群组合效应。

8.2.3.2 海岛具体分区

依据以上分区原则，并综合考虑国家及地方发展的战略、区划和规划，立足海岛保护任务和保护目标，注重区内的统一性和区间的差异性，将杭州湾海岛划分为7个岛群进行分区保护（表8-8）。

表8-8　海岛岛群规划分类和主导功能一览表

海域分区	序号	岛群名称	岛群编号	类型	主导功能
杭州湾海域（Ⅰ）	1	平湖外蒲山岛群	Ⅰ-01	适度利用型	在海岛景观保护基础上，积极发展滨海旅游、海岛农林业
	2	海盐白塔山岛群	Ⅰ-02	适度利用型	在海岛景观保护基础上，积极发展滨海旅游、海岛农林业
	3	平湖王盘山岛群	Ⅰ-03	适度利用型	在海岛景观保护和重要渔业品种保护基础上，积极发展海岛生态旅游和渔业养殖
	4	嵊泗滩浒山岛群	Ⅰ-04	适度利用型	在海岛景观保护基础上，积极发展海岛风情旅游和渔业养殖
	5	嵊泗大白山岛群	Ⅰ-05	一般保护型	保留为主，少量开展对环境影响较小的利用活动
	5	岱山七姊八妹列岛岛群	Ⅰ-06	一般保护型	保留为主，少量开展对环境影响较小的利用活动
	6	金山三岛	Ⅰ-07	适度利用型	保护现有的自然环境无影响和破坏的开发，适度发展旅游，生态，教育科研活动

（1）平湖外蒲山岛群（Ⅰ-01）

基本概况：岛群位于杭州湾口北岸，嘉兴乍浦港区至平湖九龙山沿岸海域，隶属嘉兴平湖市；岛屿主要沿大陆岸线展布，地理坐标为30°34′53″—30°35′58″N，121°07′24″—121°08′34″E。岛群内共有无居民海岛4个（表8-9），陆域总面积约17.4 hm²，滩涂面积约25.7 hm²，海岸线总长约3.6 km，陆域面积最大的无居民海岛为外蒲岛，面积约7.4 hm²。现状岛群内4岛均已开展了海岛农林业的利用，此外在外蒲岛上现状建有佛教文化设施——普陀禅院和其他旅游设施，海岛旅游业有一定的发展。

岛群特征：岛群距大陆较近，岛屿均具有一定面积，现有农林业和旅游业具有一定规模；临近九龙山国家森林公园，并处于平湖九龙山旅游度假区范围内，岛群内的外蒲岛上建有普陀禅院，历史悠久；岛屿植被覆盖高，整体自然生态环境保持较好，海岛海蚀地貌发育。

岛群类型：适度利用型。

发展导向：实行保护与利用并重的总体方针，依托九龙山森林公园，作为平湖九龙山旅游度假区的功能延伸，以外蒲岛为核心，在实施海岛景观保护的基础上，积极发展海岛宗教文化旅游和休闲度假旅游；并依托现有农林业开发基础，适度发展海岛农林业利用。岛群内岛屿功能宜以旅游类、农林牧类和保留类为主；为满足通航需要，允许设置少量工程类用岛，或在岛上辅建助航设施。

表8-9 平湖外蒲山岛群一览表

序号	岛屿名称	行政归属	序号	岛屿名称	行政归属
1	外蒲岛	嘉兴平湖市	3	大孟屿	嘉兴平湖市
2	小孟屿	嘉兴平湖市	4	菜荠屿	嘉兴平湖市

（2）海盐白塔山岛群（Ⅰ-02）

基本概况：岛群位于杭州湾口北岸，嘉兴海盐县澉浦镇、秦山镇近岸，隶属嘉兴海盐县；岛屿主要沿白塔山岛周边展布，地理坐标为30°21′56″—30°28′33″N，120°54′34″—120°58′11″E。岛群内共有无居民海岛11个（表8-10），陆域总面积约46.5 hm²，滩涂面积约11.4 hm²，海岸线总长约9.4 km，陆域面积最大的无居民海岛为白塔山岛，面积约15.5 hm²。现状岛群内的白塔岛、大巫子山岛、小巫子山岛等3岛上开展了农林业利用，其中白塔岛建有旅游设施，大巫子山岛建有航标、灯塔等工程设施；缢山礁建有港口码头设施。

岛群特征：岛群距大陆较近，岛屿均具有一定面积，岛上植被茂盛、众多海鸟栖息，整体自然生态环境保持较好；现有农林业和旅游业发展已具一定规模；毗邻南北湖省级风景旅游区和秦山核电观光区；毗邻嘉兴海盐港区。

岛群类型：适度利用型。

表8-10 海盐白塔山岛群一览表

序号	岛屿名称	行政归属	序号	岛屿名称	行政归属
1	北礁	嘉兴海盐县	7	门山礁	嘉兴海盐县
2	竹筱岛	嘉兴海盐县	8	缢山礁	嘉兴海盐县
3	外礁	嘉兴海盐县	9	顾山礁	嘉兴海盐县
4	马腰岛	嘉兴海盐县	10	大巫子山岛	嘉兴海盐县
5	白塔岛	嘉兴海盐县	11	小巫子山岛	嘉兴海盐县
6	毛灰礁	嘉兴海盐县	—	—	—

发展导向：实行保护与利用并重的总体方针，岛群在实施海岛景观保护的基础上，积极发展海岛生态休闲旅游和海岛农林业；考虑到嘉兴港的发展需求，可适度发展港口航运业，但应限制对环境影响较大的临港产业发展。岛群内岛屿功能宜以旅游类、农林牧类和保留类为主，为满足港口建设和通航需要，允许少量设置港口与工业类和工程类用岛，或在岛上辅建助航设施。

（3）平湖王盘山岛群（Ⅰ-03）

基本概况：岛群位于杭州湾口外东部，毗邻王盘洋海域，隶属嘉兴平湖市；岛屿主要沿上盘山、下盘山等岛周边展布，地理坐标为30°29′38″—30°30′36″N，121°18′04″—121°20′07″E。岛群内共有无居民海岛10个（表8-11），陆域总面积约5.7 hm²，滩涂面积约0.4 hm²，海岸线总长约2.7 km，陆域面积最大的无居民海岛为下盘屿，面积约3.2 hm²。现状岛群内的下盘屿开展了渔农业利用，并建有航标、灯塔等工程设施。

岛群特征：岛群距大陆、大岛较远，交通不便；岛屿面积较小，植被覆盖不高，淡水资源匮乏；所在海域是杭州湾重要渔业品种保护区、我国鳗苗重要洄游通道以及大闸蟹苗、青蟹苗的养殖区域；经考古发现，新石器时代已有人类在岛群活动，唐代鉴真和尚东渡日本几渡未成，曾在此落脚，具有一定的科研价值。

岛群类型：适度利用型。

发展导向：实行保护与利用并重的总体方针，岛群在实施海岛景观保护和重要渔业资源保护的基础上，积极发展海岛生态旅游和渔业养殖等功能。岛群内岛屿功能宜以旅游类、渔业类和保留类为主，可设重要渔业品种保护类，为满足通航需要，允许少量设置工程类用岛，或在岛上辅建助航设施。

表8-11　平湖王盘山岛群一览表

序号	岛屿名称	行政归属	序号	岛屿名称	行政归属
1	无名岛	嘉兴平湖市	6	无名岛	嘉兴平湖市
2	无名岛	嘉兴平湖市	7	劈开屿	嘉兴平湖市
3	无名岛	嘉兴平湖市	8	下盘屿	嘉兴平湖市
4	无名岛	嘉兴平湖市	9	北无草屿	嘉兴平湖市
5	上盘屿	嘉兴平湖市	10	堆草屿	嘉兴平湖市

（4）嵊泗滩浒山岛群（Ⅰ-04）

基本概况：岛群位于杭州湾口外北部，毗邻王盘洋，隶属舟山嵊泗县；岛屿主要沿滩浒山岛周边展布，地理坐标为 30°33′22″—30°36′51″N，121°34′14″—121°43′60″E。岛群内共有无居民海岛 13 个（表8-12），陆域总面积约 76.50 hm²，滩涂面积约 13.3 hm²，海岸线总长约 11.7 km，陆域面积最大的有居民海岛为滩浒山岛，面积约 54.1 hm²。

岛群特征：岛群距大陆、大岛较远，交通不便；岛屿面积较小，植被覆盖不高，淡水资源匮乏；水环境较好，温差小，风力较大，渔业资源较为丰富。

岛群类型：适度利用型。

发展导向：实行保护与利用并重的总体方针，岛群特别是滩浒山岛在实施海岛景观保护和重要渔业资源保护的基础上，积极发展海岛生态旅游和渔业养殖等功能，其他为一般保留用岛。

表8-12　嵊泗滩浒山岛群一览表

序号	岛屿名称	行政归属	序号	岛屿名称	行政归属
1	阿马山屿	舟山嵊泗县	8	竹排礁	舟山嵊泗县
2	崎小山屿	舟山嵊泗县	9	狼牙嘴屿	舟山嵊泗县
3	烂灰塘礁	舟山嵊泗县	10	磨石头屿	舟山嵊泗县
4	烂灰塘屿	舟山嵊泗县	11	滩浒鸡娘礁岛	舟山嵊泗县
5	黑山屿	舟山嵊泗县	12	野黄盘岛-1	舟山嵊泗县
6	贴饼小礁	舟山嵊泗县	13	野黄盘岛-2	舟山嵊泗县
7	贴饼山屿	舟山嵊泗县	14	滩浒山岛	舟山嵊泗县

（5）嵊泗大白山岛群（Ⅰ-05）

基本概况：岛群位于杭州湾口外北部，毗邻王盘洋，隶属舟山嵊泗县；岛屿主要沿滩浒山岛、大白山岛周边展布，地理坐标为 30°33′22″—30°36′51″N，121°34′14″—121°43′60″E。岛群内共有无居民海岛 14 个（表8-13），陆域总面积约 63.33 hm²，滩涂面积约 10 hm²，海岸线总长约 9.6 km，陆域面积最大的无居民海岛为大白山岛，面积约 31.0 hm²。现状岛群内的大白山岛上建有航标、灯塔等工程设施。

岛群特征：岛群距大陆、大岛较远，交通不便；岛屿面积较小，植被覆盖不高，淡水资源匮乏；水环境较好，温差小，风力较大，渔业资源较为丰富。

岛群类型：一般保护型。

发展导向：近期暂不具备开发的条件，发展前景不明，作为预留空间进行整体保留。规划将维持海岛及周边海域的自然状态和现有的利用活动；在不影响区域生态环境稳定性的条件下，允许开展少量对环境影响较小的利用活动。岛群内岛屿宜以保留类用岛为主，可少量设置农林牧类、渔业类、工程类用岛。

表8-13　嵊泗大白山岛群一览表

序号	岛屿名称	行政归属	序号	岛屿名称	行政归属
1	鱼嘴屿	舟山嵊泗县	8	大白奋斗山岛	舟山嵊泗县
2	外节礁	舟山嵊泗县	9	钮子山屿	舟山嵊泗县
3	中节屿	舟山嵊泗县	10	钮子山北屿	舟山嵊泗县
4	里节屿	舟山嵊泗县	11	脚骨屿	舟山嵊泗县
5	小白山岛	舟山嵊泗县	12	脚板屿	舟山嵊泗县
6	对口山屿	舟山嵊泗县	13	鱼头屿	舟山嵊泗县
7	大白山岛	舟山嵊泗县	14	鱼尾礁	舟山嵊泗县

（6）岱山七姊八妹列岛岛群（Ⅰ-06）

基本概况：岛群位于杭州湾口外南部的七姊八妹列岛，毗邻灰鳖洋海域，隶属舟山岱山县；岛屿主要沿西霍山岛周边展布，地理坐标为 30°14′49″—30°17′15″N，122°34′57″—122°43′05″E。岛群内共有无居民海岛 13 个（表8-14），陆域总面积约 61.2 hm²，滩涂面积约 9.5 hm²，海岸线总长约 10.9 km，其中陆域面积最大的无居民海岛为东霍山岛，面积约 18.1 hm²。现状均未利用。

岛群特征：岛群距大陆、大岛较远，交通不便；岛屿面积较小，植被覆盖不高，淡水资源匮乏；水环境较好，温差小，风力较大，渔业资源较为丰富。

岛群类型：一般保护型。

发展导向：近期暂不具备开发的条件，发展前景不明，作为预留空间进行整体保留。规划将维持海岛及周边海域的自然状态和现有的利用活动；在不影响区域生态环境稳定性的条件下，允许开展少量对环境影响较小的利用活动。岛群内岛屿宜以保留类用岛为主，可少量设置农林牧类、渔业类、工程类用岛。

表8-14　岱山七姊八妹列岛岛群一览表

序号	岛屿名称	行政归属	序号	岛屿名称	行政归属
1	四平头屿	岱山县	8	西霍山岛	岱山县
2	长横山屿	岱山县	9	小西霍山屿	岱山县
3	大妹山岛	岱山县	10	东坛礁	岱山县
4	渔山青屿	岱山县	11	小长坛山屿	岱山县
5	东霍黄礁	岱山县	12	东霍山岛	岱山县
6	渔山笔架北屿	岱山县	13	大长坛山岛	岱山县
7	渔山笔架南屿	岱山县	—	—	—

（7）金山三岛（Ⅰ-07）

基本概况：岛群位于杭州湾口北岸，靠近平湖九龙山沿岸海域，隶属上海市金山区；岛屿主要沿大陆岸线展布，地理坐标为 30°07′06″—30°06′23″N，121°04′03″—121°04′25″E。岛群内共有无居民海岛 3 个（表 8-15），陆域总面积约 29.94 hm²，海岸线总长约 4.9 km，陆域面积最大的无居民海岛为大金山岛，面积约 22.9 hm²。现状岛群内的大白山岛上建有航标、灯塔等工程设施和有一定的海岛旅游开发。

岛群特征：岛群距大陆较近，岛屿均具有一定面积，岛屿植被覆盖高，整体自然生态环境保持较好，海岛海蚀地貌发育。

岛群类型：适度利用型。

发展导向：实行保护与利用并重的总体方针，岛群在实施海岛景观保护的基础上，积极发展海岛生态休闲旅游和海岛农林业；岛群内岛屿功能宜以旅游类、农林牧类和保留类为主，为满足港口建设和通航需要，允许少量设置港口与工业类和工程类用岛，或在岛上辅建助航设施。

表8-15　金山三岛一览表

序号	岛屿名称	行政归属	序号	岛屿名称	行政归属	序号	岛屿名称	行政归属
1	小金山岛	上海金山区	2	大金山岛	上海金山区	3	浮山岛	上海金山区

8.2.4　重点海岛开发保护

8.2.4.1　重点岛屿开发利用原则

（1）因岛制宜，突出特色

无人岛屿资源的综合开发，应充分利用现有资源，根据已形成的自然布局及生态状况特点，因岛制宜，挖掘潜力，突出特色，合理安排开发项目。特色化是无人岛屿产品开发的根本原则，要在旅游产品极大丰富的市场中立足，无人岛屿必须培育出吸引力强的专题旅游、特色海洋海岛旅游项目，并提升产品层次内涵，增强产品的竞争力。

但是值得注意的是，开发适宜于渔业捕捞、旅游度假等综合经济价值的无人岛屿，首先，改善交通条件。可引进高速游艇，缩短航程时间，在原有的基础上建设陆与岛、岛与岛的通道工程，使各岛屿之间的交通形成整体，改变海岛或单个岛屿功能相对狭窄的局面，增强海岛基础设施的共享性，促使产业地域布局的整体性。其次，在旅游开发中，应计算区域极限容量（即对旅游者的最大承载力）；要尽可能地利用原有通道，减少新造通道对整体布局的分割和毁山造地的举措。

（2）开发与保护并举，实现可持续发展

无人岛开发过程中，保护始终是第一位的，必须坚持保护性开发和开发性保护相结合的原则。无人岛的资源结构单一，生态系统稳定性差；居民迁移岛还受到曾住民生活生产活动的影响。就自然界而言，岛上的每一块岩石都是不可再生性资源，少一块都可能引起海岸线的缺省、储水能力的降低等问题。

（3）整体协调发展原则

海洋产业与海岛经济发展联系紧密，往往同一空间几种产业并存；产业之间既具有兼容性、互补性和依赖性，又具有排他性、破坏性，因此在开发利用无人岛屿时，要树立整体观念和全局观点，使各种产业协调发展；要按海岛的自然属性并适当考虑社会属性，划定无人岛的主导功能和功能顺序，理顺先后、主次关系，做到协调发展。一方面，要保证对土地、港湾等不易或不可再生资源利用的效益最大化，避免资源浪费；另一方面，要促使生物、淡水等可更新资源保持良好的生态循环，并永续利用。提倡节能节水人人有责，引进先进的技术设备进行海水淡化，以保障生活、生产用水；还可利用海岛水域航道港门中蕴藏着的潮汐能源，建立风力发电站、潮汐发电站，解决岛屿能源短缺问题并保证环境的洁净。管理部门可制定专门的保护措施，按岛屿资源的重要程度，实行分等保护；在开发中可建设海岛防护林、水源涵养林和水土保持林，积极提高无人岛屿的环境自净能力与自我保护、修复能力，真正做到开发利用与保护相辅相成，使开发事业永续健康发展。

（4）以市场为导向，进行长期建设

无人岛屿的交通、通信、服务等设施基本"空白"，地区建设投资系数偏大；但可进入性差、物料运送难度系数大、劳动力资源不足、建设进度受海洋性气候影响等问题，又使得无人岛屿利用与保护的配套投资复杂，后续投资需求大。因而开发行为往往与立项初衷不符，出现降低建设标准、缩小投资规模、减少配套设施、改变原定用途等短视行为。开发无人岛屿要有长远眼光，要有全局性的科学规划，并严格按照规划进行长期建设。以市场为导向，建立动态发展观，注意开发的具体时段，设立市场调查平台，经常性地开展调研，科学地分析市场动态，与时俱进地开发项目，才能降低开发风险、确保开发效益。

8.2.4.2　重点岛屿规划

在本次规划中着重对外蒲岛、白塔岛进行规划。外蒲岛、白塔岛是属于综合开发型，形成以旅游开发带动出一系列渔业休闲、海滨度假等综合性旅游产品的立体开发模式。

（1）外蒲山

1）概况

① 基地情况：外蒲山是九龙山近海最大的岛屿，面积 6.64 hm²，海拔 42 m。形似葫芦，西侧岙部岸长 150 m，宽 10 ～ 15 m，底为卵石。

② 资源情况：外蒲山资源环境良好，弯曲的港湾、突兀的基岩、连片的沙滩、浓绿的山体；北高南低，南可观海观潮；北望九龙山的海岸景观尽收眼底（图 8-7）。

山上有观音禅院（位于东北侧外蒲山上），是当地人宗教朝圣的必到之处。还有纪念弘一法师的文涛亭和中普陀禅院，院内有从日本和四大佛教名山请来的观音像。

③ 交通情况：对外交通，跨海大桥的建成，实现交通的便捷，消除了制约岛屿开发中的瓶颈问题。无码头。

图8-7　外蒲山部分景观

2）上位规划定位

《九龙山旅游度假区控制性详细规划》中提到，外蒲山将是九龙山展示文化旅游的重要场所。

同时规划在外蒲山规划的景点有通天桥、八仙洞、小普陀观音禅院、白蛇洞、双龟听经、文涛亭、海蚀地带。

3）规划定位

本次规划将外蒲山定位为：集以宗教胜迹、岛屿风光、荒岛探险为特色的海上生态旅游娱乐岛（图 8-8）。

本次规划涉及公共管理与公共服务设施用地、商业服务业设施用地、道路与交通设施用地、绿地与广场用地、水域和其他用地 5 大类。鉴于海岛旅游度假区的特殊性，又重新进行了中类的细分，具体如下。

公共管理与公共服务设施用地——宗教用地（A9）。

商业服务业设施用地——包括旅游度假用地（B 旅）、商业用地（B1）。

道路与交通设施用地——指城市道路用地（S1）。

绿地与广场用地——广场用地（G3）。

水域和其他用地——包括沙滩、海域、山体。

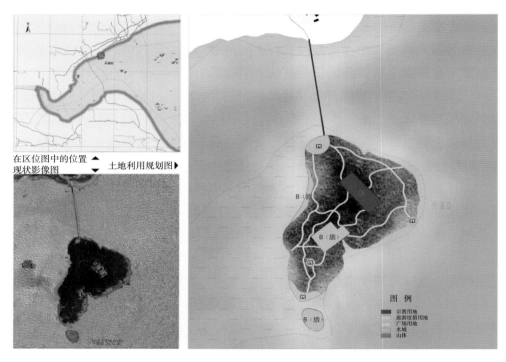

图8-8 外蒲山规划

（2）白塔山群岛

1）概况

① 基地情况：白塔山海岛生态旅游区位于杭州湾钱塘江口北岸，是浙北地区面积最大，岛屿最集中的近陆地型群岛。

白塔山群岛由8个无居民海岛组成，其中4个较大的岛包括白塔岛、马腰岛、竹筱岛、北礁，自南向北由大到小排列，在大岛周边另有4个小岛：白塔岛东边的外礁、马腰岛东西两侧的马腰东岛和马腰西岛、竹筱岛东侧的里礁（表8-16）。

表8-16 白塔山群岛岛屿面积与岸线信息表

岛名	面积（m²）	岸线长度（m）
白塔岛	155 562.76	2 237.94
外礁	1 641.28	188.94
马腰岛	87 615.73	1 828.67
马腰东岛	344.19	89.58
马腰西岛	190.13	57.18
竹筱岛	50 141.25	1 324.77
里礁	3 919.73	271.06
北礁	2 428.38	289.61
总计	301 843.46	6 287.65

② 资源情况：白塔山群岛 8 个海岛均为无居民海岛。最大的岛白塔岛上现存房屋多座，有的已废弃不用，遥感解译为农村宅基地。

白塔岛岛上植被茂盛、古树参天，海鸟成群，周边海域内海洋生物丰富。现存房屋多座，包括两层楼房 1 座，平房 6 间；岛上有庙宇 1 座，有灯塔和自动气象观测站等公共设施，现建有 4kW 风力发电塔 1 套。

马腰岛上有放养的山羊，搭有简易羊棚。

竹筱岛上曾搭有建筑物，现仅留有烧过的建筑物残迹。

里礁上建有国家大地控制点。北礁上有烧过的柴火等。

③ 交通情况：对外交通，有高桩码头 1 座，可停靠 300 吨级船舶。海盐南北湖旅游度假公司有不定期客轮往返接送游客。

2）上位规划定位

《海盐县县域总体规划》中提到，加快白塔山群岛生态旅游区的开发，将其建设成为以岛屿风光、鸟岛探奇、白塔胜迹，海上运动为特色的海上生态旅游景区。

3）规划定位

本次规划将白塔山打造成集岛屿风光、鸟岛探奇、白塔胜迹，海上运动为特色的海上生态旅游娱乐岛（图 8-9）。

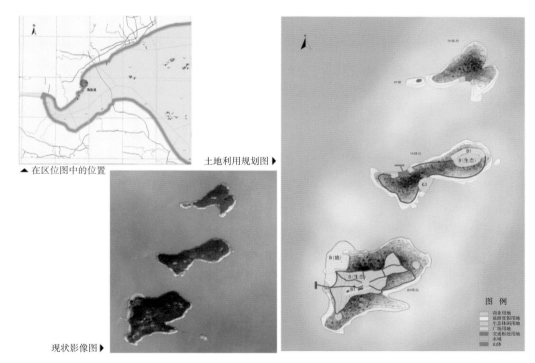

▲ 在区位图中的位置　　土地利用规划图 ▶

现状影像图 ▶

图8-9　白塔山规划

本次规划涉及商业服务业设施用地、道路与交通设施用地、绿地与广场用地、水域和其他用地 4 大类。鉴于海岛旅游度假区的特殊性，又重新进行了中类的细分，具体如下：

商业服务业设施用地——包括旅游度假用地（B 旅）、商业用地（B1）。

道路与交通设施用地——指城市道路用地（S1）和交通枢纽用地（S3）。

绿地与广场用地——广场用地（G3）。

水域和其他用地——包括沙滩、海域、山体。

8.3 广东大亚湾岛群示范区规划研究

8.3.1 规划总纲

8.3.1.1 规划范围

大亚湾处于广东省惠东县、惠阳区和深圳宝安区之间，位于22°30′—22°50′N，114°29′—114°49′E。该湾由三面山岭环抱，北枕铁炉嶂山脉，东倚平海半岛，西依大鹏半岛，西南有沱泞列岛为屏障。湾口朝南，口宽15 km，腹宽13.5～25 km，纵深26 km，以最南端的岛屿和陆地相连接的海域范围计，全海区面积约为1 221 km²，是广东沿岸较大的半封闭性海湾。本海区靠近珠江口，紧邻香港，背靠经济正在崛起的惠州市，地理位置十分优越（图8-10）。规划海岛为大亚湾内的海岛，以赤洲岛为中心，东至马鞭洲、芒洲岛；南至大辣甲岛、小辣甲岛的无居民海岛及其周围海域；有居民海岛以东升岛为主。

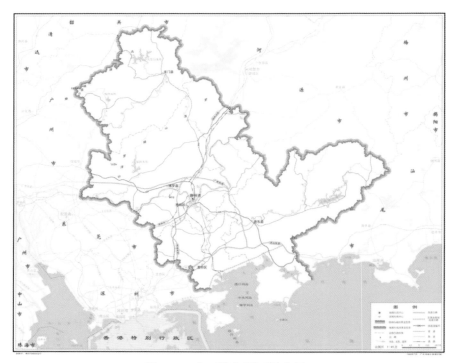

图8-10 大亚湾岛群区域位置

8.3.1.2 规划区区域定位

项目示范区所在的大亚湾区域，气候适宜，长夏无冬，降水较丰，大湾套小湾，众岛成屏障，海域水深浪静，多样性的资源带来多功能的综合开发。因此该区域既是广东省惠州市的省级水产资源保护区，又是国务院批准的以石化、港口发展为主体的经济技术开发区，也是滨海旅游休闲度假区。广东省政府于 1983 年批准建立"大亚湾水产资源自然保护区"，保护区范围涉及惠州、深圳共 900 km² 海区。保护生物种类多达 1 300 多种，还有面积分布较大的国家二级保护动物珊瑚。大亚湾水产资源自然保护区实施以来对大亚湾海域环境保护起到了积极的作用，但石化工业区的发展与海洋保护的矛盾越来越突出也是不争的事实。虽然大亚湾规划区的开发活动基本处在实验区范围内，但大规模的填海造陆已经破坏了天然岸线的完整性，北部实验区内布局了多个企业配套建设的大型码头、港口和作业区，主要航道穿越缓冲区、核心区等敏感区域，随着通航密度的增加，环境污染事故时有发生。为此，广东省政府为了解决大亚湾规划区的经济发展与水产资源自然保护的矛盾，从落实科学发展观的战略高度出发，采取了切实有效的措施，对保护区的核心区进行了调整。同时经过科学调研和论证，将芒洲岛西侧核心区的造礁珊瑚迁移在 6.5 km 外的赤洲岛附近海域。

保护区内有 100 多个岛屿，主要分布于大亚湾中央，呈南北向延伸排列，自北向南的有港口列岛、中央列岛、辣甲列岛和沱泞列岛；其次在澳头湾、大亚湾东侧和平海湾处也有零散岛屿分布；干出礁也多达 100 多个，分布于湾岸附近和岛屿周围。

8.3.2　基本情况分析

8.3.2.1　规划区资源与环境、保护与利用现状

（1）规划区环境状况

1）气象

湾内海水年平均透明度达 4.5 m，小于长江口、珠江口和渤海，与太平洋近海相近。海区盐度稳定，年平均为 31.6，海水温度年平均为 21.9℃，日照多，终年气温较高，长夏无冬，基本无霜冻，极端最高气温为 37.6℃，极端最低气温为 2.3℃，海水 pH 值在 8.26～8.35 之间。

气象要素统计资料来源于大亚湾周围气象站点的观测资料，包括港口站、惠阳站、惠东站、霞涌站和稔山站。其中主要参考惠阳气象站统计资料：1980—2004 年常规气象观测资料（气温、降水、雾、雷暴）、1975—2004 年热带气旋资料。

① 气温：年平均气温为 22.1℃；最热月 7 月平均气温为 28.5℃，最冷月 1 月平均气温为 14.1℃，气温年较差为 14.4℃；极端最高气温为 38.9℃（2004 年 7 月 2 日）；极端最低气温为 0.5℃（1991 年 12 月 29 日）。

② 降水：惠州地区降水充沛，降水多集中在 4—9 月，该时段总雨量分别占全年雨量的 82.8%。累年年平均降水量为 1 734.9 mm，累年年最大降水量为 2 347.2 mm（1983 年）；累年年最小降水量为 1 173.3 mm（2004 年）；累年日降水量 ≥ 50 mm 暴雨日数为 7.0 d。年平均日雨量 ≥ 0.1 mm 降雨日数为 139.4 d，年最多日雨量 ≥ 0.1 mm 降雨日数为 167 d（1983 年）；年最少日雨量 ≥ 0.1 mm 降雨日数为 101 d（2004 年）。

③ 雷暴：累年年平均雷暴日数为 76.6 d；全年中 89.9% 以上的雷暴集中出现在 4—9 月份。年内各月以 8 月出现雷暴日最多，为 16.2 d。年雷暴日最多为 108 d（1983 年），年雷暴日最少为 55 d（1989 年）。

④ 雾：累年年平均雾日数 7.6 d，年内除 6、7 月未出现雾日外，其余各月均可能出现雾日，年内以 1—4 月和 10—12 月出现雾日的可能性最大，占全年的 89.5%；其中 11 月出现雾日最多，为 1.4 d；1、12 月次多，为 1.2 d；年雾日最多为 19 d（1980 年），年雾日最少为 1 d（1995 年）。

⑤ 湿度：多年平均相对湿度为 82%，最大相对湿度为 100%。

⑥ 热带气旋：根据历史台风灾害分析，在 1975—2004 年 30 年间，在广东陆丰至台山一带沿海地区登陆的热带气旋有 49 个（其中达到台风量级的 24 个），年平均 1.96 个；在 1975—2004 年 30 年间，有 1 个热带气旋在惠阳登陆。

2）水文

① 潮汐：大亚湾海区潮汐性质属于不正规半日混合潮，每月有 8～10 d 为日潮，20～22 d 为半日潮。由于受到地形的影响，外海潮波传至大亚湾内变形较大，以致潮汐日不等现象非常明显，有时一太阴日中出现 4 次高潮和 4 次低潮。大亚湾海区潮流平均流速 0.02～0.24 m/s，为弱潮流海湾，潮流转流时，湾口西侧先涨后落，东侧先落后涨，形成一逆时针环流，历时 1 h 左右。

② 波浪：大亚湾湾口朝向 SE，湾内有众多岛屿遮挡，波浪一般不大，其中大亚湾海区波浪是以涌浪为主的混合浪，全年常浪向 SE—S，夏秋季常浪向 SE，冬春季常浪向偏 N，实测最大波高 H_{max}=3.1 m（SSE 向），年平均 $H_{1/10}$ 波高为 0.4 m。

3）地质概况

① 大亚湾海域出露地层：

• 上古生界地层：由泥盆系、石炭系、二叠系地层组成。主要有泥盆系下部的砾砂岩粉粉砂岩；石炭系下统的泥灰岩、白云质灰岩、炭质页岩；二叠系下部的硅质岩含炭质页岩组成。这些地层在大亚湾、大鹏湾周边都有大面积分布。

• 中生界地层：大亚湾核心海域出露的中生界地层由三叠系、侏罗系、白垩系地层组成。主要有二叠系下统的海相细砂岩、粉砂岩；上侏罗系地层中统的中酸性火山岩、流纹岩、英安岩、火山碎屑岩夹砂页岩；白垩系地层是区内红色断陷盆地中的主要沉积地层，由红色砾岩、砂砾岩、砂岩、凝灰质砂岩、砾岩夹火山岩组成，其顶部有一层玄武岩。

② 构造与地震：大亚湾新生代构造活动是继承前新生代的构造发展的，并叠加印支坂块与菲律宾海坂块的碰撞效应。

本区发育四组断裂构造，EW 向，NE 向，NW 向，NNW 向。这四组构造新生代以来仍有活动，但较明显活动发生在中更新世—晚更新世初，从晚更新世晚期以来活动性降低，区内未发生过破坏性地震，受外海强震所波及发生过小震，地壳稳定性优于周边海域。

据广东省地震局在综合研究本区海陆地震资料后指出：担杆岛海域是发生 MS7.25 级地震的危险区，预测震中烈度达 10 度，影响香港，深圳，大亚湾的烈度可达 7 度。

③ 地貌：大亚湾地区的山川分布与港湾形态主要受 NE 向的莲花山大断裂所控制。NE 向莲花山脉经过大亚湾东北部并继续向西南延伸为海岸、山地、低山、丘陵，并构成本区的地貌轮廓。

• 陆地地貌：包括剥蚀侵蚀山地、剥蚀侵蚀丘陵、剥蚀侵蚀台地、洪积扇和海积平原。

大亚湾数十个岛屿属于剥蚀侵蚀低丘，最小面积 0.038 km²（赖氏洲），最大面积

1.812 km²（大辣甲），最高海拔 100.7 m（许洲），最低海拔 22.9 m（猫洲）。经过剥蚀侵蚀后基本上成为一丘一岛的格局，岛丘顶部一般成浑圆状，局部呈舒缓波状，坡度一般为 20°~35°，但遇到坚硬不易风化的岩石坡度可达 50°~60°，甚至形成尖锐山脊，其风化层不发育，仅有薄层碎屑残积层。岛屿的展布和形态严格受北东与北西这组"X"构造控制。

● 海岸地貌：大亚湾的海岸地貌有下列六种类型。

侵蚀基岩海岸：岩岸被侵蚀后形成陡崖，崖面粗糙不平整，见有海蚀沟、海蚀槽、海蚀洞（芒洲岛），此外，有的崖前还见海蚀柱和孤丘。

海蚀平台：陡峭崖岸侵蚀后退，崖前沿留下基岩平台，宽数米至数十米，长数十至数百米，如东升岛。台面常常伴有海蚀沟槽。

岩滩：陡峭基岩海岸及岬角前沿（或岸脚）常发育有岩滩，宽 10~40 m，长 10~2 000 m。

砾石滩：发育在岩滩两侧及河流入海口附近，宽 15~30 m，局部 70~80 m，分布在河口的呈扇形，坡度较缓。

沙质海滩：分布大亚湾北侧及东侧下新到下新角一带开敞的海湾，如大辣甲等岛屿，一般百余米至数千米，宽 20~50 m，由中粗砂、砾砂、贝壳碎屑及珊瑚礁碎屑组成，有些岛屿，如芒洲岛、马鞭岛、东升岛可见宽约 10 m，长数十米至百余米的沙质海滩。

泥质海滩：分布在范和港及人工堤岸前沿，宽 100~300 m，个别超过 1 000 m。由泥质粉砂 – 砂 – 粉砂 – 泥质组成。滩面平缓，稀软。含泥量向海方向增多，由于泥多且稀软，脚踩下去可下陷 30~50 cm。

（2）规划区资源条件

大亚湾海岸曲折，形成了大湾套小湾的格局。大亚湾西南侧为著名的深水港大鹏澳，水深大于 10 m，大亚湾核电站建在它的北侧；西北侧有哑铃湾和澳头港，水深 3~5 m；东北角为范和港，水深较浅；东南侧的岸线是由大星山与陆地连接而成的稔平半岛，沿岸水深也较浅。大亚湾岛屿众多，有大小岛屿 100 多个。湾内水深较大，其平均水深为 11 m，最深可达 21 m、5 m 及 10 m 等深线靠近岸边。

1）水产资源

从大亚湾周围山丘汇入湾内的小河及溪流有十余条，但都属季节性的，流量较小，加上河溪两旁山丘的植被覆盖较好，使河溪携带砂少，即使在夏季雨量最大期间，河流含砂量也只有 0.1 kg/m³ 左右。湾内海水年平均透明度达 4.5 m，小于长江口、珠江口和渤海，与太平洋近海相近。由于沿岸开发利用程度还不高，由河流带入的工业污水、生活污水及其他陆源污染程度极轻，水质比较纯净。海域生态环境优良，海洋生物多样性丰富，水产资源种类繁多，是南海的水产资源种质资源库，也是多种珍稀水生种类的集中分布区和广东省重要的水产增养殖基地。保护区内生物种类达 1 300 多种，其中浮游植物 241 种、浮游动物 300 多种、鱼类 400 多种、贝类 200 多种、甲壳类 100 多种、棘皮类 60 多种、藻类 30 多种，其中绝大多数具有较高的经济价值。

2）航道资源

大亚湾是一个十分优良的港湾，其出海航道只要稍加浚深，不易淤积，即成优良的航道。

马鞭洲作业区现有为华德 15 万吨级原油泊位，进出港航道宽 205 m，方位角为 1 580 ~ 3 380，底高程 –18.1 m，可乘潮进出 15 万吨级原油船。目前，为配合华德 30 万吨级泊位的建设，航道按 25 万吨级油轮通航要求疏浚，航道底宽为 250 m，设计底标高为 –20.8 m。本工程进港航道利用马鞭洲岛向南的油气运输出海航道，该航道可通航 30 万吨级油轮，设置有完善的导助航设施。

3）珊瑚礁资源

根据 2003 年中国水产科学研究院南海水产研究所现场调查，大亚湾有 25 种以上的珊瑚出现，分别隶属于筒骨海绵目、石珊瑚目和软珊瑚目。主要分布在大亚湾北部沿岸和岛屿附近水深的 2 ~ 7.8 m 海域内，以 3 ~ 6 m 处数量较高。分布区内珊瑚覆盖率在 20% ~ 60%，为精巧扁脑珊瑚、十字牡丹珊瑚、蜂巢珊瑚、滨珊瑚、盾形陀螺珊瑚、双鹿珊瑚和刺叶珊瑚等。

（3）示范区海岛保护与开发利用现状

大亚湾内的岛屿和礁石众多，素有"百岛之湾"之称。湾中央有一系列南北向分布的岛屿，其中包括港口列岛、中央列岛、辣甲列岛及大陆沿岸的其他岛屿。断断续续地将海湾分成东西两半。

1）大辣甲岛

① 海岛区位及自然概况：大辣甲岛是大亚湾中最大的岛屿，隶属惠州市惠阳区管辖。位于大亚湾口门海域上，属无居民海岛，该岛周围还有涮洲、大双洲、平洲、牛头洲和双峰洲 7 个小岛以及众多岛礁。岛陆面积 1.82 km²，岛岸线长 11.40 km，海拔 111.6 m（图 8–11）。该岛为红色岩所构成的丘陵，北部丘陵较高，海拔高程为 111.6 m，南部次之，中部较低，中南部有小片平地。土地类型中丘陵地面积占全岛陆地面积的 68%，平地和台地面积占 32%。由于该岛有较大面积丘陵屏障，且为南北高中间低的地势，有利于储存水源，故岛内淡水充足，可供饮用。本岛海岸为裸岩陡壁，尤其是东岸和西岸均为悬崖。岛中西南侧有港湾，名南湾，为船只锚地。

海岛的地带性典型植被类型为热带季雨林型的常绿季雨林。因长期以来人类经济活动干扰，原生性森林已不复存在，现状植被以人工次生林、灌草丛为主。植被分布具有坡向性特点，南向坡光热充足，常年风向作用大，土壤侵蚀较重，基岩裸露较多，环境较干热，植被类型以旱生性和中生性的草丛或灌草丛为主，植被低矮，植被覆盖度较低；北向坡水湿条件良好，土壤较厚，常年风向影响小，植被类型多以中性的灌草丛或灌丛林（特别是沟谷地段），植被覆盖度也较大。

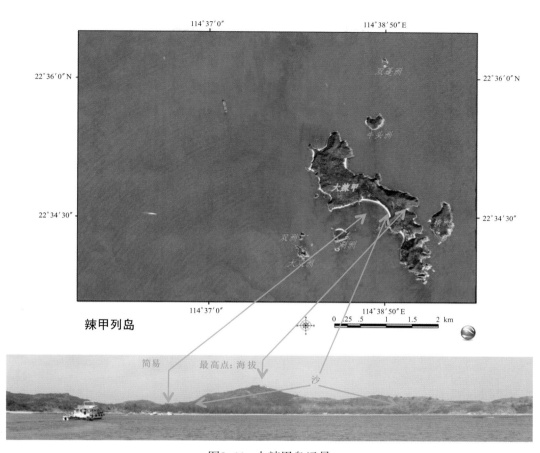

图8-11　大辣甲岛远景

②开发利用现状：南湾建有两座码头，可泊80吨级船（图8-12）。中部顶端有台风信号杆。该岛原为大亚湾中心渔场开发基地，周围海域是鱼类栖息的良好场所，水产资源丰富，盛产石斑鱼、龙虾、鱥鳅和紫菜等。岛上有山丘、泉水和洁白的海滩，岛的周边海域海水碧蓝洁净，是滨海浴场、疗养的良好场所。2000年7月开始，该岛被开发经营一些简单的滨海旅游项目（图8-13）。

西岸中段是一处弧形沙滩，由0.25～0.06 mm粒径的沙粒组成，长约600 m，宽20～30 m（图8-14），滩肩有木麻黄林带。因为有几处洲岛环绕，海区风平浪静，水色碧蓝，反衬沙滩更银白，是理想的沐浴海滩和航海运动的好去处。

图8-12　大辣甲岛南1号

图8-13 大辣甲岛旅游附属设施

图8-14 大辣甲岛沙滩与海滨浴场

2）小辣甲岛

① 海岛区位及自然概况：小辣甲岛隶属惠州市惠阳区。原名小六甲。地理坐标为22°36′N，114°37′E。在广东省惠阳县中央列岛南部，南距大辣甲 2.7 km，西距大陆 4.75 km。岛形与大辣甲相似，面积较小。呈长形，东西走向，长 0.78 km，宽 0.32 km，岸线长 1.9 km，海拔79.5 m，面积 0.162 km²。小辣甲岛是火山岩构成的小岛（图8-15），有岩洞、泉水，岛周边是海蚀平台，水下有活珊瑚。西南与印洲仔相距 0.15 km，其水深 10 ~ 14 m，产石斑、龙虾、鲍鱼等，附近海域是拖虾和捕捞浮水鱼类中心渔场。目前有惠州海洋与渔业处派驻 1 户人家，负责沙滩的管护与清洁工作。

② 开发利用现状：岛的背面建有几座简易小房，节假日有很多游人前往北部沙滩露营。

图8-15　小辣甲岛概貌

3）马鞍洲

① 海岛区位及自然概况：马鞍洲是位于大亚湾中部的一个礁石岛，距离香港维多利亚湾约 47 n mile。由于中海油和华德石化的原油油库开发项目占用，全岛基本被爆破铲平，地形地貌发生了毁灭性的变化，植被基本上也已损失殆尽，仅岛陆的中部一个小山头及东部一个条状山体得以保留（图 8-16），植被覆盖基本保持原貌，但下部破坏严重。植被以矮小草本、藤本植物及小灌木为主，主要植物群落为野古草、野香茅、纤毛鸭嘴草群落、桃金娘、岗松－芒萁群落、广东刺柊、酒饼簕、匙羹藤群落，未发现乔本植物。植被覆盖率较高，达 85% 以上。

图8-16　马鞍洲概貌

② 开发利用现状：马鞍洲岛自进港航道从南向北依次布置 4 个码头泊位。其中华德（广石化）原油码头（2 个）可接卸 15 万～30 万吨油轮；中海壳牌原料码头可接卸 15 万吨油轮；中海炼化原油码头可接卸 5 万～30 万吨油轮（图 8-17）。马鞍洲是华南地区原油中转最大的油码头之一，它是中海壳牌（惠州）、中海炼化（惠州）等原油基地。

图8-17 马鞍洲岛上的码头泊位

岛陆北侧为中海油油库，一共有 6 个储油罐，有输油管道直通惠州港上的炼油厂（2006年修建）。南侧为华德公司石化（广州石化）油库，一共有 12 个储油罐，早在 1997 年便在大亚湾建成了长达 173.5 km 的输油管道，直通广州石化（图 8-18）。岛上无中海壳牌的储油基地，只在岛的东侧有一个靠泊码头。

中海油　　　　　　　　　　　　华德石化

图8-18 马鞍洲岛上的油库

4）芒洲岛

① 海岛区位及自然概况：芒洲岛位于惠州市大亚湾海域中心位置，原岛屿呈方形，南北走向长约 400 m，东西走向长约 350 m，面积约 0.15 km²，岛屿天然岸线长 1.5 km，海拔最高点为 69 m。气候类型为南亚热带季风海洋性气候，水热条件丰富。

岛陆为剥蚀侵蚀低丘地貌，由红色砂岩、砂砾岩经剥蚀侵蚀而成。顶部浑圆状，边坡30°～50°。海岸地貌为侵蚀基岩海岸，陡峭，崖岸支离破碎，犬牙交错，崖高 20～40 m，直逼海岸，节理发育，侵蚀沟槽发育，层理明显。崖前见有海蚀平台，宽 5～20 m，偶见有岩滩，由大小不一的块石和孤石组成，平台上见海蚀沟与海蚀槽、海蚀洞。整个环形海岸见两处砂滩，位于高潮带，宽 10～30 m，长 50～80 m，由粗砂、中砂、砾砂、贝壳和珊瑚礁碎块组成。

芒洲岛土壤类型为发育于花岗岩的赤红壤，土层较浅薄，有机质含量低。根据《中国植被》的植被分区原则，该区属热带季雨林、雨林区域的北热带半常绿季雨林、湿润雨林地带，为粤东南滨海丘陵半常绿季雨林区。植被较为简单，主要是以乌药、野漆树、牛耳枫、豺皮樟、芒萁等为主的矮乔木林类以及在局部海岸和沟谷地段有小片的灌草丛分布（图 8-19）。

图8-19　芒洲岛植被概况

②开发利用现状：惠州大亚湾华瀛石油化工有限公司计划利用芒洲岛及周边的港口设施为依托，建立生产能力 $1\ 000\times10^4$ t/a 燃料油调和中心。2010 年，《大亚湾水产资源自然保护区功能区划》进行了修编，将芒洲岛从保护区的中部缓冲区调整至北部实验区，并在 2011 年 6 月将芒洲岛周边的珊瑚进行了保护性迁移。利用芒洲岛进行建设项目包括吞吐量 $2\ 000\times10^4$ t 燃料油装卸船码头、库区 103×10^4 m^3 储罐以及相应配套设施。目前，项目已经开工建设，全岛山体已基本挖平，并进行了填海，仅在芒洲岛的南侧一个小山体得以保留下来。芒洲岛的北侧与马鞭洲最近处约 10 m（图 8-20）。

图8-20　芒洲岛开发利用现状

5）大洲头

①海岛区位及自然概况：大洲头位于大亚湾东南部近岸海域，日照多，辐射强，且又受海洋调节，终年气温较高，长夏无冬，基本无霜冻，终年常绿（图 8-21）。年平均降水量在

1 500 ～ 2 000 mm，4—9月雨水较多，干湿季分明。6—9月为热带气旋季节，7—8月为盛期，热带气旋影响本区年平均9.3个，带来大风暴雨，是主要的自然灾害。

图8-21 大洲头概况

该岛隶属惠州市澳头镇，地理坐标为 22°40′34″ N，114°31′37″ E，西北距大陆0.22 km。海岛面积 0.199 5 km²，岸线长 3.553 km，海拔 54.7 m，岛周围海域水深 3 ～ 5 m。岛上分布有一个自然村——东升村，有居民96户，人口为927人，岛上居民以海洋捕捞为主导产业，其他产业包括海水养殖、旅游、交通运输等，人均年收入8 000元左右。

岛陆地貌为剥蚀侵蚀低丘地貌，低丘主体为北东向，分丘北西向，由北东和北西向构造所控制。丘顶为浑圆状，山坡舒缓波状，底部挖掘成建设村寨的人工平台，台后形成人工陡崖，高数米至 20 m，台前为人工堤岸及简易码头。岩性为白垩系红色段陷盆地沉积层，主要为灰、红、黄、灰黑的薄层砂岩相间组成，走向100°～110°，倾向北北东，倾角30°～40°。发育的地带性土壤主要是赤红壤。

海岸地貌的南岸中西段，长 700 ～ 800 m，包括人工堤岸、码头、护堤、屋基等人工堤岸；岸前为泥质海滩，一直延伸到深水区，宽数百米，原来高潮带有 5 ～ 10 m 宽的沙滩，人工堤岸建成后消失。海岸地貌的东北岸段天然地貌类型比较齐全，其中侵蚀基岩海岸，岸崖高 5 ～ 10 m，断续出现，长数十米至数百米，崖面不平整，节理裂隙发育，层理清晰，侵蚀沟槽发育，岸崖陡峭，坡度70°～80°。海蚀平台崖前沿发育有宽20 ～ 50 m，长300 ～ 400 m 的海蚀平台，台面沟槽发育，局部见岩滩（图 8-22）。海蚀平台外发育有沙滩，断续沿平台外沿展布，长数十米至数百米，宽 10 ～ 15 m，由中粗砂、砾、贝壳碎屑、泥质组成，靠海一侧，泥含量增多。沙滩下沿过渡到泥滩，宽数十到两百余米，由粉砂、泥质粉砂、淤泥组成。淤泥稀软易下陷。

该区域海岛地带性的典型植被类型为热带季雨林，因长期受人类活动的干扰，原生性森林已不复存在，自然林中的次生林保存的面积也稀少，仅在局部地段有小面积分布。次生植被主要是灌丛林或灌丛草坡，是构成现状植被的重要类型。人工林主要为马尾松林。

图8-22 大洲头地貌

② 开发利用现状：该岛基础设施较为完备，岛上道路基本已平整为水泥路，岛上的水和电都已从陆地供给；在岛南岸有一简易交通码头（图 8-23），供岛上居民进出岛使用，另有私人简易码头 4 个；岛上还配有 1 所小学。

图8-23 大洲头东升村码头周边环境

（4）规划区保护情况

1）大亚湾水产资源自然保护区概况

为了保护大亚湾的天然水产资源，1983 年广东省人民政府批准建立"大亚湾水产资源自然保护区"，面积超过 900 km²，并设有大亚湾水产资源自然保护区管理处。保护区水产资源的优势不仅在于其生物多样性要优于国内其他类同的海湾，同时拥有我国唯一的真鲷鱼类繁育场、广东省唯一的马氏珠母贝自然采苗场和多种鲷科鱼类、石斑鱼类、龙虾、鲍鱼等名贵种类的幼体密集区，还有多种贝类、甲壳类是大亚湾的特有种类。

根据大亚湾水产资源的分布特点，将保护区分为5个核心区、2个缓冲区和2个实验区。
5个核心区包括西北部核心区、中部核心区、西南部核心区、南部核心区、海龟保护核心区等，
2个缓冲区为中部缓冲区和南部缓冲区，2个实验区为北部实验区和南部实验区（图8-24）。

西北部核心区位于大亚湾的西北部海域。该核心区地势较平缓，底质多为泥沙，有的是
石砾或沙滩，水深2～6 m，滩涂以细沙质为主，岛屿众多，沿岸没有大的径流注入，海水
盐度稳定，初级生产力和次级生产力丰富，生态环境十分适合海洋生物栖息、繁殖和生长。
主要保护对象为：马氏珠母贝和多种名贵经济种类及其栖息的海洋生态环境。

中部核心区是指大亚湾中部群岛区（中央列岛和辣甲列岛）。岛屿周围的底质以岸礁质
为主，水体与外海水交换良好，生态环境较稳定，栖息生物种类丰富多样。它是大亚湾多种
经济种类赖以栖息、繁殖、索饵、生长的重要水域，也是优良的鲷苗生产区、鱼虾类增殖区、
珍贵贝类等的护养增殖区。该区域海岛周围还有丰富的浅水石珊瑚。

西南部核心区位于大鹏澳东南岸和高山角之间小面积海区，主要保护对象有：马氏珠母
贝、柴海胆、华贵栉孔扇贝、翡翠贻贝、栉江珧、旗江珧、棕环参、米氏参、糙参、海马及
鲷科鱼类等重要经济种类资源。

南部核心区包括沱泞列岛周围2 m等深线以内的水域，主要保护对象：紫海胆、龙虾、
鲍鱼等名贵经济种类的自然资源及海洋生态环境。

海龟保护核心区为平海湾周围区域，区内海湾有海龟经常出现，附近沙滩是海龟的产卵
地。主要种类有海龟、玳瑁、棱皮龟等。

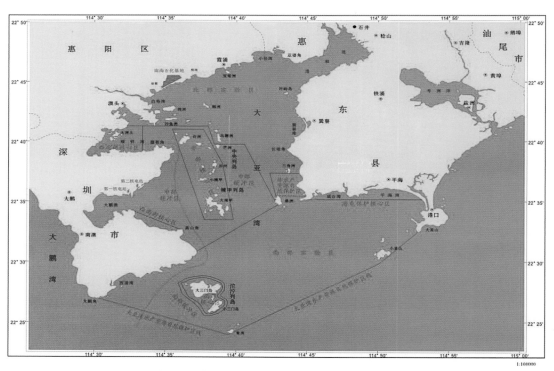

图8-24 大亚湾水产资源自然保护区功能区划

2）示范区珊瑚礁保护现状

根据 2010 年的调查结果，除芒洲岛周边珊瑚覆盖率较高之外，马鞭洲、西三洲、赤洲、圆洲等岛屿很少或几乎没有珊瑚。历史调查中共记录了大亚湾 50 余种石珊瑚，通过对实地调查所拍摄影像资料的反复校核，初步鉴定出 14 种石珊瑚（图 8-25，图 8-26），珊瑚类型单调，以皮壳状和块状石珊瑚占优势。秘密角蜂巢珊瑚是主要的优势种。此次调查未发现新纪录种类。

霜鹿角珊瑚 　　　　　　　　　　　　　　　十字牡丹珊瑚

澄黄滨珊瑚 　　　　　　　　　　　　　　　柱角孔珊瑚

标准蜂巢珊瑚 　　　　　　　　　　　　　　罗图马蜂巢珊瑚

秘密角蜂巢珊瑚 　　　　　　　　　　　　　多弯角蜂巢珊瑚

图8-25　示范区珊瑚种类（一）

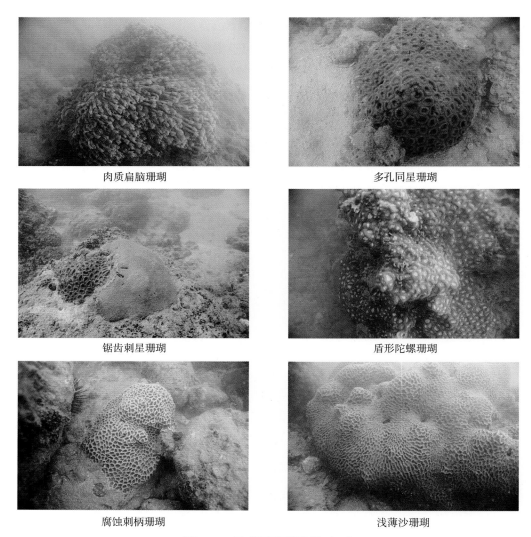

肉质扁脑珊瑚 多孔同星珊瑚

锯齿刺星珊瑚 盾形陀螺珊瑚

腐蚀刺柄珊瑚 浅薄沙珊瑚

图8-26 示范区珊瑚种类（二）

根据2011年调查结果，马鞍洲周边已无珊瑚分布。对芒洲周边调查发现，目前珊瑚仅有零星分布，珊瑚覆盖率小于5%。资料显示，2010年调查监测之后，由于"惠州大亚湾华瀛石油化工有限公司燃料油调和中心及配套码头工程"建设，项目开工前，已投入巨资将芒洲岛周边海域可能受到影响的造礁石珊瑚进行了保护性迁移。小辣甲北面，珊瑚覆盖率达27.8%，大辣甲周边覆盖率从16.2%～39%，其中大辣甲西南覆盖率达39%，是此次调查中覆盖率最高的区域（表8-17）。

表8-17 调查站位珊瑚存在情况以及覆盖率统计表

站号	位置	存在情况	覆盖率（%）
1	芒洲西	有	＜5
2	小辣甲北	有	27.8
3	大辣甲西	有	29
4	大辣甲西南	有	39
5	大辣甲东北	有	16.2

潜水观察及影像资料显示，芒洲周边有珊瑚分布区域死亡率较高，多珊瑚碎屑。水质混浊，沉积物覆盖严重。工程建设、渔船在近岸海域的生产活动搅起海底沉积物，增加了海水的浑浊度，在珊瑚礁附近抛锚还会直接破坏珊瑚，泄漏的石油类也会污染海洋环境。但白化珊瑚不多，发病率不高。

根据历史调查资料以及连续 2 年的调查结果，均显示大亚湾石珊瑚群落整体呈现退化趋势，表现出活珊瑚覆盖率明显下降、霜鹿角珊瑚减少成为稀有种、小皮壳状或块状秘密角蜂巢珊瑚成为优势种。部分海域石珊瑚群落整体消失，覆盖率降为 0，如马鞭洲，1983—1984 年，活珊瑚覆盖度高达 88.7%。但由于建设油库码头，将岛四周围用泥土、石块和水泥块层层加固，2003 年覆盖度为 11.9%，2007 年 8 月和 2008 年 2 月的调查中发现石珊瑚群落已经完全消失，2010 年调查也未发现活珊瑚，反映了人类活动对本区珊瑚群落的直接干扰。2010 年调查芒洲周边的活珊瑚覆盖率较高，本次则仅有少量分布，覆盖率不足 5%。

小辣甲和大辣甲周边珊瑚死亡与病害较少，珊瑚覆盖率较高，最高达 39%。调查发现，这两个岛屿周围水质透明度较高，海胆丰度大，鱼群密度较大，整体状况良好，人为干扰较少。

8.3.2.2　存在问题

（1）生活垃圾未作处理

在旅游旺季，大辣甲岛上的垃圾量随之增加（图 8-27）。目前垃圾处理措施相对滞后，使得垃圾问题日益严重，主要现象是垃圾或者随意堆放、或者焚烧。这种处理方式的环境危害表现为：一是占用了有限的海岛土地资源，而且旅游景点和海滩垃圾随处可见，也严重破坏了海岛的自然景观；二是垃圾堆放或者焚烧产生的大气污染物会严重污染空气环境；三是长期堆放的垃圾受雨水淋滤产生的渗出液中的有机物、重金属和病原微生物渗入地下，影响周围地下水和附近的海水；四是垃圾堆放易滋生苍蝇蚊虫等。

图8-27　海岛垃圾

（2）生活污水随意排放

目前大辣甲岛上的生活污水经化粪池简单处理后通过一条明沟排放入海（图 8-28）或倾倒在陆地上靠自然渗透入地下，居住区的粪便经三级化粪池处理后直接进行地下渗漏。由于大辣甲岛土壤渗透性强，无地表径流，排放的各种污水迅速渗透到地下，污水中含有大量 COD、氮、磷等污染物质使岛屿周围的水质、珊瑚礁、海草床等生态系统的环境恶化。随着岛上的游客增加，生活废污水的污染问题将尤为突出。

图8-28　海岛污水排放沟

（3）港口建设占用海岛资源

惠州港为国家一类对外开放口岸，规划将使用多个海岛用于港口建设。芝麻洲、杓麻洲、狗虱洲、黄鸡洲等岛屿已开发利用，与荃湾半岛相连形成陆域，作为荃湾港区的港口岸线；马鞭洲和芒洲岛也已炸山填海建设码头、油库及其配套设施；盐洲岛南端已建有中小泊位，占用岛屿岸线 500 m，并规划利用黄猫洲、鸡心岛等多个海岛作为荃湾港区港口发展岸线。利用海岛建设港口码头，将完全改变海岛的自然属性，对海岛资源破坏严重，不利于海岛资源的可持续利用。如马鞭洲和芒洲岛炸山填海，仅留有一个小山体甚至小山头。

（4）珊瑚礁资源受损

大亚湾海岛周边珊瑚礁资源丰富。港口开发和水下爆破等导致珊瑚礁资源遭到破坏、珊瑚礁群落的优势种发生改变以及石珊瑚出现白化现象。

如马鞭洲，1983—1984 年，活珊瑚覆盖度高达 88.7%，但 2010 年调查未发现活珊瑚，反映了港口建设对本区珊瑚群落的直接影响。

8.3.3　示范区海岛分区规划

8.3.3.1　分区布局

规划区大致可分为三个区：西北部旅游区、东北部港口航道区以及中部珊瑚礁保护区（图 8-29）。

西北部旅游区：位于大亚湾水产资源自然保护区北部实验区内，在西北部核心区的北侧，包含东升岛、潮州等海岛。该区与大陆距离较近，交通便利，区内水产资源、旅游资源等较为丰富，且基础设施建设完善，旅游开发初具规模，因此，本区应以东升岛为龙头，发展民俗探奇旅游、奇礁、奇石旅游、水上娱乐旅游、海上垂钓旅游、品尝海鲜旅游等特色旅游项目，打造以"休闲渔业中心"品牌，加强交通、配套设施、旅游服务水平建设力度，把该区建设成为别具特色、环境优良的旅游胜地。

东北部港口航道区：位于东侧及北侧区域，包含马鞭洲、芒洲岛和纯洲岛等海岛。该区内水深条件良好，岛屿岸线资源丰富，且紧邻大亚湾重要的航道，现湾中已开发的马鞭洲为石油仓储基地，发展海岛港口工业潜力大。因此，本区应以马鞭洲、芒洲岛、纯洲岛为龙头，充分利用海岛资源，加强基础产业和交通运输业（包括陆岛，岛岛交通建设），大力发展新兴工业，依托港口航运工程的物流业、航运服务业，进行综合发展，构建有利于循环经济发展的海岛港口工业体系。

中部珊瑚礁保护区：位于大亚湾中部海域，区内包含赤洲、大辣甲、小辣甲等海岛。该区具有丰富的珊瑚生态系统和珍稀的物种资源，区内海岛既具有强烈美感、震撼力的自然景观、生态，又有独特的人文景观，十分吸引游客。因此，本规划以大辣甲岛和小辣甲岛为核心，保护海岛及其周边海域珊瑚礁资源，维护海洋生态平衡，促进生态良性循环，丰富海洋生物多样性，适度开发海岛生态旅游。

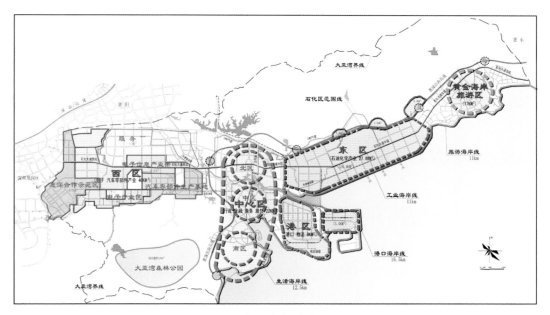

图8-29 大亚湾岛群分区规划

8.3.3.2　保护要求

由于大亚湾地处高纬度海域，加上核电站等特有的环境因素，冬季低温抑制和夏季高温抑制的影响，导致大亚湾的大面积珊瑚白化。且湾内港口、仓储资源丰富，导致一部分海岛被相继开发，其所带来的环境污染问题也影响了大亚湾珊瑚礁生态资源。本规划拟对划分的三个区实行以下保护要求。

（1）珊瑚礁保护区

① 执行国家有关自然保护的法律、法规；制定保护珊瑚礁的各项管理制度；建立监测点，定期调查分析、研究珊瑚礁生态系统的结构和功能，造礁石珊瑚覆盖率、分布、生长和恢复等各项指标以及珊瑚礁生态系统与环境的关系、珊瑚礁生态系统的动态演替等，并建立档案。

② 积极开展珊瑚礁生态监测和保护工作。建立珊瑚礁监测体系，重点监测保护区西面核电站排出的水质条件以及保护区东面港口航道疏浚工程造成的泥沙污染；建立有效措施，防止温度上升造成珊瑚白化以及泥沙污染造成珊瑚死亡。

③ 有效控制污染源，防止海水污染造成珊瑚礁退化。控制珊瑚礁海域中营养盐的含量的增加，防止对珊瑚礁造成破坏。

④ 严格限制大亚湾海域海岛开发利用项目。对确需建设的项目，应充分论证海岸工程建设及施工方式，施工方案的科学合理性；加强珊瑚礁移植技术的研究，对无法避免的施工项目对珊瑚礁造成影响的，需考虑移植该区域内的珊瑚资源。在赤洲及其附近海域内禁止开展任何开发建设活动，防止海域海岛开发造成的水土流失和生活废水的排放对珊瑚礁的影响。

⑤ 稳妥推进区内珊瑚礁旅游活动。合理选择旅游线路，严格控制旅游客流量，同时遵守保护区内的各项规定。在大辣甲岛附近开展珊瑚礁观光旅游活动，普及珊瑚礁知识，提高公众保护珊瑚礁意识，使其自觉避免破坏并参与保护。

⑥ 加强灾害应急管理，制定防灾减灾应急预案，加强船舶溢油事故、危险品仓库泄露或爆炸事故、工业污染事故等对珊瑚礁资源破坏的应急与防范。

⑦ 协调区内各类生产生活关系。根据区内珊瑚礁生态资源开发利用情况，正确处理生活、生产与生态、自然资源开发与保护、经济发展与环境质量的关系，保证生态系统健康发展，达到生态效益、社会效益和经济效益的统一。

（2）旅游区

该区内东升岛、潮州岛等海岛旅游资源丰富，海岛环境幽静、海岸奇观，群聚组合形态明显，具有邻近大型港区以及交通方便的优势，应当加大海岛旅游资源整合力度，以水产资源和海岛生态为特色，大力发展生态渔业，逐步建设集休闲渔业、度假、垂钓于一体的海岛生态旅游区。

在开发海岛的同时应注重以下保护要求。

① 针对海岛旅游资源分布特点，分为非建设用岛区域和建设用岛区域，非建设用岛区域应严格保护，禁止建造建筑物。非建设用岛区域主要包括：沙滩、濒危珍稀物种栖息地、生物多样性区域、原生植被林地、自然水系、生态敏感区、景观和文化遗产等海岛区域。

② 为保持海岛特色，确保旅游设施建设与自然景观相协调，对海岛利用范围内的宾馆、餐馆、购物和娱乐等旅游服务设施的建设，应从建筑高度、退让距离、建筑风格、色彩等方面进行控制。

③ 应科学管理海岛旅游容量，避免造成对海岛旅游区资源的破坏，设定生态敏感区域，严格控制游客容量。

④ 应加强对海岛地形地貌的保护，提高绿地覆盖率，改进植物的种植方式。

⑤ 为防治在旅游区建设、游人游览或者旅游服务过程中产生的污染对生态环境造成的危害，应从环境标准、环境保护、生态保护等方面落实旅游区环境保护要求。

（3）港口航道区

区内已建成东马港区，该区位于大亚湾石化区近岸海域及周边海岛，范围包括马鞭洲、锅盖洲和石化工业区东联以南水域。本区岸线水深资源丰富，各海岛面积不大，均需回填海域形成港口陆域。区内依托大亚湾石化基地，开展海岛仓储基地或港口航运，推进该区一些重大项目的建设。本区内海岛的开发应按照以下要求。

① 航道应尽量避免穿过珊瑚礁区域，并远离珊瑚礁保护区一定范围，防止船舶运输对珊瑚礁造成影响。

② 在港口建设过程中，必须按照现行有效的港口工程建设规范要求，对工程建设进行科学的设计和论证，加强对海岛周边海域水动力环境的保护，防止港口淤积和水质环境恶化。

③ 严格限制炸岛、炸礁、开山取石等活动，工程建设与生态保护措施同步进行，对造成生态破坏的海岛负责修复。

④ 在建设港口配套基础设施时应加强科学论证，合理选址，充分考虑与海岛的自然景观资源相协调，不影响或有利于生态系统、物种和自然遗迹的保护，不得破坏自然景观，最大限度地降低对海岛生态环境造成的不良影响。

⑤ 加强灾害应急管理，科学评估海岛交通运输灾害风险，制定海岛防灾减灾应急预案，加强船舶溢油事故的应急与防范。

第9章 海岛功能分类判别技术在省级海岛保护与利用规划中的应用——以辽宁省海岛保护规划为例

9.1 辽宁省海岛概况

9.1.1 区域概况

辽宁省是我国最北部的沿海省份，地理坐标为 38°43′—43°26′N，118°53′—125°46′E 之间。辽宁海域广阔，辽东半岛的西侧为渤海，东侧临黄海，大陆岸线全长 2 110 km，海域（大陆架）面积 15×10⁴ km²，近海水域面积 37 644 km²。辽宁省海岛呈弧形分布于辽东半岛南岸的黄海北部及渤海之辽东湾东、西两侧的浅海陆架上（图9-1）。本规划采用 2012 年最新的海岛地名普查统计结果，辽宁省共有海岛 636 个，其中，渤海海岛 214 个，黄海海岛 422 个，海岛岛陆总面积 501.5 km²，海岸线全长 922.85 km，潮间带总面积 321.8 km²。

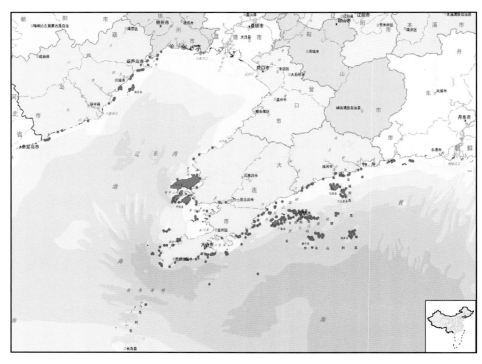

图9-1 辽宁省海岛分布示意

辽宁省海岛具有如下明显特征。

（1）黄海海岛多，渤海海岛少

毗连辽东半岛南岸的黄海北部海岛数量多，共计 422 个，占海岛总数的 66.35%，分布较密集，辽宁省唯一的群岛——长山群岛分布在黄海，辽宁省唯一的海岛县——长海县分布在黄海。而渤海仅 214 个海岛，占海岛总数的 33.65%。

（2）大连市海岛多，其他市海岛少

辽宁省沿海地区有丹东市、大连市、营口市、盘锦市、锦州市和葫芦岛市 6 个地级市，23 个县（市、区）。以大连市所辖的海岛数量最多，有 541 个海岛，约占总数的 85.1%；其次为葫芦岛市、丹东市、锦州市和盘锦市；营口市没有海岛分布。

（3）有居民海岛少，无居民海岛多

辽宁省有居民海岛 44 个，无居民海岛 592 个，分别占海岛总数的 6.9%、93.1%。有居民海岛包括县级岛 1 个，长海县的大长山；乡镇级海岛 9 个，包括长兴岛、交流岛、大王家岛、獐子岛、石城岛、小长山岛、海洋岛、广鹿岛、菊花岛；村及村以下有居民岛 34 个。

（4）大岛少，小岛多

根据《中国近海海洋综合调查与评价专项——海岛界定技术规程（试行）》按海岛面积分类，将海岛划分为 5 类：面积不小于 2 500 km^2 为特大岛；面积小于 2 500 km^2 大于等于 100 km^2 为大岛；面积小于 100 km^2 大于等于 5 km^2 为中岛；面积小于 5 km^2 大于等于 0.000 5 km^2 为小岛；面积小于 0.000 5 km^2 为微型岛。辽宁省 636 个海岛中有 1 个大岛，为长兴岛，岛陆面积约为 219.2 km^2；中岛 10 个，分别为：葫芦岛市的觉华岛，大连庄河市的大王家岛和石城岛，瓦房店市凤鸣岛和西中岛，长海县的大长山岛、小长山岛、广鹿岛、獐子岛、海洋岛；小岛 367 个，微型岛 258 个，共占全省海岛总数 98.58%。全省海岛规模普遍较小，以小岛和微型岛居多。

9.1.2　资源环境概况

9.1.2.1　空间资源

（1）岛陆资源

辽宁海岛岛陆面积总和约为 501.53 km^2（表 9-1），占辽宁海岛总数 98.3% 的微型岛和小岛，其岛陆面积仅为海岛岛陆总面积的 11.41%，占辽宁海岛总数仅 1.7% 的中岛和大岛则占海岛岛陆总面积 88.6%。大岛和中岛均为有居民海岛（表 9-2），辽宁省 44 个有居民海岛岛陆总面积为 485.86 km^2，占海岛总面积的 96.9%，无居民海岛仅占总面积 3.1%。因此，辽宁海岛岛陆资源不均衡，无居民海岛的岛陆空间属于稀缺资源。

表9-1 辽宁省海岛岛陆资源统计表

海区	面积（km²）				
	微型岛 <0.000 5	小岛 0.000 5~5	中岛 5~100	大岛 100~2 500	合计
个数	258	367	10	1	636
占总数（%）	40.6	57.7	1.6	0.1	100
面积（km²）	0.050 942	57.106 59	225.167	219.214	501.53
占总面积（%）	0.01	11.4	44.9	43.7	100

表9-2 辽宁省大、中岛一览表

岛群规模	岛名	陆岛面积（km²）	所属行政区
大岛	长兴岛	219.21	大连瓦房店市
中岛	凤鸣岛	46.12	大连瓦房店市
	西中岛	40.97	大连瓦房店市
	广鹿岛	26.39	大连长海县
	石城岛	26.35	大连庄河市
	大长山岛	24.88	大连长海县
	海洋岛	18.18	大连长海县
	小长山岛	17.17	大连长海县
	觉华岛	11.26	葫芦岛市
	獐子岛	8.79	大连长海县
	大王家岛	5.06	大连庄河市

（2）岸线资源

辽宁省海岛海岸线长度约922.85 km。沿海各地市中，大连市的海岛岸线最长，约为836.95 km，占全省海岛岸线总长度的90.69%。

（3）滩涂资源

辽宁省海岛共有潮间带面积约为321.8 km²（沿岸海岛潮间带面积包括部分大陆海岸潮间带，下同），其中大连市潮间带面积最大，为229.3 km²，占全省海岛潮间带面积总数的71.26%。无居民海岛面积小，均为大陆岛，土层较薄，开发建设难度，成本高。近岸海岛多滩涂地，结合考虑海岛的生态环境，规划设计可考虑多采用水上建筑。

（4）港址资源

辽宁省海岛地处暖温带季风气候区，极有利于港口的营运；海岛距大陆海岸线有一定距离，岛屿植被良好，且无常年流水河沟，港口航道没有淤积之患，有利于航道的维护；海岛周边水域一般年份没有固定冰堆积，台风影响时间也很短暂，海岛港口的作业时间长。因此，就建设和营运条件来说，辽宁省海岛港口的自然环境条件是非常优越的。现辽宁省海岛已开发港址资源 29 处。

辽宁省海岛港口的水域条件是相当好的，一旦解决了岛陆集、疏、运条件，岛屿的深水岸线将十分珍贵。

9.1.2.2 能源

辽宁省沿海风能资源十分丰富，大部分沿海地区的有效风能密度在 150 W/m² 以上，其中沿岸线近一半地区达 200 W/m² 以上。沿海地区大部分有效风力出现小时数在 5 000 h 以上，有的地方多达 6 000 h 以上，长海则高达 7 000 h 以上，可占总时数的 80%。其中东港市的大鹿岛、庄河市的石城岛、长海县的大长山岛和獐子岛、瓦房店市的长兴岛等几个大中海岛都属于风能资源较丰富区。

辽宁省海岛中长山群岛、瓦房店市海岛和大连市区海岛都处于太阳能丰富区，季节分布为夏季最大，春季次之，冬季最小。

辽宁省海岛附近海域的海洋能量蕴量比较丰富，开发技术比较成熟或即将进入开发试验阶段的潮汐、波浪、海流等资源均具有相当的蕴量。

风、太阳、潮汐（海洋能源）丰富，尤其前两者可作为现阶段海岛开发利用的辅助能源供应考虑。

9.1.2.3 旅游资源

辽宁省海岛在其地质和历史变迁过程，长期地质和海洋水文动力的作用，发育形成各具特色和丰富的自然景观。同时，辽宁省海岛人文历史久远，岛上遗留有许多人类活动遗迹，人文景观资源丰富。

（1）自然景观资源

辽宁海岛自然景观以海蚀地貌景观、造型岩石景观为主体，海岛上可见到不同时间、不同地点、不同景致下变化无穷的海景。诸如：随潮水涨落而隐现的岛际连坝；奇礁异石形成的海上石林；大小岛群构成海上的美丽图案；海蚀地貌形成的悬崖峭壁和海蚀溶洞以及海积地貌形成的砾石堤、潟湖等。此外，还有分布在岛屿陆地上的峡谷溪流，秀丽的水塘、水库，茂密的山林果园，大片的山坡草地，海湾、沙滩和花岗岩石板滩等。还有一些可作浴场的良好沙滩；提供水上活动的避风海湾；作为游艇天然码头的岩礁，幽静的礁石群垂钓点；广阔的滩涂为拾贝区；山林坡地可作野营区；平坦草原可以开辟为高尔夫球场或其他运动场区等，这些都是天然的文体活动场所。

（2）人文景观资源

分布在渤海西北面的岛屿有较多的寺庙、井台、碑石等；辽南岛屿有已发掘的新石器时代的贝丘、石器、陶器等文物以及古城、烽火台的遗迹和甲午战争、解放战争时期的纪念物，如战船、纪念碑、墓等。此外，还有一些乡土和现代的人文景观与之相交织而别具特色。

（3）社会旅游资源

岛屿周围的海洋就是天然的水产博物馆。可以看到成列成排闪耀珠光的海上牧场，数百千米海堤围挡如镜的虾池；也可乘游览船参观各种捕捞作业；还有渔港风光及其附近的冷库、上冰栈桥、育苗厂、水产加工厂等都可作为了解水产知识的游览，在这里还可以顺便购买海珍品的鲜货。

（4）生态旅游资源

辽宁海岛的生态旅游资源也很丰富。如：觉华岛的杨家山岛是海鸟聚集的地方；旅顺的蛇岛有 2 万多条蝮蛇，是我国稀有的奇观。海王九岛中的元宝坨子和石城岛东的行人坨子岛是世界濒危鸟类黑脸琵鹭繁殖地区。

9.1.2.4　渔业资源

辽宁省沿海自东向西，从黄海北部至辽东湾，分布着两大传统渔场，即辽东湾渔场和黄海北部的海洋岛渔场，是维持辽宁沿海渔民生计的主要作业渔场，其海洋捕捞产量及产值在海洋渔业经济中占有较大比例，两大传统渔场在海洋渔业产业发展中发挥着重要作用。

海产品丰富，珍稀品种多，养殖业和餐饮业已有名气，以盛产优质刺参、皱纹盘鲍等海珍品闻名海内外。以蛇岛、老偏岛、大三山岛等岛为代表，分别保护黑眉蝮蛇，皱纹盘鲍、刺参、紫海胆、魁蚶、栉孔扇贝等海珍品资源。

宜养滩涂和近海水域丰富，以网箱养殖、近岸围塘、底播养殖等多种形式开展渔业养殖，同时发展海产品加工业。如大、小长山岛、石城岛、大王家岛、觉华岛等有居民海岛乡镇，无一不是以渔业作为本地经济发展的第一产业。

9.1.2.5　矿产资源

辽宁省海岛的矿产资源比较贫乏，特别是金属矿类，除石城岛铁矿略有开采价值外，其他多为矿化点，如金矿化点、铜矿化点等。矿产资源主要分布在较大的岛，并且多集中于长海县各乡本岛。非金属矿主要有大理石、硅石和黏土矿等。

9.1.3　社会经济及开发现状

9.1.3.1　有居民海岛社会经济发展情况

辽宁省有居民岛主要分布于黄海北部长山群岛、辽东湾东岸海域。长山群岛包括里长山列岛、外长山列岛和石城列岛。其中里长山列岛和外长山列岛在行政上隶属于长海县，共有 18 个有居民海岛，共有人口 71 950 人。其中人口数量较多的有大长山岛、小长山岛、广鹿岛、獐子岛和海洋岛。辽东湾东岸海域有居民海岛以长兴岛、交流岛、凤鸣岛等岛屿为主，现为国家级经济开发区。以长海县、长兴岛经济开发区为例说明有居民海岛社会经济发展情况。

长海县县政府驻地大长山岛，下辖大长山岛镇、小长山乡、广鹿乡、獐子岛镇、海洋乡，拥有岛陆面积 117.4 km^2，海岛岸线资源 363 km，区划海域用海面积超过 1×10^4 km^2，拥有良好海况条件的沿岸水域。长海县位于著名的"海洋岛渔场"之中，享有"天然渔仓"之美誉，全县海洋渔业发达。各种鱼类、贝类、藻类等水生生物资源丰富，尤以盛产刺参、虾夷扇贝、栉孔扇贝、海胆、对虾等珍贵海产品而名扬中外，是辽宁省开发水平最高的海岛区之一，现已建成近 $500 \times 10^4 \, \text{hm}^2$ 的海洋牧场，是全国乃至世界面积最大的海洋牧场，也是我国重要的渔业生产基地。2010 年，增养殖业产量 $29.4 \times 10^4 \, \text{t}$，实现产值 39.4 亿元。共有捕捞渔船 2 100 艘，其中远洋 90 余艘、近海 400 艘、沿岸 1 600 艘，总功率 $11 \times 10^4 \, \text{kW}$。远洋捕捞相继在印度尼西亚、几内亚、南太平洋建立生产基地。

大连长兴岛临港工业区是以海岛为主的国家级经济开发区，位于辽东半岛西侧，渤海东岸，由长兴岛、交流岛、凤鸣岛、西中岛、骆驼岛 5 个岛屿组成。2005 年 11 月 26 日，大连长兴岛临港工业区管委会和党工委挂牌成立。2010 年 4 月 25 日国务院批准升级为国家级经济技术开发区，2010 年 6 月辽宁省人民政府批准设立辽宁省综合改革试验区。在功能定位上，大连长兴岛临港工业区建设成世界级石油化工产业基地，世界级船舶和海洋工程制造基地，国家重要临港装备生产基地，面向东北亚的港口物流基地。在开发建设上，按照"整体规划，分期实施，基础先行，局部启动"的思路，将长兴岛规划为大型组合港区、临港工业区、城市及旅游区。长海县、长兴岛工业区发展势头强劲，对黄海、渤海海岛地区的发展具有显著的辐射和带动作用。

9.1.3.2　无居民海岛开发现状

辽宁省共有无居民海岛 592 个，已经有开发利用活动的海岛达到 200 个（不包括仅为保护区内海岛的开发利用类型的海岛），占无居民海岛总数的 34%，海岛的利用较为活跃（表 9-3）。

表9-3　辽宁省沿海市县海岛开发利用统计

地市	县区	渔业	公共服务	旅游	工业交通	其他	开发利用总数
	绥中县	0	2	1	0	2	5
葫芦岛市	市辖区	1	0	0	0	0	1
	兴城市	2	0	7	0	3	12
	合计	3	0	7	0	3	13
锦州市	市辖区	0	0	2	0	0	2
	凌海市	2	0	0	0	0	0
	合计	2	0	2	0	0	4
大连市	中山区	0	2	4	0	1	7
	西岗区	0	0	0	0	0	2
	沙河口区	0	0	0	0	0	0
	甘井子区	6	0	1	0	2	9
	旅顺口区	7	1	0	0	4	12
	金州区	12	3	7	1	2	25
	长海县	37	6	4	0	1	48
	瓦房店市	17	0	3	1	0	21
	普兰店市	5	0	0	1	0	6
	庄河市	30	0	3	1	4	38
	合计	114	12	24	4	14	168

续 表

地市	县区	渔业	公共服务	旅游	工业交通	其他	开发利用总数
丹东市	东港市	5	2	1	0	2	10
辽宁省合计		124	16	35	4	21	200

（1）无居民海岛开发利用类型

由于无居民海岛具有面积偏小，用地空间有限，水资源紧缺、土层薄、流失严重等限制因素；同时，由于海岛滨海旅游资源相对丰富，岸线较曲折，港湾众多，有利于发展海水养殖。因此基本上以渔业养殖用岛、旅游用岛为主要开发利用方式。

① 渔业养殖用岛。渔业养殖用岛由于海岛的空间位置而出现不同的开发利用强度。近岸海岛，特别是大陆潮间带内分布的海岛，由于近岸滩涂被大面积围海养殖，大量的海岛作为堤坝的一部分而被开发利用，同时海岛会被开挖建设育苗厂和养殖设施厂房。这类海岛主要有庄河市的青堆子湾内的庄河花坨子、五块石，庄河湾内的盘坨子、团坨、人坨子、老金坨；普兰店湾内的前大连岛、鸭蛋坨子、线麻坨子等；另外有锦州市的小笔架山等海岛。另一类海岛离岸较远，周边为广阔的海域，周边海域已被开发为底播和筏式海洋养殖区，养殖户往往会在海岛上建设简易的看护房和养殖设施用房，这类渔业用岛开发利用强度较小，占岛面积小，基本未对海岛造成破坏，这类开发利用类型海岛较多，分布较广。例如，觉华岛南侧的张家山岛、杨家山岛，旅顺的猪岛，大连市区南侧的凌水大坨子、凌水二坨子，长海县的大草坨子、西钟楼、英大坨子，庄河市的元宝岛、徐坨子，丹东的大坨子等海岛。

② 旅游用岛。已开展旅游的无居民海岛 35 个。辽宁省海岛的各类地貌景观资源多样，岛内和水下的旅游资源丰富，旅游发展也是海岛开发利用的流行方式，如葫芦岛市的磨盘山岛，大连的玉兔岛、蛤蜊岛、葫芦岛等。由于辽宁省地处北方，旅游开发受季节性影响较大，较多的旅游用岛，由于开发模式简单、游客数量较少，而被荒废；但同时也有像玉兔岛等海岛一样，旅游产品开发丰富，形成较大规模。

（2）无居民海岛开发利用存在的问题

辽宁全省海岛潮间带面积中，已有 148.5 km² 被围海开发利用，占全省海岛潮间带总面积的 46.15%，大连市滩涂围海利用率为 50.15%，为全省最高。被围垦滩涂主要用于池塘养殖和盐业生产。在辽宁海岛各类型潮间带中，沙滩普遍保存良好。

由于辽宁省海岛大多离陆地较近，已有开发活动海岛较多，但开发方式以简单利用和围填海利用较多，前者对海岛的影响较小，海岛基本保持原始状态，后者大多数与挖山取石对应，对海岛地形地貌造成很大影响，甚至导致岛体破坏严重。有开挖破坏活动的海岛主要分布在大连庄河市近岸、辽东湾东岸的长兴岛临港工业区及普兰店湾内海岛。庄河的青堆子湾内的栗子房头坨子和五块石，庄河湾内的盘坨子、团坨、人坨子、老金坨、小孤坨子以及狗岛、干岛、尖二坨等，因在岛上开挖土石方或修筑养殖场房，致使岛体遭受严重破坏。普兰店湾南部近岸海域的里双坨子、里双坨子西岛，因在岛上开挖土石方或修筑养殖场房，海岛的地形地貌遭受严重破坏。里坨子、线麻坨子、苇连坨子、大高力坨子、情人岛等海岛，因在海岛上开挖土石方或修筑养殖厂房以及旅游开发活动，导致海岛的地形地貌遭受破坏。

9.2　海岛功能类型适宜性评价

9.2.1　海岛功能类型适宜性评价技术路线

海岛功能类型的划分是综合了海岛资源环境特点，周边社会经济发展能力、趋势和需求，国家政策与产业导向、海岛开发条件等多方面因素进行综合评价的。根据项目构建的海岛开发适宜性评价指标体系，综合辽宁省海岛资源环境和社会经济特点对辽宁省海岛进行了功能类型适宜性评价，作为辽宁省海岛规划中功能类型确定的依据。海岛功能类型确定的技术路线如图 9-2 所示，具体包括以下步骤。

（1）搜集资料、调整评价指标体系

搜集辽宁省海岛数量、地理位置、面积、离岸距离、资源禀赋、环境状况、社会经济和人口、开发利用现状等本底资料。根据项目已构建指标体系，结合辽宁海岛情况，对海岛开发适宜性评价指标体系进行调整。

（2）辽宁海岛的初次分类

通过初次分类将基于海岛基本属性的有居民海岛、无居民海岛区分开，将无居民海岛基于海岛特殊利用现状的领海基点海岛、国防用途海岛、海洋自然保护区海岛和其他一般无居民海岛区分开。有居民海岛根据所属城镇规划、产业规划、海岛现状划分优化开发区域和特殊用途区域。

（3）辽宁海岛开发适宜性评价

在初次分类的基础上，将分出的一般无居民海岛进行开发适宜性评价，分别根据工业用岛、旅游用岛、港口仓储用岛适宜性评价指标体系和指标权重，计算出不同用岛的适宜性指数。根据全体指数情况，调节评价标准，根据不同用岛的评价标准，将海岛适宜性指数进行评判，由此将海岛划分为优先开发、适度开发和不宜开发三类。对三类指数得出的适宜性评价结果进行再判断，确定海岛的最适功能定位。

（4）综合评价确定海岛功能类型

在初次分类和开发适宜性评价基础上，进一步综合区位、社会经济、海岛现状、潜在价值、发展需求等多方面因素，对最适海岛的功能类型进行确定或调整，最终确定海岛规划功能类型。

9.2.2　工业用岛适宜性评价

（1）评价指标体系和权重

根据表 3-30 构建的无居民海岛工业开发适宜性评价指标体系，结合辽宁省海岛基本特征，对评价指标的赋值进行了调整和细化，见表 9-4。评价指标权重采用表 3-45 推荐的层次分析法确定。按照 3.4.6 节的开发适宜性评价公式计算工业用岛适宜性指数。

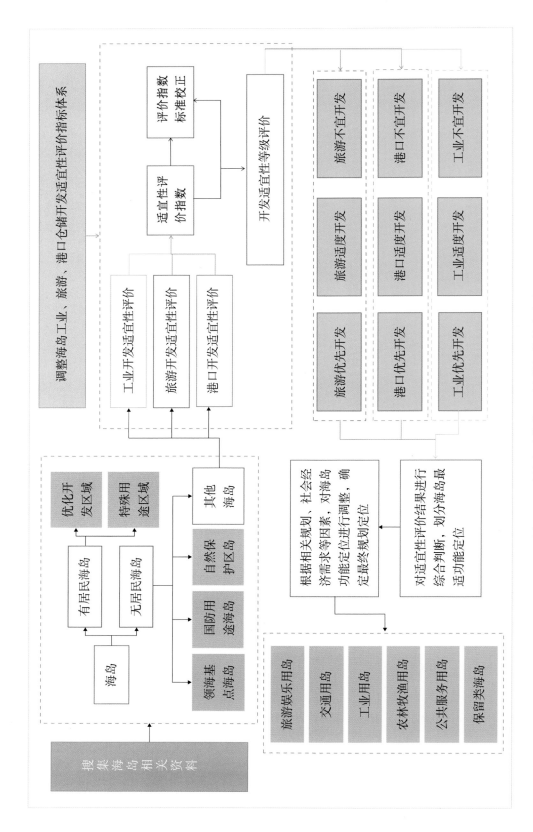

图9-2 辽宁海岛功能类型适宜性评价技术路线

表9-4　辽宁海岛工业用岛适宜性评价指标体系及赋值方法

准则层	因素层	指标层	开发适宜度等级及赋值				
			0~2分	2~4分	4~6分	6~8分	8~10分
资源	生物资源	珍稀濒危野生动植物	有		—		无
		珍稀濒危海洋生物	有		—		无
		海洋生物资源存量	较高	高	一般	较少	贫乏
	水资源	淡水资源量	没有	较少		一般	丰富
	能源与矿产资源	石油、金属储量及分布	没有分布	储量低	储量中等	储量高、分布分散	储量高、分布集中
		潮汐能、风能、波能、温差能	较差	差	一般	好	较好
		资源开采与能源开发条件	较差	差	一般	好	较好
生态环境	地形地貌	海岛面积（hm²）	< 5	5～25	25～50	50～100	>100
	地质条件	地质稳定性	不稳定		—		稳定
	海岛灾害	地震灾害	频率较高		一般	频率较低	频率非常低
	水文条件	水深	较差		一般	较好	良好
		掩护条件	差		一般	较好	好
社会发展	区位条件	岛陆区位优势	较差	差：其他	一般：距大陆10 km或距镇级海岛小于5 km	好：距大陆小于5 km，距县级海岛小于5 km	较好：距大陆小于2 km
	海洋功能区划与保护区	所属海洋功能区划	其他		保留区		工业与城镇用海区、矿产与能源区
	已有开发项目	已有产业基础	较差	差	一般	好	较好

　　对辽宁省海岛工业用岛适宜性评价指标进行打分，共完成467个无居民海岛的指标打分，打分情况见表 9-5 。资源类指标权重最高，社会发展类指标次之，生态环境指标最低。

　　在资源类指标中，"珍稀濒危海洋生物""石油、金属储量及分布""潮汐能、风能、波能、温差能""资源开采与能源开发条件"是权重指标。其中，"珍稀濒危海洋生物"是限制工业开发的指标。在辽宁省海岛，主要的珍稀濒危海洋生物包括斑海豹、皱纹盘鲍、刺参、紫海胆等，斑海豹洄游路线、栖息地、觅食地涉及的海岛主要为辽东湾东部的部分海岛，皱纹盘鲍、刺参、紫海胆等重要渔业种质资源的自然分布地为老偏岛、核大坨子等海岛。"石油、金属储量及分布"：由于辽宁省矿产资源储量低，因此在石油、金属储量及分布上，岛间几乎没有差异。"潮汐能、风能、波能、温差能"：辽宁省海岛风能资源丰富，岛间几乎没有差异；大长山岛已试点开发温差能；总体来说，辽宁省海岛清洁能源方面岛间差异较小。"资源开采与能源开发条件"：资源和能源开采与资源本身储量、分布有关，也与资源所处海岛开发难度，可行性有关，鉴于辽宁海岛资源和能源情况岛间差异较小，主要根据海岛开发条件进行打分判定，最低分为 2 分，最高 8 分。

在社会发展类指标中，"所属海洋功能区划"是权重指标。根据辽宁省海洋功能区划（2011—2020），庄河港工业与城镇用海区、花园口工业与城镇用海区、皮口工业与城镇用海区、大长山北部工业与城镇用海区、金州湾工业与城镇用海区、复州湾工业与城镇用海区、长兴岛工业与城镇用海区、金州湾工业与城镇用海区、曹庄工业与城镇用海区等均覆盖了海岛分布区。

表9-5　辽宁省海岛工业用岛适宜性评价打分示意

所属县	标准名称	濒危珍稀野生动植物	濒危珍稀海洋生物与国家级海洋保护生物	海洋生物资源存量	淡水资源量	海岛面积	所属海洋功能区划	石油、金属储能及分布	资源开采与能源开发条件	水深	掩护条件	岛陆区位优势	已有产业基础
旅顺口区	砣岛头	0	8	3	3	0	0	2	2	4	4	7	4
庄河市	栗子房四坨子岛	0	8	3	3	1	6	2	2	1	3	7	4
庄河市	五块石	0	8	3	3	1	1	2	2	1	5	5	4
金州区	汗坨子	9	8	3	5	2	0	2	4	2	6	6	3
金州区	鸭蛋坨子	9	8	3	7	2	0	2	4	2	6	9	8
长海县	小楼岛	0	8	3	1	2	0	2	6	9	6	4	4
长海县	母鸡坨子	0	8	3	1	2	6	2	2	6	6	4	4
市辖区	龟山岛	9	5	6	3	2	9	2	4	4	4	9	4
东港市	丹东半拉坨子	0	8	6	1	2	1	2	2	2	5	3	4
长海县	塞北坨子	0	8	3	1	2	6	2	2	7	9	6	4
长海县	英大坨子	0	8	3	1	2	0	2	2	7	5	5	4
东港市	大坨子	0	8	6	1	2	1	2	2	2	5	3	4
金州区	里双坨子	9	8	3	5	2	0	2	4	2	6	9	8
东港市	迎门坨子	0	8	3	3	2	6	2	2	2	7	7	4
东港市	园山岛	0	8	3	3	6	1	2	6	2	5	5	4
金州区	荒坨子	9	8	3	3	6	0	2	5	2	6	9	4

（2）评价标准的确定

对辽宁省海岛工业用岛适宜性评价计算结果进行统计分析（表9-6），467个海岛工业用岛适宜性指数最小值为2.765 4，最大为6.383 9，进行分段统计发现，指数值3.4～4.0的海岛数最多，其次为4.0～4.6指数段。从计算结果看，适宜性指数基本呈正态分布。根据适宜性指数值的情况，对3.4.6节推荐的适宜性指数评价标准进行调整，最终辽宁省海岛工业用岛适宜性评价标准为：适宜性指数小于4.1为不宜开发；适宜性指数大于等于4.1小于5.1为适度开发；适宜性指数大于等于5.1为优先开发（表9-7）。

表9-6　辽宁省海岛工业用岛适宜性评价计算结果统计

统计项目	值	指数值分段	数量
最小值	2.765 4	2.7～3.4	61
最大值	6.383 9	3.4～4.0	184
平均值	4.098 3	4.0～4.6	114
中位数	3.955 6	4.6～5.2	69
—	—	5.2～5.8	36
—	—	5.8～6.4	3

表9-7　辽宁省海岛工业用岛适宜性评价标准

工业类	调整标准	参考标准
不宜开发	< 4.1	≤3
适度开发	4.1～5.1	3～7
优先开发	≥5.1	> 7

（3）工业用岛适宜性评价结果

结果显示（表9-8，图9-3），进行评价的467个海岛中，不宜进行工业开发的273个，可适度考虑工业开发的151个，优先进行工业开发的仅43个。工业优先开发海岛主要分布在金州、甘井子区、葫芦岛市辖和瓦房店市，包括丹东市的盐锅坨子、金州区的东亮岛、前大连岛、瓦房店市的温坨子、苇连坨子、布鸽坨子、兴城市的黑石岛、石人礁、葫芦岛市辖区的龟山岛、小龟山岛、长海县的西北江、塞大坨子等海岛。

表9-8　工业用岛适宜性情况统计

适宜性	数量	百分比（%）
不宜开发	273	58.5
适度开发	151	32.3
优先开发	43	9.2
总计	467	100.0

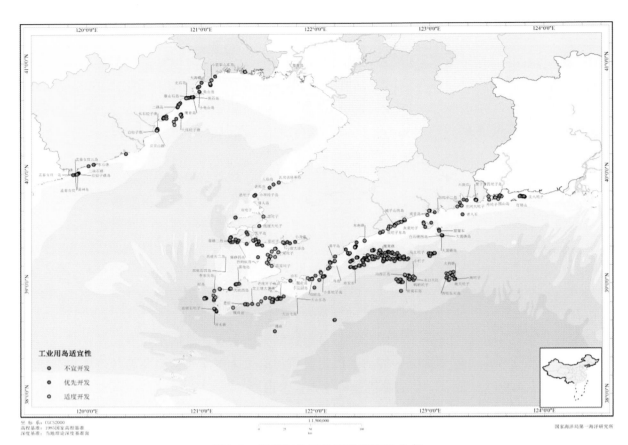

图9-3 辽宁海岛工业用岛适宜性分布

9.2.3 旅游用岛适宜性评价

（1）评价指标体系和权重

根据表3-29构建的旅游用岛适宜性评价指标体系，结合辽宁省海岛基本特征，对评价指标的赋值进行了调整和细化，见表9-9。评价指标权重采用3.4.5节推荐的层次分析法确定。

表9-9 辽宁海岛旅游用岛适宜性评价指标体系及赋值方法

指标层	开发适宜度等级及赋值				
	0~2分	2~4分	4~6分	6~8分	8~10分
濒危珍稀野生动植物	有	—			无
植被覆盖率（%）	<20	—			>80
岛陆生物多样性	较低	低	一般	高	较高
濒危珍稀海洋生物与国家级海洋保护生物	有	—			无
经济鱼类总类与数量	贫乏	较少	一般	高	较高
邻近海洋生物多样性	较低	低	一般	高	较高

续 表

指标层	开发适宜度等级及赋值				
	0~2分	2~4分	4~6分	6~8分	8~10分
自然景观	不具特色	较突出		较奇特优美	优美，独具特色
人文景观	未发现人文遗迹	知名度很小		知名度一般	知名度较大
淡水资源量	没有	较少		一般	丰富
海岛面积（hm²）	<5	5~25	25~50	50~100	>100
离岸距离（km）	>40	20~40	10~20	5~10	<5
邻近海域海水环境质量	劣于第四类标准	符合第四类标准	符合第三类标准	符合第二类标准	符合第一类标准
邻近海域海洋沉积物质量	劣于第三类标准		符合第三类标准	符合第二类标准	符合第一类标准
台风与风暴潮发生频率	非常高	高	一般	低	非常低
雾天灾害频率与等级	非常高	高	一般	低	非常低
所属海洋功能区划	其他功能区	保留区			旅游休闲娱乐区
登岛交通便利程度	进出非常困难	进出较困难		进出较容易	进出容易
海岛电力条件	较差	差	一般	好	较好
海洋渔业	养殖为主，捕捞为辅	养殖、捕捞发展一般			捕捞为主，养殖较少
旅游设施	非常匮乏：未开发的无居民海岛，没有任何基础设施	一般：有简单的旅游活动，或已有水电等基础设施			有一定基础：有较大规模的旅游开发活动，或水电能够保障

对辽宁省海岛旅游用岛适宜性评价指标进行打分，共完成 467 个无居民海岛的指标打分，打分情况见表 9-10。资源类指标权重最高，生态环境指标次之，社会发展类指标最低。

在资源类指标中，"淡水资源""自然景观""人文景观"是权重指标。

① "淡水资源"：根据《辽宁省海岛资源综合调查报告》，500 m² 以上海岛有淡水的仅 42 个（此统计不含长兴岛等 5 个有淡水海岛）。根据地名普查资料，目前无居民海岛开发主要通过修大陆输水管道、船运等解决水资源问题，部分有居民海岛通过海水淡化解决水资源短缺。

② "自然景观"：辽宁省海岛具有较奇特、优美的海岛较少，多为一般的海岛风光，部分海岛由于破坏性开挖、与大陆相连等，海岛风光毁之殆尽。景色优美的海岛如海王九岛、蛤蜊岛、大石坨子、大笔架山、磨盘山等。

③ "人文景观"：部分辽宁省无居民海岛尚存人文遗迹，如丹东半拉坨子有战争留下的碉堡，大笔架山有吕祖亭、王母宫、三清阁等古建筑。

在生态环境类指标中，"邻近海域海水环境质量"为权重指标。根据辽宁省海洋环境质量公报，辽东湾顶、金州湾、复州湾等海域海水环境质量较差，影响区域海岛旅游开发，其他海域海水质量较好。

表9-10 辽宁省海岛旅游用岛适宜性评价打分示意

所属县	标准名称	濒危珍稀野生动植物	植被覆盖率	岛陆生物多样性	濒危珍稀海洋生物与国家级海洋保护生物	经济鱼类总数量与数量	邻近海洋生物多样性	自然景观	人文景观	淡水资源量	海岛面积	离岸距离（km）	邻近海域海水环境质量	邻近海域海洋沉积物质量	所属海洋功能区划	登岛交通便利程度	海岛电力条件	旅游设施	海洋渔业	台风与风暴潮发生频率	雾天灾害频率等与等级
旅顺口区	旅顺石坨子	9	2	2	8	5	8	5	0	3	0	8	8	6	9	6	2	2	9	6	5
金州区	东坨子	0	3	3	8	5	5	7	0	3	1	8	8	8	9	2	3	2	9	5	5
中山区	栖虎岛	0	4	3	8	3	6	7	0	3	1	8	7	8	9	6	3	2	9	5	5
旅顺口区	三夹礁	9	0	0	8	5	8	7	0	3	1	8	8	6	9	2	3	2	9	6	5
长海县	水坨子	0	4	3	8	8	9	7	0	1	2	4	9	8	9	6	4	2	9	5	5
瓦房店市	小高力坨子	9	4	4	8	3	5	7	0	3	2	8	8	9	6	6	4	2	7	6	5
金州区	东三砣车岛	0	4	3	8	5	5	4	0	5	2	8	8	8	9	9	7	4	5	5	5
绥中县	掉龙蛋礁	9	4	3	8	4	5	4	0	3	2	8	7	9	9	9	4	4	9	6	5
瓦房店市	瓦房店将军石	9	4	3	8	4	5	7	0	3	2	8	8	9	9	9	4	2	7	6	5
旅顺口区	西坨子	9	4	4	8	5	8	1	0	7	2	8	8	6	6	9	9	5	2	6	5
长海县	西蛤蟆礁	0	4	4	8	8	9	7	0	1	2	4	9	8	9	6	4	2	9	5	5
金州区	鸭蛋坨子	9	5	4	8	4	6	1	0	7	2	8	5	6	9	6	9	7	3	6	5
长海县	东草坨子	0	4	3	8	9	9	8	0	1	2	2	8	8	6	8	6	2	9	5	5
瓦房店市	八仙岛	9	0	0	8	3	5	8	0	3	2	8	8	9	9	9	6	2	7	6	5
兴城市	双砬子礁	9	4	3	8	3	4	8	0	1	2	6	7	9	9	6	6	2	9	6	5
长海县	小坡螺坨子	0	5	4	8	8	9	8	0	1	2	2	9	8	9	2	6	2	9	5	5
庄河市	徐坨子	8	5	4	8	5	6	8	0	1	2	6	8	8	6	6	6	2	7	5	5

（2）评价标准

对辽宁省海岛旅游用岛适宜性评价计算结果进行统计分析（表9-11），467个海岛旅游用岛适宜性指数最小值为2.812 2，最大为6.735 4，进行分段统计发现，指数值4.1 ～ 4.7的海岛数最多，其次为3.5 ～ 4.1指数段。从计算结果看，适宜性指数基本呈正态分布。根据适宜性指数值的情况，对3.4.6节推荐的适宜性指数评价标准进行调整，最终辽宁省海岛旅游用岛适宜性评价标准（表9-12）为：适宜性指数小于4.1为不宜开发；适宜性指数大于等于4.1小于4.7为适度开发；适宜性指数大于等于4.7为优先开发。

表9-11　辽宁省海岛旅游用岛适宜性评价计算结果统计

统计项目	值	分段	数量
最小值	2.812 2	2.81～3.5	22
最大值	6.735 4	3.5～4.1	176
平均值	4.191 1	4.1～4.7	223
中位数	4.196 5	4.7～5.3	43
—	—	5.3～5.9	1
—	—	5.9～6.7	2

表9-12　辽宁省海岛旅游用岛适宜性评价标准

旅游类	调整标准	参考标准
不宜开发	＜4.1	≤3
适度开发	4.1～4.7	3～7
优先开发	≥4.7	＞7

（3）旅游用岛适宜性评价结果

结果显示（表9-13，图9-4），进行评价的467个海岛中，不宜进行旅游开发的198个，可适度考虑旅游开发的222个，优先进行旅游开发的仅47个。旅游优先开发海岛主要分布在金州、锦州、长海县和旅顺口区，包括长海县的葫芦岛、格大坨子、东草坨子、金州区的东坨子、金州马坨子、鹿鸣岛、兴城市的杨家山岛、张家山岛，旅顺口区的三关礁、叭狗礁等海岛。

表9-13　旅游用岛适宜性情况统计

适宜性	数量	百分比（%）
不宜开发	198	42.4
适度开发	222	47.5
优先开发	47	10.1
总计	467	100.0

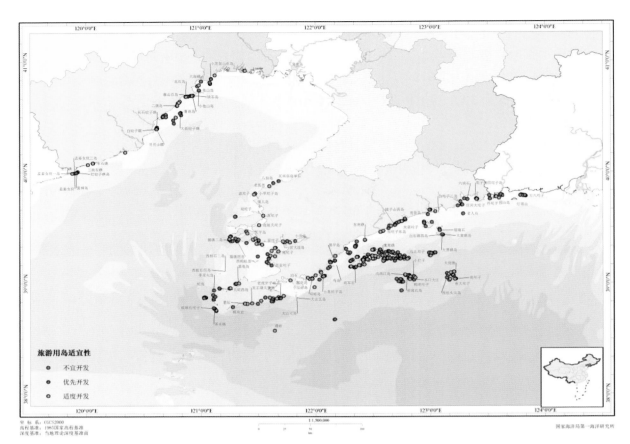

图9-4 辽宁海岛旅游业用岛适宜性分布

9.2.4 港口仓储用岛适宜性评价

（1）评价指标体系和权重

根据表3-31构建的港口仓储用岛适宜性评价指标体系，结合辽宁省海岛基本特征，对评价指标的赋值进行了调整和细化，见表9-14。评价指标权重采用3.4.5节推荐的层次分析法确定。

表9-14 辽宁海岛旅游用岛适宜性评价指标体系及赋值方法

指标层	开发适宜度等级及赋值				
	0~2分	2~4分	4~6分	6~8分	8~10分
珍稀濒危野生动植物	有		—		无
海岛面积（hm²）	< 5	5~25	25~50	50~100	> 100
离岸距离（km）	> 40	20~40	10~20	5~10	< 5
岸线类型	稳定性差，后方陆域狭窄崎岖		稳定性较差，后方陆域较狭窄	较稳定，后方陆域较平坦宽阔	稳定，后方陆域平坦宽阔
地质稳定性	不稳定		—		稳定

续 表

指标层	开发适宜度等级及赋值				
	0~2分	2~4分	4~6分	6~8分	8~10分
台风与风暴潮发生频率	频率非常高	频率高	一般	频率低	频率非常低
北方沿海冬季冰情	严重	一般			轻微
水深	较差	一般		较好	良好
掩护条件	掩护条件差	一般		较好	好
岛群区位优势	较差：为单个离岛	差：与其他3个以上无居民海岛近	一般：处于列岛中，且距主岛近	好：处于群岛中，且距主岛近	较好
岛陆区位优势	较差	差：其他	一般：距大陆10 km或距镇级海岛小于5 km	好：距大陆小于5 km，距县级海岛小于5 km	较好：距大陆小于2 km
所属海洋功能区划	其他	保留区			港口航运区

对辽宁省海岛港口仓储用岛适宜性评价指标进行打分，共完成467个无居民海岛的指标打分，打分情况见表9-15。社会发展类指标最高，生态环境指标次之，资源类指标权重最低。

在社会发展类指标中，"所属海洋功能区划"是权重指标。根据辽宁省海洋功能区划(2011—2020)，海洋红港口航运区、黑岛港口航运区、庄河港港口航运区、皮口港港口航运区、大窑湾港口航运区、海猫岛港口航运区、长兴岛港口航运区、锦州湾港口航运区等均覆盖了海岛分布区。

在生态环境类指标中，"地质稳定性"为权重指标。辽宁省海岛全部为基岩海岛，根据《辽宁省岩石地层》，辽宁省海岛分数辽西地层分区和辽东地层分区。辽西分区主要为辽东湾西岸海岛，其他海岛均为辽东分区。太古界地层发育较少，主要在绥中沿岸海岛、庄河和普兰店以及长山群岛；元古界主要在獐子岛、海洋岛等岛屿发育；古生界分布在复州湾岛屿。海岛区岩浆活动比较活跃，除菊花岛和广鹿岛有较大侵入岩体分布外，多为脉岩，出露面积小。近年来长山列岛发生过小于2.5ML级地震18次，地震频率比较高。海岛地区发生的较大地震为20世纪70年代分别于1971年、1975年和1976年发生的大王家岛5.0级地震、海城营口7.3级地震和唐山7.8级地震。海岛地区重力滑坡、海岸侵蚀是较为常见的地质灾害。总体来说，海岛区域稳定性好，港口条件较好，岛间地质差异不明显。

表9-15　辽宁省海岛港口仓储用岛适宜性评价打分情况

所属县	标准名称	濒危珍稀野生动植物	海岛面积	台风与风暴潮发生频率	雾天灾害频率与等级	所属海洋功能区划	地质稳定性	水深	掩护条件	岛陆区位优势	离岸距离（km）	岸线类型	岛群区位优势
旅顺口区	浑水礁	9	0	6	5	0	8	5	5	7	8	2	3
市辖区	指峰岛	9	0	6	5	0	8	4	4	9	8	2	3
兴城市	小海山西岛	9	1	6	5	1	8	5	7	6	8	2	3
甘井子区	凌水豆腐坨子	0	1	5	5	6	8	5	4	9	8	2	0

续 表

所属县	标准名称	濒危珍稀野生动植物	海岛面积	台风与风暴潮发生频率	雾天灾害频率与等级	所属海洋功能区划	地质稳定性	水深	掩护条件	岛陆区位优势	离岸距离（km）	岸线类型	岛群区位优势
长海县	张嘴	0	1	5	5	6	8	2	6	4	1	2	8
旅顺口区	大砣	9	1	6	5	0	8	6	5	7	8	2	3
金州区	南三辆车岛	0	1	5	5	9	8	5	2	4	6	2	0
兴城市	贝贝山礁	9	1	6	5	1	8	2	6	6	8	2	3
瓦房店市	鱼背岛	9	1	6	5	0	8	5	3	5	4	2	7
长海县	偏鱼头	0	1	5	5	6	8	2	4	4	1	2	8
长海县	褡裢西北嘴	0	1	5	5	6	8	4	3	3	1	2	8
长海县	嘴坨子	0	1	5	5	6	8	2	7	4	1	2	8
长海县	尖坨子	0	2	5	5	6	8	6	3	5	2	2	8
瓦房店市	布鸽坨	9	2	6	5	0	8	5	3	5	4	4	7
长海县	马石岛	0	2	5	5	6	8	6	4	3	1	4	8
兴城市	白碴子礁	9	2	6	5	1	8	2	5	6	8	4	3
东港市	丹坨子	0	2	5	5	9	8	6	6	5	8	4	0
长海县	母坨子	0	2	5	5	6	8	2	4	4	1	4	8

（2）评价标准

对辽宁省海岛港口仓储用岛适宜性评价计算结果进行统计分析（表9-16），467个海岛港口仓储用岛适宜性指数最小值为1.145 1，最大为7.203 7，进行分段统计发现，指数值3.1～4.1的海岛数最多，其次为2.1～3.1和4.1～5.1指数段。从计算结果看，适宜性指数基本呈正态分布。根据适宜性指数值的情况，对3.4.6节推荐的适宜性指数评价标准进行调整，最终辽宁省海岛港口仓储用岛适宜性评价标准（表9-17）为：适宜性指数小于4.1为不宜开发；适宜性指数大于等于4.1小于5.1为适度开发；适宜性指数大于等于5.1为优先开发。

表9-16　辽宁省海岛港口仓储用岛适宜性评价计算结果统计

统计项目	值	指数值分段	数量
最小值	1.145 1	1.1～2.1	6
最大值	7.203 7	2.1～3.1	120
平均值	3.920 6	3.1～4.1	153
中位数	3.781	4.1～5.1	119
—	—	5.1～6.1	33
—	—	6.1～7.3	36

表9-17　辽宁省海岛港口仓储用岛适宜性评价标准

港口仓储类	调整标准	参考标准
不宜开发	<4.1	≤3
适度开发	4.1～5.1	3～7
优先开发	≥5.1	>7

（3）港口仓储用岛适宜性评价结果

结果显示（表9-18，图9-5），进行评价的467个海岛中，不宜进行港口仓储开发的279个，可适度考虑港口仓储开发的119个，优先进行港口仓储开发的69个。港口仓储优先开发海岛主要分布在葫芦岛市辖区、长海县、瓦房店市和旅顺口区，包括葫芦岛市的北石岛、石门、南石岛、长海县的塞大坨子、塞北坨子、北坨子、瓦房店市的里坨子、泡崖大坨子、鹰头坨子、旅顺口区的海猫岛岛群、靠砣岛、双岛、大半江等海岛。

表9-18　港口仓储用岛适宜性情况统计

适宜性	数量	百分比（%）
不宜开发	279	59.7
适度开发	119	25.5
优先开发	69	14.8
总计	467	100.0

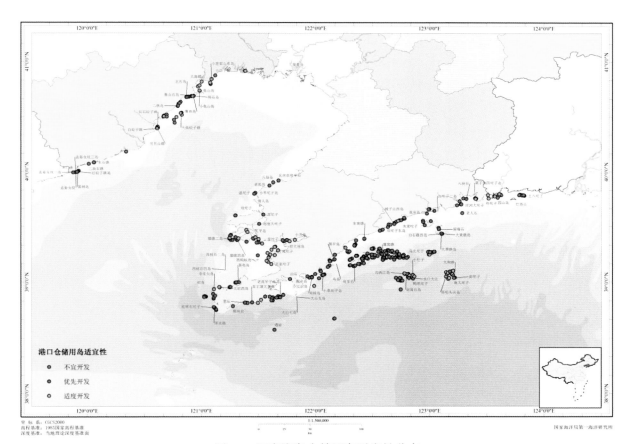

图9-5　辽宁海岛仓储用岛适宜性分布

9.2.5　海岛最适功能类型的确定

海岛最适功能的确定是指将工业用岛、旅游用岛和港口仓储用岛适宜性评价的结果进行综合分析，给出海岛的最适功能定位，不考虑资源的储备、社会经济和产业发展需求的其他因素。根据表9-19给出的方法进行海岛最适功能整合。经过最适功能评判将得出9类评价结果。

① 不宜开发（组合7）：指三类评价结果均为不宜开发。

② 工业优先开发（组合3）：指仅工业用岛评价结果为优先开发，其他评价为适度开发或不宜开发。

③ 旅游优先开发（组合3）：指仅旅游用岛评价结果为优先开发，其他评价为适度开发或不宜开发。

④ 港口仓储优先开发（组合3）：指仅港口仓储用岛评价结果为优先开发，其他评价为适度开发或不宜开发。

⑤ 工业适度开发（组合6）：指仅工业用岛评价结果为适度开发，其他评价为不宜开发。

⑥ 旅游适度开发（组合6）：指仅旅游用岛评价结果为适度开发，其他评价为不宜开发。

⑦ 港口仓储适度开发（组合6）：指仅港口仓储用岛评价结果为适度开发，其他评价为不宜开发。

⑧ 兼容优先开发（组合1、组合2）：指工业、旅游、港口用岛评价结果中有两个或三个均为优先开发，此时两类或三类功能兼容。

⑨ 兼容适度开发（组合4、组合5）：指工业、旅游、港口用岛评价结果中有没有优先开发，两个或三个均为适度开发，此时两类或三类功能兼容。

评价的467个海岛中（图9-6），旅游适度开发类海岛最多，占海岛总数25%，其次为不宜开发海岛，占海岛总数17%，第三是兼容适度开发海岛，占15%。优先开发类海岛总计占海岛总数31%。通过适宜性评价和最适功能判定给出了辽宁海岛规划功能分类的明确参考（图9-7）。

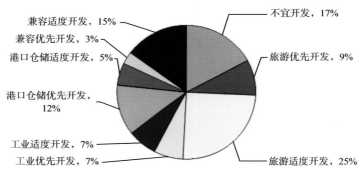

图9-6　辽宁海岛最适功能比例

在规划过程中，以评价结果为基础，结合公共服务需要，农渔发展需要等进行功能定位调整。其中，由于海岛周围有大片海域或滩涂适宜开展渔业生产，同时渔业包含了简单渔业生产、围海养殖、海洋牧场、规模化育苗及海产品加工等多种产业内容和方式，原则上所有海岛均可作为渔业用岛，但保障旅游用岛、工业交通用岛十分必要，因此建议将部分工业优先开发海岛用于规模化渔业生产，将适度用岛类作为一般农牧渔用岛。同时，出于为远期预留储备资源的考虑，不能在规划期内将所有资源条件较好的海岛全部开发，因此优先开发类、适度开发类海岛均应有一部分最终确定为保留类海岛（表9-19，表9-20）。

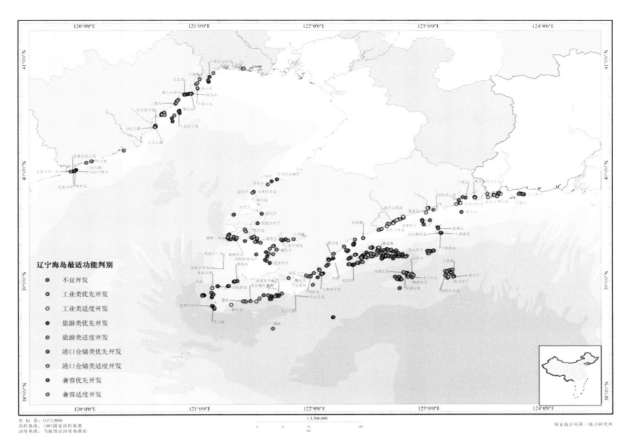

图9-7　辽宁海岛最适功能分布

表9-19　根据适宜性评价结果确定海岛最适功能的方法

	序号	适宜性评价计算结果	最适功能类型确定方法
A 代表优先 开发 B 代表适度 开发 C 代表不宜 开发	组合1	AAA	当工业、旅游、港口用岛适宜性评价结果全部为优先开发时，三类功能兼容优先
	组合2	AAB、AAC	当工业、旅游、港口用岛适宜性评价其中两个结果为优先开发时，两类功能兼容优先
	组合3	ABC、ABB、ACC	当工业、旅游、港口用岛适宜性评价其中仅一个结果为优先开发时，该功能优先
	组合4	BBB	当工业、旅游、港口用岛适宜性评价结果全部为适度开发时，三类功能兼容适度开发
	组合5	BBC	当工业、旅游、港口用岛适宜性评价结果没有优先开发，其中两个结果为适度开发时，两类功能兼容适度开发
	组合6	BCC	当工业、旅游、港口用岛适宜性评价结果没有优先开发，仅一个结果为适度开发时，该功能适度开发
	组合7	CCC	当工业、旅游、港口适宜性全部为不宜开发时，该海岛不宜开发，应作为保留类或保护类海岛

表9-20　辽宁沿海区县部分海岛最适功能类型

标准名称	所属县	适宜性评价结果			最适功能类型结论
		旅游用岛	工业用岛	港口仓储用岛	
绵羊石岛	东港市	不宜开发	不宜开发	不宜开发	不宜开发

续 表

标准名称	所属县	适宜性评价结果			最适功能类型结论
		旅游用岛	工业用岛	港口仓储用岛	
盐锅坨子	东港市	优先开发	优先开发	适度开发	旅游、工业兼容开发
迎门坨子	东港市	适度开发	适度开发	适度开发	工业、旅游、港口仓储适度开发
园山岛	东港市	适度开发	适度开发	不宜开发	工业、旅游适度开发
汉坨子	甘井子区	适度开发	优先开发	优先开发	工业、港口仓储兼容
海狮岛	金州区	适度开发	不宜开发	不宜开发	旅游类适度开发
金州黑礁	金州区	适度开发	适度开发	不宜开发	工业、旅游适度开发
西大坨子	金州区	不宜开发	不宜开发	不宜开发	不宜开发
里双坨子	金州区	适度开发	优先开发	优先开发	工业、港口仓储兼容
小笔架山	锦州市	优先开发	适度开发	适度开发	旅游类优先开发
西锦凌岛	凌海市	不宜开发	适度开发	适度开发	工业、港口仓储适度开发
海猫四岛	旅顺口区	不宜开发	不宜开发	优先开发	港口仓储类优先开发
艾子石北岛	旅顺口区	不宜开发	适度开发	适度开发	工业、港口仓储适度开发
指峰岛	葫芦岛市	适度开发	不宜开发	适度开发	港口仓储、旅游适度开发
航标礁	绥中县	适度开发	不宜开发	不宜开发	旅游类适度开发
孟姜女坟二岛	绥中县	优先开发	不宜开发	不宜开发	旅游类优先开发
温坨子	瓦房店市	适度开发	优先开发	不宜开发	工业类优先开发
线麻坨子	瓦房店市	适度开发	优先开发	适度开发	工业类优先开发
里坨子	瓦房店市	适度开发	适度开发	优先开发	港口仓储类优先开发
布鸽坨子	瓦房店市	不宜开发	优先开发	不宜开发	工业类优先开发
鲁坨子	瓦房店市	不宜开发	优先开发	适度开发	工业类优先开发
西大连岛	西岗区	优先开发	适度开发	不宜开发	旅游类优先开发
兴城黑石礁	兴城市	适度开发	不宜开发	不宜开发	旅游类适度开发
乌龟石	兴城市	适度开发	不宜开发	不宜开发	旅游类适度开发
大门顶	长海县	不宜开发	不宜开发	不宜开发	不宜开发
格大坨子	长海县	优先开发	不宜开发	不宜开发	旅游类优先开发
东钟楼	长海县	适度开发	不宜开发	不宜开发	旅游类适度开发
灰坨子	长海县	适度开发	不宜开发	不宜开发	旅游类适度开发
塞北坨子	长海县	适度开发	适度开发	优先开发	港口仓储类优先开发
小草坨子	长海县	优先开发	不宜开发	不宜开发	旅游类优先开发
乌大坨子	长海县	不宜开发	不宜开发	不宜开发	不宜开发
鹅蛋岛	长海县	优先开发	不宜开发	不宜开发	旅游类优先开发
乌北坨子	长海县	不宜开发	不宜开发	不宜开发	不宜开发
南大坨子	长海县	适度开发	不宜开发	不宜开发	旅游类适度开发
圆岛	中山区	优先开发	不宜开发	不宜开发	旅游类优先开发
棒槌岛	中山区	适度开发	不宜开发	不宜开发	旅游类适度开发
东大连岛	中山区	优先开发	不宜开发	不宜开发	旅游类优先开发
庄河将军石北岛	庄河市	不宜开发	适度开发	不宜开发	工业类适度开发
焉二坨子岛	庄河市	不宜开发	适度开发	适度开发	工业、港口仓储适度开发
张二坨	庄河市	适度开发	适度开发	不宜开发	工业、旅游适度开发

9.3 辽宁省海岛功能类型评价成效分析

9.3.1 辽宁省海岛保护规划分类保护简介

根据《辽宁省海岛保护规划（2012－2020）》，辽宁省无居民海岛 592 个，最终规划为特殊保护类、保留类、适度利用类 3 个二级类，国防用途海岛、海洋保护区内海岛、保留类海岛、旅游娱乐用岛、工业交通用岛、农林牧渔业用岛、公共服务用岛 7 个三级类，其中，特殊保护类海岛为 169 个，保留类海岛为 120 个，适度利用类海岛 303 个（表 9-21）。

表9-21 《辽宁省海岛保护规划（2012—2020）》无居民海岛分类规划统计表

地级市/省管县	县/区	特殊保护类		保留类	适度利用类				合计
		国防用途海岛	海洋保护区内海岛	保留类	旅游娱乐用岛	工业交通用岛	农林牧渔业用岛	公共服务用岛	
绥中县	绥中县	0	4	2	5	1	1	0	13
	合计	0	4	2	5	1	1	0	13
葫芦岛市	葫芦岛市区	17	0	2	0	3	0	0	22
	兴城市	0	0	5	15	0	8	0	28
	合计	17	0	7	15	3	8	0	50
锦州市	锦州市区	0	3	0	4	0	0	0	7
	凌海市	0	0	2	0	0	0	0	2
	合计	0	3	2	4	0	0	0	9
盘锦市	合计	0	0	0	1	0	0	0	1
大连市	瓦房店市	0	4	11	11	9	7	0	42
	金州区	0	18	11	28	6	4	1	68
	旅顺口区	14	15	5	11	6	3	0	54
	甘井子区	9	8	0	1	0	0	0	18
	中山区	10	1	0	12	0	0	2	25
	西岗区	0	0	0	3	0	0	0	3
	沙河口区	0	1	0	0	0	0	0	1
	长海县	0	20	73	54	3	24	3	177
	普兰店市	0	5	0	5	1	0	0	11
	庄河市	0	30	9	12	28	23	0	102
	合计	33	102	109	137	53	61	6	501
丹东市	东港市	0	10	0	0	8	0	0	18
	合计	0	10	0	0	8	0	0	18
合计		50	119	120	162	65	70	6	592

9.3.2 海岛功能分类判别效果总体分析

经过海岛功能适宜性评价确定的九类最适功能定位在规划过程中最终确定为表9-22中的功能分类。按照表9-23的判定标准判断辽宁省海岛规划对适宜性评价结果是否采纳。

在表9-24、表9-25采纳结果情况有效判定中，采纳的适宜性评价结果为57%，基本采纳的为29.8%，未采纳的仅为13.2%。其中，"不宜开发"海岛的采纳率最高，为69.3%；"优先开发"的采纳率为80.5%；适度开发类海岛采纳率为56.2%（表9-26）。

表9-22　辽宁省海岛规划采纳适宜性评价结果判定标准

评价最适类型 规划功能分类	自然保护区 海岛	保留类 海岛	旅游娱乐 用岛	工业交通 用岛	农林牧渔 用岛	公共服务 用岛
不宜开发	#	#	—	—	—	—
旅游优先开发	*	*	#	—	—	*
旅游适度开发	—	*	#	—	*	*
工业优先开发	—	*	—	#	—	*
工业适度开发	—	*	—	#	*	*
港口仓储优先开发	—	*	—	#	—	*
港口仓储适度开发	—	*	—	#	*	*

注：#为采纳，*为基本采纳，—为未采纳。

表9-23　辽宁省海岛规划采纳适宜性评价结果情况统计

	采纳	基本采纳	未采纳	总计
绥中县	9	3	1	13
葫芦岛市	19	13	0	32
锦州市	3	2	3	8
丹东市	14	2	1	17
大连市（不含长海县）	114	44	30	188
长海县	80	61	20	161
总计	239	125	55	419
百分比	57.0%	29.8%	13.1%	100.0%

表9-24　最适功能为"不宜开发"海岛的规划采纳情况

不宜开发	评价数	规划为保护区海岛、保留类海岛数	一致性百分比（%）
丹东市	7	7	100.0
大连市（不含长海县）	16	11	68.8
长海县	52	34	65.4
总计	75	52	69.3

注：葫芦岛市和锦州市没有不宜开发海岛。

表9-25　最适功能为"优先开发"规划采纳情况

行政区划	旅游优先开发			工业优先开发			港口仓储优先开发			兼容优先开发			总计		
	评价数	规划为旅游、保留海岛数	一致性百分比（%）	评价数	规划为工业、保留海岛数	一致性百分比（%）	评价数	规划为交通、保留海岛数	一致性百分比（%）	评价数	规划符合海岛数	一致性百分比（%）	评价数	规划符合海岛数	一致性百分比（%）
绥中县	5	5	100.0										5	5	100.0
葫芦岛市	4	4	100.0	11	11	100.0							15	15	100.0
锦州市	2	2	100.0	1	0	0.0	2	0	0.0				5	2	40.0
丹东市										1	1	100.0	1	1	100.0
大连市（不含长海县）	20	18	90.0	15	10	66.7	28	20	71.4	7	6	85.7	70	54	77.1
长海县	9	9	100.0	5	5	100.0	6	3	50.0	2	1	50.0	22	18	81.8
总计	40	38	95.0	32	26	81.3	36	23	63.9	10	8	80.0	118	95	80.5

表9-26　最适功能为"适度开发"规划采纳情况

行政区划	旅游适度开发			工业适度开发			港口仓储适度开发			兼容适度开发			总计		
	评价数	规划为旅游海岛数	一致性百分比（%）	评价数	规划为工业海岛数	一致性百分比（%）	评价数	规划为交通海岛数	一致性百分比（%）	评价数	规划符合海岛数	一致性百分比（%）	评价数	规划符合海岛数	一致性百分比（%）
绥中县	8	4	50.0										8	4	50.0
葫芦岛市	11	11	100.0	2	0	0.0				4	0	0.0	17	11	64.7
锦州市	1	1	100.0				1	0	0.0	1	0	0.0	3	1	33.3
丹东市	3	0		3	3					3	3	100.0	9	6	66.7
大连市（不含长海县）	63	44	69.8	25	17	68.0	4	2	50.0	10	8	80.0	102	71	69.6
长海县	52	33	63.5				20	0		15	1	6.7	87	34	39.1
总计	138	93	67.4	30	20	66.7	25	2	8.0	33	12	36.4	226	127	56.2

第 10 章 海岛保护与利用规划编制技术在区域用岛规划中的应用——以广西钦州七十二泾为例

2012 年 12 月 12 日，国家海洋局发布了《国家海洋局关于对区域用岛实施规划管理的若干意见》，将区域用岛作为海岛开发利用与保护管理的一种制度。该若干意见指出，区域用岛是指市、县级人民政府对一个或多个可利用无居民海岛及其周边海域进行整体规划，并由地方政府依据规划先期开展码头道路、供水供电等基础设施建设的用岛方式，目的是为单位或个人开发利用海岛及岛群提供必要的基础条件。一个海岛由一个或几个项目开发使用，或一个和几个项目共同开发使用多个相邻海岛等，可纳入区域用岛规划进行管理。本章以广西钦州七十二泾区域用岛规划为例，介绍海岛保护与利用规划编制技术在区域用岛规划中的应用。

10.1 区域概况

10.1.1 自然环境及资源条件

规划区域位于茅尾海与钦州港之间、茅尾海东岸的出海口，钦州港经济开发区的西北部，距离钦州市区约 20 km，距离南宁约 120 km。规划区北起湾内墩岛，南至曲岭岛，东至钦州港经济开发区海岸线，西达钦州湾航道，规划海岛共 98 个（图 10-1），总面积 4.16 km²，岸线总长 79.6 km，滩涂约 2 km²。

七十二泾海岛群所在的钦州市地处我国南疆，南临北部湾，隔海与东南亚相望，西与越南毗邻，东邻粤、港、澳，背靠大西南，北连华中，是我国西南地区最便捷的出海通道，海岛区位优势明显，资源潜力巨大，在国民经济建设、社会可持续发展和国防安全等方面扮演着重要的角色。

七十二泾海岛以基岩岛为主，海岛岸线有基岩岸线、生物岸线和人工岸线等，区域内面积最大的海岛为仙人井大岭，面积为 735 804 m²。区域海岛地形整体上坡度较大，环岛区域地势陡峭，坡度基本在 30% 以上；土层浅薄，土层中含有较多的半风化砾石，尤其是坡顶或坡脊处。

大部分海岛海蚀崖不发育，高滩多为向海倾斜的岩滩，中、低滩则多为砾石滩、红树林滩、沙泥混合滩或粉砂淤泥质滩。

岛上原生植被破坏严重，目前除部分马尾松疏林外，自然植被多为散生矮小马尾松和岗松、鹧鸪草为主的稀树灌草丛，有大面积的人工桉树林，植被覆盖度约为 70%；七十二泾红树林呈连续或间断性带状、小片状分布，主要群系是抗寒性稍强的桐花树林和海榄雌林。

　　七十二泾海岛群周边海域盛产钦州四大海洋名产：大蚝（牡蛎）、对虾、青蟹、石斑鱼，渔业生物资源和海水养殖资源优势突出，以海岛岸线为依托的围塘养殖、底播养殖或吊排养殖等活动十分普遍。

图10-1　钦州市区域用岛范围

10.1.2　开发利用现状

规划范围内海岛共 98 个，已有开发利用活动的无居民海岛 63 个，占无居民海岛总数的 64.3%；其中，渔业用岛 35 个，渔业、林业综合用岛 17 个，林业用岛 7 个，公共服务用岛 1 个，旅游用岛 3 个。渔业用岛和林业用岛为最主要的用岛类型。海岛利用缺乏合理的保护与综合管理措施，大部分无居民岛处于无序管理状态，开发利用规模小，档次较低，部分海岛开发设施已经荒废。

七十二泾的渔业用岛包括围海养殖、筏式养殖和桩式养殖，养殖品种为牡蛎。围海养殖通常是利用海岛地形，进行土石开挖围堰形成养殖池或将相邻的海岛通过堤坝相连形成养殖池，岛上一般建有看护房屋和泵房，采用柴油机发电。这类养殖活动不仅破坏岛体，弃养后荒废的设施还无人清除，浪费海岛资源。筏式养殖一般在七十二泾水道内，部分在岛上建看护房屋或排筏固定桩，这类养殖活动对七十二泾水道景观和水动力交换周期影响极大。桩式养殖将水泥桩插入水道泥底，作为牡蛎固着区域，这种养殖方式对水道通航造成极大不便和危险。

七十二泾的林业用岛较为普遍。一般种植马尾松和桉树。马尾松收获松脂，速生的桉树作为造纸原料。林业用岛降低了七十二泾海岛景观多样性，从而影响了旅游资源品质。速生的桉树林对岛陆生态也有较大的影响。

七十二泾作为旅游目的地久负盛名，但长期以来，以风景观光为主，旅游档次、规模较低，发展较慢。目前建成了仙岛公园和滨海旅游中心。仙岛公园与大陆相连，与背风墩以木栈桥相通，又称逸仙公园，始建于 1995 年 9 月，是钦州市委、市政府为了纪念孙中山先生规划建设"南方第二大港"——钦州港而建造。滨海旅游中心与仙岛公园相邻，依托大陆而建，配套有游乐码头、美食中心等。总体来说，七十二泾旅游资源尚未得到充分利用，开发深度不足，产品单一，经济拉动作用不显著。

10.1.3　社会经济状况

钦州市位于南北钦防城市群的中心位置，是中国—东盟自由贸易区的前沿城市和桥头堡，是西南地区进入东盟国家陆上距离最近的出海口，交通区位优势显著。钦州的城市规划定位为北部湾临海核心工业区，面向中国—东盟合作的区域性国际航运中心和物流中心，具有岭南风格、滨海风光、东南亚风情的宜商、宜居城市。规划区以北与滨海新城相连接，承接城市滨海休闲娱乐功能；规划区以南分别是钦州港区和三娘湾旅游度假区。

2012 年，钦州市国内生产总值（GDP）724.48 亿元，比上年增长 12%。其中，第一产业增加值 168.23 亿元，增长 6.8%；第二产业增加值 328.98 亿元，增长 15.5%；第三产业增加值 227.27 亿元，增长 10.3%。三次产业对经济增长的贡献率分别为 12.5%、61.6% 和 25.9%。按常住人口计算，人均地区生产总值（GDP）23 210 元，增长 11.07%。三次产业结构由上年的 24.1∶45.0∶30.9 调整为 23.2∶45.4∶31.4。其中工业增加值占 GDP 比重由上年 39.1% 下降为 38.24%。全市城镇居民人均可支配收入 21 600 元，比上年增收 2 352 元，增长 12.22%。全市农民人均纯收入 7 140 元，比上年增收 973 元，增长 15.77%。2012 年钦州市接待国内旅游人数 692.75 万人次，国内旅游收入 51.02 亿元。接待入境旅游人数 4.16 万人次，国际旅游外汇收入 1 332.48 万美元。旅游总收入 51.86 亿元。星级饭店 26 家。港口吞吐能力 8 565×10⁴ t，增长 20.84%。港口货物吞吐量 5 622×10⁴ t，增长 19.3%。集装箱 47.4 万标箱，增长 17.9%。

目前，对外交通主要通过钦州进港一级公路。连接防城港、钦州和北海的北部湾滨海公路从规划区通过，公路的重要组成部分——龙门大桥计划于 2015 年建成。

10.2 海岛分类保护规划

10.2.1 海岛规划分类评估

10.2.1.1 评估方法

（1）因子评价法

通过对各类影响因子归纳，对因子进行分级设置，对各个因子进行逐项评价和量化分析。

（2）GIS 量化分析法

针对可量化的因子，分析各因子的影响程度，利用 GIS 的叠加分析技术对各因素进行量化计算处理，实现定性分析向空间定量分析转变。

（3）定性分析法

针对基地内相对均质或者不能量化的因子，如地质、海洋灾害等进行定性分析。

10.2.1.2 因子选择

（1）可以选择的定量因子

生态敏感性因子：指影响该区域生态环境质量的重要因素，它们与其他生态要素相比对于生态系统的平衡更为重要。根据基地的生态本底以及未来的生态愿景，选择水文、坡度、红树林和林地这四个因子来进行敏感性的分析。

建设经济性的因子：指对该地区未来开发具有潜在影响的因素，分析基地特色，确定离海岸线距离、龙门大桥、航道和已建设用地作为影响开发适宜性的因子进行分析。

（2）需要选择的定性因子

建设安全性因子：是指对基地未来开发有较大影响的海洋环境因素，包括地质条件、洋流和各类海洋灾害，由于基地范围内建设安全性因子较均质，故进行定性分析。

其他因子：包括对基地存在影响的潜在各类因子，包括已批法定规划和海洋功能区域，也应作为基地开发整体需要考虑的因素。

10.2.1.3 研究方法和模型

多层次权重分析法（AHP 法）；

地理信息系统（GIS）空间分析法；

定性、定量相结合分析法；

研究的数学模型如下：

$$S_{ij} = \sum_{K=1}^{N} W(K) \times C_{ij}(K)$$

- S_{ij} 为第 (ij) 格网上的综合生态敏感等级；
- $K = 1, \cdots, N$ 表示第 K 个影响因子；
- $W(K)$ 表示第 K 个影响因子的权重；
- $C_{ij}(K)$ 表示第 K 个影响因子在第 (ij) 网格的生态敏感等级。

10.2.1.4 分析方法及步骤

第一阶段量化分析，初步评价：基于生态敏感性及建设经济性因子叠加分析，得到开发适宜性分析图，对岛群的整体可建设情况进行初步的评判（表10-1）。

表10-1 量化分析因子表

因子名称		因子判定分类标准	分值	分项权重	综合权重
生态敏感因子	水文敏感性	＜0.4 m，平均潮位以下	5	0.3	0.6
		0.4～1.6 m，平均潮位–高潮位	3		
		＞1.6 m，高潮位以上	1		
	坡度敏感性	＞30%	5	0.2	
		8%～30%	3		
		＜8%	1		
	红树林敏感性	红树林及其20 m缓冲区	5	0.3	
		距红树林20～50 m缓冲区	3		
		距红树林50 m以外缓冲区	1		
	林地敏感性	林地及其20 m缓冲区	5	0.2	
		距林地20～50 m缓冲区	3		
		距林地50 m以外缓冲区	1		
	建设区影响	建设区及其周边300 m缓冲区	5	0.1	
		距建设区300～800 m缓冲区	3		
		距建设区800 m以外缓冲区	1		
建设经济因子	海岸线影响（与海岸线距离）	距海岸线500 m缓冲区	5	0.1	0.4
		距海岸线500～1 500 m缓冲区	3		
		距海岸线1 500 m以外缓冲区	1		
	周边用地兼容性	距周边用地800 m以外缓冲区	5	0.25	
		距周边用地300～800 m以外缓冲区	3		
		距周边用地300 m以内缓冲区	1		
	龙门大桥影响	龙门大桥及其200 m内缓冲区	5	0.2	
		距龙门大桥200～500 m内缓冲区	3		
		距龙门大桥500 m以外缓冲区	1		
	航道影响	航道及其200 m缓冲区	5	0.2	
		200～500 m缓冲区	3		
		500 m缓冲区外	1		
	岛屿规模	高水位期岛屿面积大于2 hm²	5	0.15	
		高水位期岛屿面积1～2 hm²	3		
		高水位期岛屿面积小于1 hm²	1		

第二阶段定性分析，再次评价：对于无法量化的因子，进行定性分析，再次评判。

定性分析的因子包括2类，建设安全性因子和其他因子，其中建设安全性因子包括地质条件、洋流、各类海洋灾害，其他因子包括军用设施、已批准的特殊用途海岛、海洋功能区划、水深等。

第三阶段海岛分类结论：通过量化及定性分析，进行海岛分类。

10.2.2　区域用岛总体功能定位

七十二泾岛群重点发展旅游度假产业，定位于打造具有全国影响力的海洋文化和风情与度假休闲全面结合的近海生态度假区。

10.2.3　区域内海岛功能定位

10.2.3.1　功能定位分类体系

规划根据《广西海岛保护规划》对规划范围内海岛的功能定位，结合规划期内海岛开发的优先顺序及海岛资源储备等因素，将区域内海岛划分为保护类、保留类、开发利用类3个一级类，国防用途海岛、海洋保护区内海岛、保留类海岛、优先利用类海岛、适度利用类海岛5个二级类（表10-2）。

表10-2　海岛保护与利用分类体系表

一级类	二级类
保护类	国防用途海岛
	海洋保护区内海岛
保留类	保留类海岛
开发利用类	优先利用类海岛
	适度利用类海岛

（1）保护类

保护类是指在维护国家海洋权益和国防安全方面具有重要价值、或者在已建的海洋保护区内的海岛。

①国防用途海岛：是指以国防为使用目的的无居民海岛。

②海洋保护区内海岛：是指位于国家和地方海洋保护区及其他保护区内的无居民海岛。

（2）保留类

保留类是指目前不具备开发利用条件，或者难以判定其用途的无居民海岛。以保护为主，在保留类海岛新发现珍稀动植物、特殊生态景观、代表性地质剖面与地貌景观和生态系统的，可以建立保护地、保护区，对海岛予以特殊保护。经充分论证确定可以开发利用的，可适度开发利用。

（3）开发利用类

开发利用类指根据海岛自身资源优势以及当地经济社会发展的需要，可进行适度开发利用的无居民海岛。

① 优先利用类：指海岛自身的资源优势适宜进行开发建设，且在规划期内已明确开发利用类型、优先开发利用的海岛。

② 适度利用类：指海岛自身的资源优势适宜进行适度开发，但在规划期内尚未确定具体的开发利用类型，而暂时预留的海岛。

10.2.3.2 海岛功能定位

七十二泾区域无居民海岛 98 个，规划为保护类、保留类、开发利用类 3 个二级类，国防用途海岛、海洋保护区内海岛、保留类海岛、优先利用类海岛、适度利用类海岛 5 个三级类；其中，保护类海岛为 16 个，保留类海岛为 8 个，优先利用类海岛 16 个，适度利用类海岛 58 个。

（1）保护类管理要求

与省级海岛保护规划中的特殊保护类海岛管理要求一致。

（2）保留类管理要求

与省级海岛保护规划中的保留类海岛管理要求一致。

（3）开发利用类管理要求

本次规划期内开发利用类的海岛以旅游娱乐用岛为主，坚持开发与保护并重的原则，要充分考虑海岛地区的环境、经济和社会文化的平衡发展，做好旅游用岛的环境管理和资源可持续评价，对旅游资源进行合理、有序、科学的开发。其中优先利用类的海岛应进一步明确开发和保护范围、开发强度的限制性要求以及保护对象、保护要求，集约、节约用岛；海岛使用应与区域内生态保护和修复同步。保护海岛及周边海域的生态环境，海岛周边海域的海水水质标准严格按照海洋功能区划的要求执行。

在保护的基础上适度利用旅游娱乐用岛，以发展旅游娱乐为主，兼顾与旅游产业链相关的项目，可适度兼顾公共服务、农林渔业等兼容功能。加强旅游娱乐用岛的自然海岸、濒危珍稀物种栖息地、生物多样性区域、生态敏感区、自然遗迹区、原生及次生植被林地和淡水水源等区域的保护。坚持规划先行，科学评价海岛资源环境承载力，合理确定旅游容量；注重自然景观与人文景观相协调、各景区景观与整体景观相协调的设计理念，海岛建筑物的设计、色彩、材料等建筑风格与海岛自然景观相协调，形成一岛一型、多岛互补的开发利用格局；鼓励采用节能环保的材料，严格执行建筑物建设控制线管理；强化环境保护和污染防治，科学评估海岛的环境容量和海岛周边海域自净能力，引导和支持垃圾无害化处理设施和污水处理设施建设，实施垃圾和污水统一处理；强化海岛防灾减灾设施建设，加强防灾减灾应急预案的制定，修筑海岸保护设施、避难场所。

10.3 海岛保护分区规划

10.3.1 功能布局

区域用岛形成"三带"功能布局。

滨海风情展示带：延续区域用岛北部滨海新城的休闲娱乐海岸功能，塑造以高端度假为核心的功能区；开展海上运动、精品度假、生态修养、休闲海上运动；静养修身、私人独岛、国际会所、特色餐饮、登岛体验、海钓、民俗体验等旅游活动。

滨海生态缓冲带：以生态保护，自然体验为主，由山体延伸到海岸，形成港区与海岸的天然屏障，营造出自然、生态、私密的岛群度假景观，可开展生态体验、观林观潮、海岛徒步、宿营体验等活动。

滨海防护带：以保留类岛屿居多，且作为防风、防浪等海洋灾害的重要防护带，不做具体开发。

10.3.2 建设与保护分区

10.3.2.1 空间分区概况

结合规划区域内无居民海岛实际情况，其空间分区类型主要包括两大类三小类。保护区域面积 313 hm^2，占区域用岛岛陆总面积 74.9%；建设区域面积 104.9 hm^2，占区域用岛岛陆总面积 25.1%，包括岛陆面积 103.5 hm^2，填海面积 1.4 hm^2（表 10–3）。

表10–3 区域用岛空间分区概况

区域类型		面积（hm^2）	比例（%）	发展目标
保护区域	严格保护区	244.6	58.5	保护海岛地貌、景观，可开展修复和保护工程
	限制开发区	68.4	16.4	以发展公共绿地等公共性服务为主，兼顾交通辅助功能
建设区域	优先开发区	104.9	25.1	以旅游开发为主，交通工程设施、旅游交通设施、旅游集散地的建设优先考虑该区域

严格保护区：以保护海岛地貌、景观及周边红树林生态系统为主的区域，该区域应严格保护，除修复和保护工程外，不得开展其他建设性工程。

限制开发区：以海岛保护为主，不应在该区域内进行大规模工程建设，可发展公共绿地、辅助道路等公共性服务功能。

优先开发区：以开发利用为主的区域，旅游服务设施、基础设施及其他开发建设活动应主要集中在该区域。

10.3.2.2 优先开发区

（1）优先开发区分布、规模与用途

优先开发区全部位于优先开发类海岛上，包括仙人井大岭、老鸦环岛、樟木环岛等。海岛优先利用区面积见表10-4。优先利用区主要作为旅游服务设施、度假酒店、码头、道路及其他基础设施建设区域（表10-5）。

表10-4　优先开发区一览

序号	海岛名称	优先开发区面积（hm²）	备注
1	对面江岭	1.184 6	
2	田口岭	3.717 9	
3	长岭	1.740 3	含填海面积 0.108 3 hm²
4	老鸦环岛	18.887 5	
5	堪冲岭	4.595 5	
6	利竹山	4.507 3	含填海面积 0.034 3 hm²
7	鱼尾岛	0.467 7	
8	金鱼守盆岛	0	
9	仙人井大岭	21.618 7	
10	松飞大岭	22.425 8	含填海面积 0.524 5 hm²
11	鬼仔坪岛	10.849	含填海面积 0.515 1 hm²
12	樟木环岛	4.661 2	含填海面积 0.171 3 hm²
13	吊颈山	0.155 2	

表10-5　规划用岛指标表

用岛方向	面积（hm²）	占优先开发区总面积比例（%）	占用岛总面积比例（%）
A 管理及服务设施用地	3.89	3.8	0.9
B2/B4 游客服务中心用地	1.31	1.3	0.3
B13/B14 餐厅客栈商业服务用地	13.00	12.6	3.1
B14 高端度假酒店用地	29.83	28.9	7.2
B14 度假村用地	29.71	28.8	7.1
H23 国际游轮码头用地	3.10	3.0	0.7
S1 道路用地	22.33	21.6	5.4
总计	103.17	100	24.7

注：用岛总面积 417.9 hm²，包括岛陆面积 416.5 hm²，填海面积 1.4 hm²。

（2）开发时序

分三期开发（表10-6）。

一期开发：分两个区块，一个是依托龙门大桥建设游轮码头，以项目带动区块发展，形成热闹的海洋度假旅游体验区；另外建设主题特色度假的启动区，包括公共服务设施、公共码头、高端度假酒店。

二期开发：完善主题特色度假组团。

三期开发：建设公众滨海休闲组团。

表10-6　分期开发规模统计表

	规模（hm²）	开发岛屿名称
一期开发规模	23.90	鬼仔坪岛、樟木环岛、仙人井大岭
二期开发规模	29.16	松飞大岭、仙人井大岭
三期开发规模	27.78	利竹山、老鸦环岛、堪冲岭、田口岭、长岭

注：本表不包括道路用地 22.33 hm²。

（3）区域规模控制

本次规划确定的优先开发区建设控制与保护要求如下。

1）建设总量控制

在场地资源综合评价基础上，结合对七十二泾总体环境容量的分析，综合确立场地适宜的总体开发强度、建筑总量和各片区的建筑总量，规划期内区域内开发建设总量（建筑面积）控制为 34 hm²，建设用地毛容积率 0.33。在不影响核心功能、布局结构、空间形态和公共资源控制的前提下，经过严格的规划论证，单元开发总量根据品牌和项目情况可适当调整，但调整幅度不宜超过 20%。

2）建筑物控制

对建筑的高度进行控制。根据度假区空间设计，结合功能布局和开发强度来确定建筑的限制高度。

规划区内建筑高度控制分为 2 个层次，包括：10 m（3 层）以下高度控制区；15 m（5 层）以下高度控制区。场地内具有标志性意义的重要建筑可以根据规划要求提高建筑高度，但必须经过严格的三维空间规划论证。

建筑物和设施应当布局合理，严格禁止过度城市化开发，严格控制开发强度与建设密度。建筑物设计应符合国家相关标准和规范，并充分考虑海岛实际情况，色彩选用应尽量与周围景观相协调，以达到建筑物和设施与海岛自然环境的最佳融合。建筑物和设施应选用节能环保、防潮防腐的建筑材料；建筑物和设施应符合防火、消防、卫生等国家相关标准。

开发区可以与限制开发区等量置换进行各种开发建设活动，即海岛建设设计方案中可以选择邻近的限制开发区作为优先开发区，其置换总量不得超过本岛总用地的 10%，但规划范围内原定的优先开发区必须等量转化为限制开发区，使保护区域总量保持不变。进行等量置换须经本规划的批准单位核准。

3）环境保护要求

应建立完备的环境保护工程和措施，严防海滨污染。客观预测开发利用活动可能对海岛环境造成的影响，并制定防止环境污染的措施，规划好废气、废液、固废及噪音等环境污染的处理方法，确保不造成海岛环境的破坏。对无法避免的环境影响，应说明补救及修复措施。

4）景观

规划区在不破坏原有山水海景观格局的基础上，营造生态海岛度假的景观意向，建立丰富有序的度假区三维空间效果，使建筑融合在景区中。区内景观风貌必须协调、自然、平和、美观。旅游道路杜绝"宽、直、密"。旅游度假设施应与林地簇状交融，防止高密度连片发展。开发利用应充分利用原有地形地貌，避免采挖土石，减少交通建设和旅游活动对海岛的自然形态造成重大改变。

5）防灾减灾

海岛开发利用前应进行灾害调查，在开发设计中明确突发事件的应急方案和防灾减灾设施的设置，减少火灾、台风、风暴潮、滑坡、海岸侵蚀等灾害的损害，保证海岛人员等安全。

10.3.2.3 保护区域

（1）保护区域分布、规模

保护区域分为严格保护区和限制开发区。严格保护区面积 244.6 hm²，保护类和保留类海岛全部规划为严格保护区。限制开发区面积 68.4 hm²。

（2）保护对象

1）地形地貌的保护

在保护区范围内，除保护和修复海岛必要的工程外，禁止一切开采土石活动，防止海岛山体受到破坏。

七十二泾各海岛之间的潮汐水道是七十二泾重要组成，应保持水道的畅通和纳潮量，临时占用水道应当在占用后恢复水道原貌。

发现破坏山体或随意开采砂石的行为、堵塞水道的行为，应当予以制止或报告相关管理、监察部门。

2）海岛景观的保护

七十二泾区域内海岛没有特殊的海岛物种，而现有的桉树经济林生态效益不高。应逐步开展生态建设，在海岛开发建设、海岛利用期间，进行海岛本土种的种植，最终取代现有桉树林，从而恢复海岛自然风貌，提高海岛生态价值和景观价值。

3）自然海岸线的保护

严格按照规划的岸线类型、使用长度利用岸线，减少自然海岸线的使用长度，避免开发建设造成海岸的破坏。海岛的保护区内，不得将自然岸线转变为人工岸线。除码头、必要的观景设施外，在海岛上建造建筑物和设施应距离基岩海岸 15 m 以上或位于高程 10 m 以上。发现海岸受到自然或人为的破坏，及时向管理、监察部门报告。

4）红树林生态系统保护

对红树林保护区内的红树林生态系统进行严格保护，不得砍伐、破坏红树林，不得向红树林区倾倒垃圾、排放污水，严格保护红树林区海岛岸线。对非自然保护区内的红树林生态系统应当尽量保护，因工程建设造成损坏的，应当采取修复措施。

（3）严格保护区管理要求

除必要的游览设施、保护设施外，不得在保护区范围内修建永久性建筑物。必要的风景游览设施、保护设施应尽量节约空间，结合海岛地形优化设计，其建筑风格和建筑材料应"绿色""自然"和"环保"，与海岛的景观相协调。

严禁在保护区范围内取土采石、在周边挖砂及围填海等开发活动，保护岛陆植被、景观，维持海岸现状，保护海岸及周围海域环境。严格保护海滨沙滩及林地，禁止毁林挖沙。

严禁实施各种形式的工程建设活动。实施与保护有关的工程建设活动，必须按相关规定取得批准后才能实施。

沙滩的开发必须经过充分论证，不得未经批准或者骗取批准，非法占用海域沙滩。明确沙滩管理主体，坚持"谁利用，谁养护"的原则，落实管理责任。不得擅自改变海域沙滩的用途。

严格保护有价值的海岛地貌景观。各景点具有一定的观赏和研究价值，应予以重点保护，防止人为因素的破坏。

（4）限制开发区管理要求

管理要求：以公共绿地或自然绿化特征为主，在提供了可以进行各种游憩、休闲活动的公共敞开空间的前提下，可以适当建设公共服务性设施，但必须满足以下各项条件：建筑性质为公共性服务功能（游乐设施、购物、餐饮等）；严禁非公共性的住宅、酒店、度假村等功能；用岛规模、建筑形态、体量和色彩需经过严格的规划论证，避免对环境产生较大影响。

大力实施海岸带生态保护工程，海岸带 100 m 范围内禁止炸礁建坝、修路筑堤、修建永久性旅游设施等破坏海岸带的开发行为。

逐步恢复自然礁石及红树林景观。

完善海滨防护林体系建设，建立连续的海滨防护林和景观林，形成一条绿色屏障，改善海洋生态环境。

全区旅游开发必须合理规划，旅游开发必须严格保护海滨资源，禁止毁坏红树林、礁石和自然岸线。

应做好所利用海岛区域的生态建设与修复，在工程设计时对可预见的建设过程中或经营过程中可能造成的海岛植被损坏和岛体破坏制定修复与生态建设方案，并及时进行修复。

10.3.3　岸线规划

10.3.3.1　岸线分类

将岸线划分为生态岸线、沙滩岸线、人工亲水岸线、码头岸线 4 种（表 10-7），区域用岛以生态岸线为主，保持自然岸线现状；码头岸线分布在码头、旅游设施集中区域，用于公共码头建设；人工亲水岸线集中在活动较密集的酒店区、生活服务区，以生态化的人工亲水岸线为主；沙滩岸线分布在利竹山南侧。应按照规划的岸线类型使用岸线。

表10-7　岸线分类统计表

岸线分类	规模（m）
生态岸线	68 898
沙滩岸线	721
人工亲水岸线	2 576
码头岸线	3 135
总计	75 330

注：本表不包括旱泾长岭、擦人墩、大娥眉岭 3 个海岛的岸线统计共 4 825 m。

10.3.3.2　海岛岸线管理要求

（1）保护岸线

重点做好海岛岸线及其周围海域生态环境的维护工作，严格保护海岛周边生物栖息环境，适度发展海水底播增养殖、滨海旅游观光和休闲垂钓，严禁破坏岛体和岛礁进行大规模旅游设施建设。

（2）利用岸线

重点进行旅游基础设施项目及旅游码头建设，发展滨海休闲度假产业；推行集中集约用海和离岸建设，严格限制填海连岛工程建设，禁止实体坝连岛；围填海项目建设规模纳入围填海年度计划指标控制；防治海岸工程和海岛陆源污染对海洋生态环境造成严重损害。

10.3.4　单岛规划示范——仙人井大岭

10.3.4.1　分区规划

仙人井大岭定位为旅游娱乐用岛，保护区域主要分布在海岛东部及沿岸区域（图 10-2，表 10-8），是保护海岛景观与红树林海岸、开展海岛生态建设与修复的区域。保护区域的自然岸线不得人工化。严禁任何破坏生态环境的开发，适当开展生态修复工程，有效改善区域的生态环境。在保护区范围内，除保护和修复海岛必要的工程外，禁止一切开采土石活动，防止海岛的岛体受到破坏。除必要的游览设施、保护设施外，不得在保护区范围内修建永久性建筑物。必要的风景游览设施、保护设施应尽量节约空间，结合海岛地形优化设计，其建筑风格和建筑材料应"绿色""自然"和"环保"，与海岛的景观相协调。严禁随意在海岛弃置、填埋固体废弃物。垃圾进行分拣，生活垃圾可进行降解处理并作为有机肥浇灌岛上植物；危险固废按照相关管理规定外运出岛到指定地点。采取措施进行噪声控制和"三废"处理，噪声需达到景区的允许标准。

仙人井大岭的保护对象包括海岛岛体、自然海岸和自然植被。总体保护目标是：维持海岛的完整性，提升海岛的景观质量，提高海岛的生态价值，防止海岛资源与环境受到破坏。

岛体：仙人井大岭面积较大，对海岛的岛体过度利用和开挖会造成海岛地形地貌极大的改变，因此在重点保护区内不允许采挖土石，以免造成岛体破坏。

自然海岸：仙人井大岭保护区内的海岸类型为基岩海岸和红树林海岸，海岸稳定，将仙人井大岭自然海岸作为保护的主要对象，由于海岛的优先开发区等已预留了交通岸线，因此保护区不允许岸线的人工化。

自然植被：保护海岛现有自然植被，并根据保护区植被特点开展生态建设与修复，重点保护区的植被覆盖率应不低于 80%。

建设区域位于仙人井大岭的西部，是旅游基础设施和交通设施建设的主要区域，规划建设主题度假酒店、码头等。优先开发区的主体功能为旅游娱乐，旅游设施、交通设施建设应优先考虑布置在优先开发区。旅游活动的开展应基于海岛的自然条件和旅游资源，不得借开发旅游为名发展其他产业，根据海岛的旅游容量，设计旅游产品，尽量以风景旅游为主。交通设施的建设应在海岛总体保护目标下进行，避免交通设施建设对海岛岛体、岸线、岸滩造成过度破坏，客观评估开发活动对海岛的影响，制定可行、科学的补偿修复方案，对可能造成海岛环境严重影响的建设方案予以调整。

表10-8   仙人井大岭海岛空间分区

分区类型		面积（hm²）	占海岛面积比例（%）
保护区域	严格保护区	15.667 6	21.29
	限制开发区	36.294 1	49.33
建设区域	优先开发区	21.618 7	29.38
仙人井大岭		73.580 4	100

10.3.4.2 海岛岸线规划

规划范围内无居民海岛的岸线规划类型主要分为保护岸线和利用岸线两大类（表10-9），其中保护岸线细分为生态岸线和沙滩岸线，利用岸线细分为人工亲水岸线和码头岸线（图10-3）。

表10-9   优先利用类海岛岸线规划一览表

海岛	保护岸线长度（m）	利用岸线长度（m）	岸线规划分布
仙人井大岭	6 151	1 500	海岛西南侧部分岸段为利用岸线，其他为保护岸线

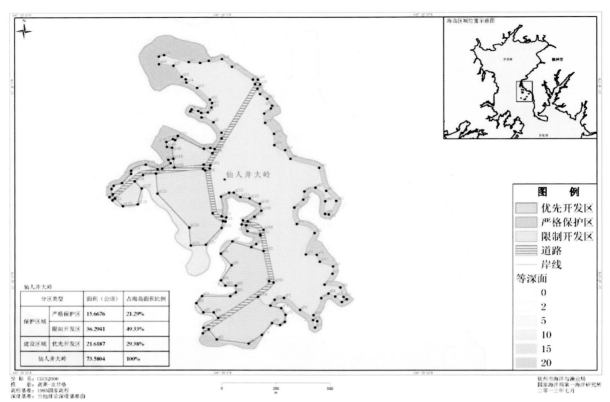

图10-2　仙人井大岭分区规划

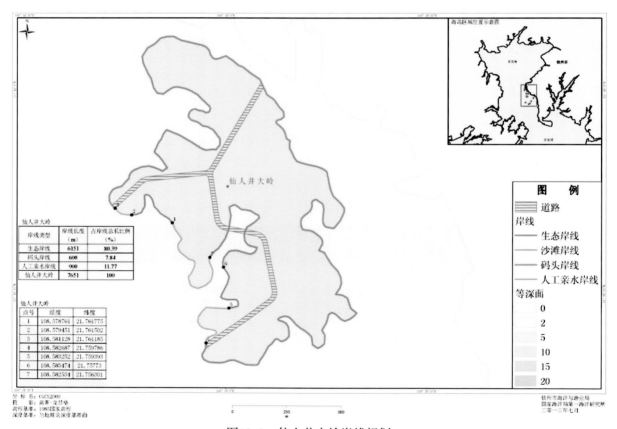

图10-3　仙人井大岭岸线规划

第11章　旅游娱乐用岛开发适宜性评价应用研究——以猪岛为例

11.1　猪岛概况

11.1.1　猪岛自然概况

猪岛是大连市旅顺口区北海街道北海村所管辖的无居民海岛，位于大连市旅顺口区北部的渤海海域，距北海村14.3 km，地理坐标为39°05′00″—39°05′45″N，121°09′12″—121°10′20″E，周围有牛岛、湖平岛、烧饼、黄石礁等岛礁环簇（图11-1）。

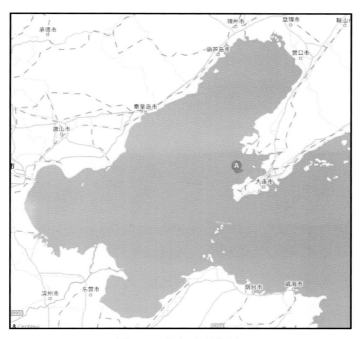

图11-1　猪岛地理位置

猪岛长1.67 km，宽0.54 km，面积0.96 km²（图11-2），从远处看，该岛就像是一头趴在海面上的小猪，所以被称为猪岛。全岛由火山岩构成，东高西低，中间平缓，岛上最高山峰海拔72.6 m。岛南部有月牙形海湾1处，长约1 km，纵深0.3 km，沙滩洁净，岛东西北岸是礁区。猪岛上植被丰茂，全岛灌木丛生，杂草繁茂，周围海流清澈，岛西侧水深10～40 m。猪岛地形地貌如图11-3所示。

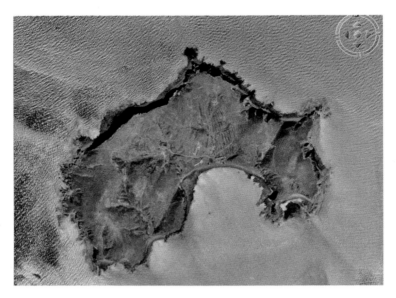

图11-2　猪岛形态遥感

　　海岛地貌类型上主要为圆顶状侵蚀低丘，在岛的中部为坡积扇裙，靠近岛的南侧中部有一处弧形砂砾滩。岛上出露的基岩主要由灰色中厚层灰岩夹灰色页岩、灰色黄绿色页岩夹泥灰岩、灰色薄层中厚含海绿石石英砂岩、紫色页岩构成，属于元古界金县群兴民村组地层。

图11-3　猪岛地形地貌

　　海岛表层为风化层，发育有土壤，主要为棕壤性土，土层较厚，土质肥沃。岛上植被生长茂盛，植被覆盖率达90.7%。
　　植被类型有落叶阔叶林和草丛，覆盖率分别为21.3%和69.4%。落叶阔叶林为刺槐林，分布在海岛中部，群落总盖度5级，林下灌木层不发达，草本层繁盛（图11-4）。草丛为杂类草，以禾草和蒿草为主，总盖度4～5级，有零星灌木生长。如酸枣、青花椒、紫穗槐等。岛上一种白毛草是猪岛的特产。

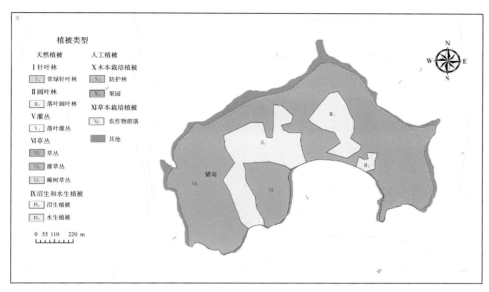

图11-4　猪岛植被分布

11.1.2　猪岛自然资源与生态系统概况

（1）岸线资源

海岛海岸线资源主要包括基岩海岸、砂质海岸两大类。基岩海岸主要分布在海岛的东、西及北岸，岸线长度 5.6 km，占海岛岸线资源的 93.3%。海岛的南岸、北岸均发育有小型沙滩资源，海岸线主要表现为砂质岸线，该类海岸线总长 0.4 km，约占海岛岸线资源总数的6.7%。

（2）淡水资源

猪岛上有 2 眼饮用水井，其中 1 口距离海边不足百米。据说，"在近海处，有一片石洼，高潮时淹没，低潮时露出，石洼中存的水总是淡水，甘甜爽口，常年不涸"。

（3）土地资源

岛上有耕地超过 13 hm²，土质较好。

（4）植物

岛上植被覆盖度较高，主要有榆、柳、桑、槐等树种。树木以柳、槐为主，还盛产一种白毛草，柔韧，适合扎笤帚，是猪岛的特产。

（5）渔业资源

20 世纪 60 年代，猪岛周围的渔业资源很丰富，包括猪岛三菱参、大对虾、刀鱼等，北海村曾在猪岛上开设捕捞场和育种场。每年春秋季节，大量经济型鱼类鲅鱼、黄花、金枪鱼（俗称黄尖子）等从黄海"洄游"而来。北海镇附近的袁家沟、邵家、北海村、王家村外的海底则逡游着大量的黑鱼、黄鱼、墨鱼、马面鲀、灯笼虾等。目前，猪岛周围海域主要是底播海参养殖。

（6）旅游资源

海岛南北各发育一处沙滩。南岸沙滩为月牙型砂（月牙湾），滩岸线长度 0.15 km，沙滩顶部为岛上人类活动剧烈区。该处发育的海湾，长约 1 km，纵深 0.3 km，沙滩洁净，砂质细腻，是良好的海滨浴场资源区。岛的东西北是礁区，为钓鱼的最佳地方。此外，沿岸还有众多海蚀地貌（图 11-5）。

图11-5　猪岛的旅游资源——海蚀地貌景观

11.1.3　猪岛的交通条件与开发利用情况

猪岛南部建有简易码头，快艇、渔船等小船可登岛。

猪岛，岛上有耕地 13.35 hm²。据当地百姓称，猪岛早年有人居住，主要靠打鱼、种田为生，后因海岛周边海域冬季结冰，与岸隔绝，生活甚为不便，后来搬迁至大陆生活。

据《旅顺口志》介绍，猪岛"1949 年建麻风病院，1957 年迁出，1977 年旅大二建公司在岛上办农场，1978 年迁出，当年 10 月，旅大市公安局强劳大队上岛，1983 年秋撤出，此后该岛由旅顺口区北海乡辖。1984年旅顺水产养殖公司与北海乡在猪岛海域合资养殖海珍品……"，从此后，猪岛上断了人烟，土地荒芜，成了临时垂钓者落脚的地方。

2006年，在猪岛月牙湾顶部上建成了第一座太阳能电站（图 11-6），该电站内共建设有三排两列电池板，呈东西排列。在岛北侧、东侧、中部均建有简易的风力发电设备（图 11-7），与太阳能电站联网，实现海岛的电力照明。

图11-6　太阳能电站

在 2009 年，猪岛被辽宁省建设厅划定为旅顺口区国家级风景名胜区核心区二级保护区之内，为该岛的保护提供了进一步的法律依据。

图11-7　简易风力发电机

猪岛已被列为国家海洋局 2011 年 4 月 12 日公布的我国"第一批开发利用无居民海岛名录"，主导用途为旅游娱乐用岛。

11.2 猪岛开发适宜性指标分析

11.2.1 政策法规分析

（1）开发利用无居民海岛名录

我国已经将公布"开发利用无居民海岛名录"作为一项制度纳入常规工作，沿海各省将依据海岛保护规划和海岛开发建设的实际需要，陆续公布无居民海岛的开发名录，积极发挥政府在无居民海岛开发建设活动中的引导作用，并加强海岛巡航执法检查，监督开发利用单位和个人严格依照国家法律政策和开发利用具体方案等开发建设海岛，以实现海岛开发和保护并举，推动海岛经济又好又快发展。

2011 年 4 月 12 日，国家海洋局联合沿海有关省、自治区海洋厅（局）向社会公布我国第一批开发利用无居民海岛名录。此次国家集中公布的第一批开发利用无居民海岛名录涉及辽宁、山东、江苏、浙江、福建、广东、广西、海南等 8 个省区，共计 176 个无居民海岛。其中，辽宁 11 个，包括猪岛，其主导用途为旅游娱乐用岛。

（2）辽宁省海洋功能区划

根据《辽宁省海洋功能区划》（2004），猪岛为旅游区，其周边海域为保留区（图 11-8）。

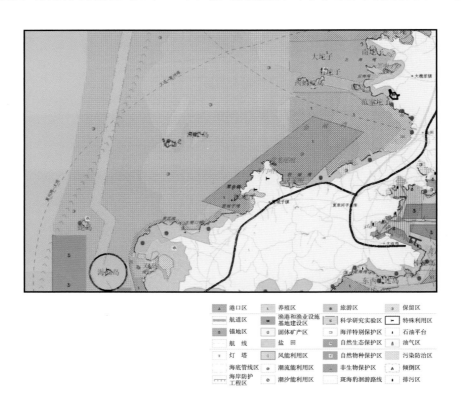

图11-8　猪岛周边海洋功能区划

旅游区"是指为开发利用滨海和海上旅游资源，发展旅游业需要划定的海域，包括海滨和海上风景旅游区和度假旅游区等。旅游区要坚持旅游资源严格保护、合理开发和永续利用的原则，立足于国内市场、面向国际市场，实施旅游精品战略，大力发展海滨度假旅游、海上观光旅游和涉海专项旅游。严格控制区内采矿和养殖等不利于旅游资源开发与环境保护的活动，加强重点滨海旅游区建设与生态环境建设；切实加强旅游资源保护；科学确定旅游环境容量，有效控制游客流量，促进旅游业可持续发展。"

保留区"是指功能未定或者功能虽然确定但近期不能开发利用，为今后开发而保留的区域。保留区分为预留区和功能待定区。预留区指主导功能已经确定，但目前还不具备开发条件的区域；或资源已探明，但按国家计划目前不准备开发，作为储备资源的区域。功能待定期区指目前主导功能还未确定的区域。保留区应加强管理，严禁随意开发。"

11.2.2　生态环境分析

（1）地质环境因子

地形地貌：猪岛东高西低，中间平缓，岛上最高山峰海拔 72.6 m。猪岛中间平缓，具有较好的开发空间。

工程地质：全岛由火山岩构成，地质条件较好，适宜进行开发利用，建筑工程。

水文条件：猪岛位于渤海海域，金州湾内，受海洋灾害天气影响相对较小，其西侧水深 10 ~ 40 m，建港条件较好。

（2）生态环境因子

猪岛远离大陆，海水质量符合国家一类海水水质标准、沉积物质量符合国家一类沉积物质量。海洋生物资源丰富。

陆地生态：猪岛上植被丰茂，全岛灌木丛生，杂草繁茂，植被覆盖度高，不存在水土流失问题。树木以柳、槐为主，盛产白毛草。

海洋生态：虽然猪岛目前渔业资源已大不如前，但历史上猪岛周围的渔业资源很丰富，并且猪岛西侧 10 km 左右为斑海豹洄游路线海域，因此猪岛周边海域海洋生态较好，并且需要保护。

（3）资源开发利用类指标

旅游资源：猪岛南部有月牙形海湾 1 处，长约 1 km，纵深 0.3 km，沙滩洁净，可冬季避风临时泊船，具有娱乐、休闲、观光和亲水条件；另外，还有众多造型各异的海蚀地貌，岛东西北岸是礁区，是钓鱼的最佳地方。

农业资源：猪岛上有耕地超过 13 hm^2，土质较好。据历史记载，岛上曾开设育种场培育玉米种子，由于没有其他花粉干扰，培育出来的玉米种子质量超好，名声在外。

渔业资源：根据调查，猪岛渔业资源一般。但是猪岛近岸海域人工海参养殖规模发展较快，所产海参是有名的有机食品。

淡水资源：猪岛上有 2 眼饮用水井，淡水资源较为丰富。

交通条件：猪岛南部的牙形海湾处，小船可以登岛。说明猪岛具备一定的通航交通条件。

离岸距离：14.3 km。

分别根据对猪岛的开发适宜性评价指标分析，统计猪岛开发适宜性指标分值见表 11-1、表 11-2。

表11-1　以无居民岛自然属性为主猪岛开发适宜性评价指标分级赋分

准则层	指标层	指标分值	开发适宜度等级及赋值				
			0~2分	2~4分	4~6分	6~8分	8~10分
地形地貌 B1	海岛面积（hm²）	9	<5	5~25	25~50	50~100	>100
	离岸距离（km）	7	>80	40~60	20~40	10~20	<10
地质条件 B2	水土流失	9	强	一般			弱
水文气象 B3	气象灾害	9	频率非常高	频率高	一般	频率低	频率非常低
	月均气温（℃）	5	温度适宜天数不足50 d	温度适宜天数超过50 d	温度适宜天数超过100 d		温度适宜天数超过200 d
海洋环境 B4	邻近海域沉积物质量	10	劣于第三类标准	符合第三类标准	符合第二类标准		符合第一类标准
	邻近海域海水水质	10	劣于第四类标准	符合第四类标准	符合第三类标准	符合第二类标准	符合第一类标准
陆地生态 B5	珍稀濒危动植物	10	有	一			无
	植被覆盖度	10	<20%	一			>80%
自然资源 B6	自然景观	5	景观不具特色	景观较突出		景观较奇特优美	景观优美，独具特色
	历史遗迹	1	未发现历史遗迹	相关历史事件和人物知名度很小		相关历史事件和人物知名度一般	相关历史事件和人物知名度较大
	淡水资源量	9	没有淡水	淡水资源量较少		淡水资源量一般	淡水资源丰富
	经济鱼类资源量	5	贫乏	较少	一般	高	较高
社会条件 B7	海洋功能区划	10	其他功能区	保留区			旅游休闲娱乐区
	旅游基础设施	1	非常匮乏	一般			有一定基础
	交通条件	3	进出非常困难	进出较困难		进出较容易	进出容易

表11-2　基于资源－生态环境－社会发展框架的猪岛开发适宜性评价指标分级赋分

准则层	指标层/要素层	指标分数	开发适宜度等级及赋值				
			0~2分	2~4分	4~6分	6~8分	8~10分
资源 B1	濒危珍稀野生动植物	10	有	—			无
	植被覆盖率（%）	10	<20	—			>80
	岛陆生物多样性	7	较低	低	一般	高	较高
	濒危珍稀海洋生物与国家级海洋保护生物	10	有	—			无
	经济鱼类总类与数量	5	贫乏	较少	一般	高	较高
	邻近海域海洋生物多样性	7	较低	低	一般	高	较高
	自然景观	5	景观不具特色	景观较突出		景观较奇特优美	景观优美,独具特色
	人文景观	1	未发现人文遗迹	知名度很小		知名度一般	知名度较大
	淡水资源量	9	没有淡水	淡水资源量较少		淡水资源量一般	淡水资源丰富
生态环境 B2	海岛面积（hm^2）	10	<5	5~25	25~50	50~100	>100
	离岸距离	7	>80	40~60	20~40	10~20	<10
	邻近海域海水环境质量	10	劣于第四类标准	符合第四类标准	符合第三类标准	符合第二类标准	符合第一类标准
	邻近海域海洋沉积物质量	10	劣于第三类标准		符合第三类标准	符合第二类标准	符合第一类标准
	台风与风暴潮发生频率	9	频率非常高	频率高	一般	频率低	频率非常低
	雾天灾害频率与等级	7	频率非常高	频率高	一般	频率低	频率非常低
社会发展 B3	所属海洋功能区划	10	其他功能区	保留区			旅游休闲娱乐区
	登岛交通便利程度	3	进出非常困难	进出较困难		进出较容易	进出容易
	海岛电力条件	3	较差	差	一般	好	较好
	海洋渔业	4	养殖为主,捕捞为辅	养殖、捕捞发展一般			捕捞为主,养殖较少
	旅游设施	1	非常匮乏	一般			有一定基础

11.3 猪岛开发适宜性评价

根据我国第一批"开发利用无居民海岛名录",猪岛被列入旅游娱乐用岛开发类型;本研究选择猪岛进行旅游娱乐用岛的开发适宜性评价工作。

11.3.1 以无居民岛自然属性为主的评价指标体系开发适宜性评价

（1）评价指标权重与分值

评价目标等级:适宜开发、适度开发、禁止开发。

评价准则层:对猪岛开发适宜性评价指标因子进行加权计算（表11-3）。

表11-3 猪岛开发适宜性指标权重与分值

准则层评价指标	权重	指标层评价因子平均分值
地形地貌	0.07	8
地质条件	0.06	9
水文气象	0.03	7
海洋环境	0.27	10
陆地生态	0.27	10
自然资源	0.15	5
社会条件	0.15	7

（2）评价结果

计算开发适宜度 $EI = \sum_{i=1}^{n} EI_i \times W_i = 8.5$

根据开发适宜度分级:适宜开发（$7 \leqslant EI \leqslant 10$ 分）、适度开发（$3 < EI < 7$ 分）、禁止开发（$0 \leqslant EI \leqslant 3$ 分），猪岛作为旅游娱乐用岛开发是适宜的，其主要限制因子为自然资源的匮乏和社会条件、水文气象条件的限制。

11.3.2 基于资源-生态环境-社会发展框架指标体系的适宜性评价

（1）评价指标选择

评价目标等级:适宜开发、适度开发、禁止开发。

评价准则层:对猪岛开发适宜性评价指标因子进行加权计算（表11-4）。

表11-4　猪岛开发适宜性指标权重与分值

准则层指标	指标层/要素层	指标/要素权重	指标分数
资源 B1	濒危珍稀野生动植物	0.023 8	10
	植被覆盖率	0.013 1	10
	岛陆生物多样性	0.007 2	7
	濒危珍稀海洋生物与国家级海洋保护生物	0.023 8	10
	经济鱼类总类与数量	0.007 2	5
	邻近海域海洋生物多样性	0.013 1	7
	自然景观	0.145 6	5
	人文景观	0.145 6	1
	淡水资源量	0.160 3	9
生态环境 B2	海岛面积（hm²）	0.024 3	10
	离岸距离（km）	0.024 3	7
	邻近海域海水环境质量	0.120 2	10
	邻近海域海洋沉积物质量	0.040 1	10
	台风与风暴潮发生频率	0.044 1	9
	雾天灾害频率与等级	0.044 1	7
社会发展 B3	所属海洋功能区划	0.074 3	10
	登岛交通便利程度	0.042 9	3
	海岛电力条件	0.023 1	3
	海洋渔业	0.005 8	4
	旅游设施	0.017 3	1

（2）评价结果

计算开发适宜度 $EI = \sum_{i=1}^{n} EI_i \times W_i = 6.80$

根据开发适宜度分级：适宜开发（$7 \leqslant EI \leqslant 10$ 分）、适度开发（$3 < EI < 7$ 分）、禁止开发（$0 \leqslant EI \leqslant 3$ 分），猪岛作为旅游娱乐用岛开发是适度开发类型，但是距离适宜开发评价标准值只差 0.2 分，其主要限制因子为社会发展现状。

11.3.3 评价结果差异的处理方法

由于采用两个评价指标体系来进行适宜性评价，结果会产生差异。本研究采用自然属性为主的指标体系，评价结果分值为 8.5，非常适宜搞旅游开发；而以资源－生态环境－社会发展框架的指标体系，评价结果分值为 6.8，猪岛只是适度开发的旅游用岛。评价结果产生差异性，主要是来自评价指标体系的变化，如何解决评价结果的差异，本研究提出以下建议：

（1）短板效应

短板效应就是以最差的评价结果作为最终结果，体现了以保护为目的适宜性评价理念。但是，这个结果可能会不利于无居民岛的发展，降低开发利用强度。比如猪岛按照短板效应来评价，猪岛是适度开发的旅游用岛类型。

（2）等权平均

把评价结果等权平均，避免因为短板效应造成评价结果过于保守。比如，猪岛按照自然属性为主的适宜性评价结果为 8.5 分，按照资源－生态环境－社会发展框架为主的适宜性评价结果为 6.8 分，等权平均结果为 7.7，猪岛是适宜开发型的旅游用岛。

11.4 小 结

对于不同类型的无居民海岛开发，基础评价指标的适宜性是不同的，并且同一指标因子在不同类型海岛开发适宜性评价中，适宜性是不一致的，甚至是相悖的。因此，对于无居民海岛开发适宜性评价，需要针对不同类型海岛建立对应的适宜性评价指标体系。本实例研究主要对旅游娱乐类无居民海岛开发适宜性评价指标体系进行了应用。通过大连旅顺猪岛实地调研，实例验证大连猪岛对旅游娱乐类海岛的开发适宜性评价方法。采用两种评价指标体系，层次分析法赋权重，结果表明，以无居民岛自然属性为主的指标体系的综合适宜度计算分值归于适宜开发类别；基于资源－生态环境－社会发展框架指标体系的综合适宜度计算分值归于适度开发类别，二者分值差距不大，只有 0.2 分之差。两种方法主要制约因素不同，前者主要受到自然资源指标制约，后者主要受到社会发展条件制约。但总的来说，猪岛开发适宜性介于适宜开发和适度开发之间，如果按照短板效应处理，猪岛总体上应归于适度开发类型。

第 12 章　无居民海岛保护与利用分区方法
应用——以蛤蜊岛为例

12.1　蛤蜊岛概况

12.1.1　蛤蜊岛基本情况

（1）行政区域位置

蛤蜊岛，隶属于辽宁省大连市庄河市，位于庄河城东 7.5 km 处（图 12-1）。海岛周围盛产沙蚬、海蛎等贝类产品，被誉为"东方蚬库"，由此得名"蛤蜊岛"。

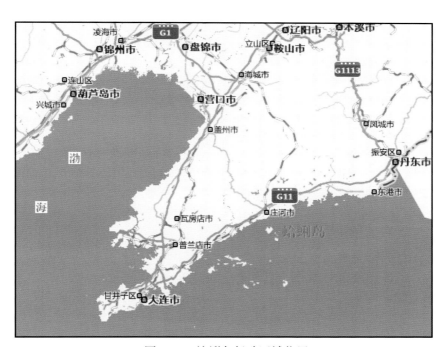

图12-1　蛤蜊岛行政区域位置

（2）地理坐标位置

蛤蜊岛位于黄海东岸、辽东半岛东岸，处于辽宁省大连市庄河的东南部，距大陆海岸最近点约 1.7 km，有人工堤坝连接，驱车可直达岛上。

海岛呈西北—东南走向，最高海拔 116.2 m，地理坐标为 39°38′33.04″—39°38′57.68″N，123°01′35.65″—123°02′28.58″E。

蛤蜊岛长约 1.2 km，宽约 0.38 km，海岸线长约 3 504 m，陆域面积 0.43 km²，滩地面积 0.13 km²。

（3）地形地貌

海岛属于侵蚀剥蚀地貌。丘坡以凸型坡为主，悬崖峭壁发育，基岩裸露，主要由前震旦系安山岩构成；丘坡坡度较陡，坡脚则坡度稍缓，有厚度不等的坡积物。海岛周围海岸线曲折，海岸线长期遭受海洋水动力侵蚀作用，海蚀穴、海蚀崖、海蚀残丘等海蚀地貌广泛发育、形态丰富。

因地势较高、坡度较陡，地表水径流经常引起土壤侵蚀，故土层浅薄，土壤发育微弱。在海拔高度 40～50 m 以上的坡地上部和顶部为岩石残积母质发育微弱的棕壤土，山体下部发育坡积棕壤等土壤类型。

蛤蜊岛四周岩石凸露，边缘受侵蚀影响较为陡峭，海岸类型为基岩海岸和沙质海岸。岛体的西南、南和东南处，共有 3 处沙滩分布，主要成分为细砂和牡蛎壳；岛的东侧，广布礁滩，形态各异，形成独特的地质景观。

根据场地周边地质调查及勘察钻孔资料结果，场地层位稳定，未发现活动断裂、构造破碎带及软弱夹层；无不良地质现象存在，场地稳定性良好。

（4）自然生态

1）气候概况

蛤蜊岛及其周边区域为温带季风气候，具有海洋性气候特点，气候温和湿润，夏季多雨，冬季干燥，冬季盛行北风，夏季盛行南风。多年平均气温在 8.4～10.3℃之间，平均最低气温 4.6℃。多年平均风速 2.6～2.8 m/s，受台风影响，最大风速出现在 7、8 月份，为 24 m/s。多年平均降水量为 800 mm 左右，降水主要集中在夏、秋汛期季节的 6—9 月，尤其 7—8 月最多，该时段内降雨量占全年降水量的 80%。雨量的年际变化相差悬殊，年内分配更为明显。土层标准冻结深度为 0.90 m，最大冻结深度为 1.2 m，一般 10 月下旬至 11 月上旬表层土壤开始冻结，11 月下旬至翌年 3 月下旬为土壤封冻期，3 月下旬至 4 月上旬土壤解冻。区内主要灾害性天气有洪涝、风、冰雹。

2）海洋水文

本区位于庄河市海岸线中部，黄海北部潮汐带，三河入海口海域水深较浅，现状高程在 -1.5～-0.2 m，东南方向为开敞海域，海滩平坦，海底坡度约 1/500。全区南面黄海北部，地势较缓，自远海传来的海浪在传播中逐步衰减，当波浪到达本区时波高已变较小。各季节以 7 月份波向分布较集中，4、10 月份波向分布较分散。平均波高夏季大于春季，并以春季最小。海面冰期 3 个月左右，12 月和翌年 1、2 月份冰厚 20～30 cm。潮汐为正规半日潮，即每 24 h 50 min 出现两次高潮和两次低潮。涨潮时为 6 h 12.5 min，落潮时为 6 h 12.5 min。

3）周边海域生态

蛤蜊岛处于三河汇流入海区，受人工堤坝、围海养殖、港口工业、陆源污水的影响，近岸局部海域达到轻度污染程度，主要污染物是无机氮、磷酸盐和油类，海域沉积物环境质量总体状况较好。

（5）资源情况

1）海岛岸线资源

蛤蜊岛位处庄河湾海滨，岸线总长 3 504 m。海岛周围以基岩岸线为主，长约 3 078 m；岛体西南、南部和东南侧为砂质岸线，总长度为 426 m；海岛东部礁滩密布。海域水深普遍在 1 ~ 3 m。

2）动植物

海岛生态环境良好，周边海域水产资源丰富，适合鸟类栖息和繁殖，特别是每年春秋两季有较多数量的海鸥等迁徙鸟，在岛上栖息与繁殖。陆上动物以两栖类、爬行类、鸟类为主，海岛上的原生动物有蛇、松鼠、野鸡、獾子等，均为一些常见种类，海岛调查中未发现有珍稀动物种类。周边岛礁、滩涂水产资源丰富，盛产色蛤、海蛎等贝类产品。

蛤蜊岛的天然植被类型以常绿针叶林、落叶阔叶林、落叶灌丛和草丛为主。木本植物以松、槐、枫、藤为主，草本植物以芍药、合欢、小叶菊为主。岛上植被覆盖率高，植被盖度达 90% 以上（图 12-2）。

图12-2　蛤蜊岛植物

3）旅游资源

蛤蜊岛具有较为丰富的旅游资源，包括海蚀地貌景观、沙滩、宗教庙宇等（图 12-3、图 12-4），典型的暖温带季风性海洋气候也使其成为避暑胜地。

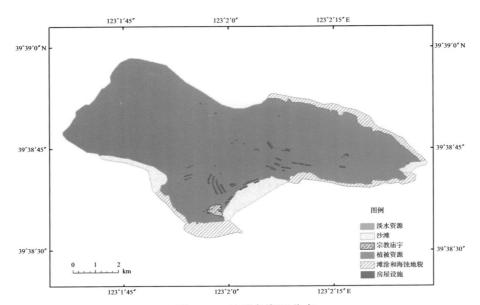

图12-3 蛤蜊岛资源分布

　　岛上分布有三处沙滩，分别位于岛的西南部、南部和东南部。最大的沙滩位于海岛南部海湾内，呈新月形，东北一西南走向，沙滩长约400 m，宽50 m，沙滩面积约20 000 m²。沙滩以细沙为主，夹杂少量磨圆较好的牡蛎壳。另外两处沙滩规模较小，总面积约4 026 m²，且沙滩附近礁石广泛分布。沙滩低潮线以下不远即为粉砂等细粒沉积，沙滩总沙量不大，任何原因都可引发沙滩侵蚀，因沙源供应的陆域面积太小，很难自然补充恢复。

图12-4 蛤蜊岛海蚀地貌景观

　　蛤蜊岛东侧悬崖耸立，岩石裸露，多发育海蚀穴、海蚀崖、海蚀残丘等海蚀地貌。礁石形态各异，具有很高的观赏价值，其中比较著名的旅游景点有莲台观音、母子拜佛、守岛雄狮、扇贝石、骆驼石等。

海岛岛顶西南部的甘露寺建筑群，作为人文景观，也成为蛤蜊岛的旅游特色之一。

4）淡水资源

根据区域水文地质普查资料，蛤蜊岛地下水类型主要有以下两类。

松散岩类孔隙潜水：主要分布低洼山谷处，含水层岩性主要为全新世和晚更新世海积层和冲洪积层，含水层厚度 2 ~ 3 m，水质易污染。

基岩裂隙水：这里主要指裂隙孔隙水。含水岩组的空隙由成岩裂隙、构造裂隙、风化裂隙复合而成，其地下水埋藏较浅，分布较均匀。

5）渔业资源

海岛周边滩涂、礁石广布，是鱼、虾、蟹、贝、藻等海洋生物栖息、繁殖的优良场所，尤其盛产色蛤、文蛤等。

12.1.2 蛤蜊岛及周边开发利用情况

（1）海岛陆域开发利用情况

目前，海岛已实施的开发利用活动主要有：道路、广场、房屋、寺庙、沙滩浴场、码头、青少年拓展教育训练营、发电机房及淡水配套工程等基础设施的建设以及植树造林工程等。

1）道路建设

目前岛上完成进岛和环岛观光道路建设逾 7 500 m。道路宽 5 ~ 6 m，其中 5 500 m 已铺设柏油，尚有 2 000 m 急需护坡处理及路面改造。

2）广场建设

根据"蛤蜊岛公主"传说，在海岛顶部中间位置修建了蛤蜊岛公主雕塑广场。广场略呈边长为 37 m 左右的矩形；蛤蜊公主雕塑坐落于广场中央，高约 7 m。

3）度假村

蛤蜊岛旅游度假村主要为 2009 年以前修建，房屋结构为砖瓦结构，主要分布于南部沙滩的西北部平缓山坡处。

4）影视基地

2009 年，由辽宁省委、省政府批准，省委宣传部立项辽宁电影制片厂拍摄的 20 集电视连续剧《不能没有娘》，在蛤蜊岛旅游度假区进行拍摄；并建设了景观场景 —— 渔村渔家、渔村民居、渔村学校、渔村养虾场、村委会计绿化等配套设施。

5）寺庙建设

在海岛岛顶西南部濒临悬崖处，修建甘露寺建筑群，其中包括甘露殿 1 座，观音拜佛台 1 座，流通处 1 座，山神庙 1 处。

6）沙滩浴场

蛤蜊岛南部沙滩长开发利用较好，已建设浴场凉棚 6 座、舞台 1 座、海边自动升降遮阳大伞 12 个，在沙滩东北端建有长约 35 m，宽约 11 m 的游艇码头。其他两处沙滩尚未开发。

7）养贝场建设工程

2003 年大连海通水产食品有限公司在拦海大坝以西，依托简易渔业码头，借用蛤蜊岛旅游度假区场地，建立养贝场，主要作为附近海域贝类养殖产品的集散地，同时也为当地村民

1 进岛道路　　2 蓄水池　　3 环岛道路　　4 移动通讯信号塔
5 蛤蜊公主雕塑广场　6 太阳能供热装置　7 水塔　　8 沙滩2
9 青少年拓展训练基地　10 电力设施　　11 影视基地　　12 沙滩3
13 旅游度假村　　14 沙滩1　　15 甘露寺及拜佛台　16 简易渔业码头
17 贝类养殖场　　A 拦海大坝　　B 围填海　　C 底播养殖

图12-5　蛤蜊岛及其周边开发利用活动

停靠船舶所公用。养殖场内建有办公房、宿舍房各1栋、仓库1排，并建设有停车场和区内道路。

8）青少年拓展教育训练营

2009年度假区引入TT战士品牌真人CS野战基地，开展环岛真人CS野战、定向越野、拓展训练、孤岛求生、青少年夏令营等活动。

9）淡水配套工程

目前，蛤蜊岛有水井3口，蓄水池2座，水塔6个。岛上原有一处水井，为解决淡水资源紧张的问题，2005年新增一口直径6 m，深10 m的淡水井。2008年以来，为彻底解决用水问题，先后修建蓄水池 2 座、水塔 6 个，打井 2 口。蓄水池蓄水容量分别为 200 m³ 和 400 m³，水塔则分别为 200 m³ 和 100 m³。

10）电力设施建设

2008 年，岛上建造电力设施 1 栋，内设 80 kW 柴油发电机 2 台、18 kW 发电机 1 台。2009 年，蛤蜊岛度假区铺设 2 000 m 海底电缆，岛上建 200 kW 变电所，基本能够满足目前岛上用电需求。

11）移动通讯信号塔

在蛤蜊公主雕塑广场西南部，建造移动公司通讯信号塔 1 座，高约 20 m；在其东部山坡上，建造联通公司的通讯信号塔，高约 7 m。

12）太阳能装置

在蛤蜊公主雕塑广场东部山坡上修建了太阳能装置。其中装置 1 太阳能电池板约为 5 m×2 m，主要为联通通讯信号塔提供能源；装置 2 太阳能电池板大小约为 15 m×10 m，主要为度假村淋浴热水提供能源。

13）林木种植

蛤蜊岛属于无居民海岛，岛上植被以常绿针叶林、落叶阔叶林、落叶灌丛和草丛为主。项目业主自承包蛤蜊岛以来，多次进行植树造林及景点绿化。在岛上种植树种以银杏、杨柳、樱桃等树种为主，种植区域遍布全岛。

（2）周边海域开发利用情况

蛤蜊岛周边的开发利用活动主要包括拦海大坝、影视基地休闲垂钓区的修建以及海岛附近的底播养殖等。

为了方便大陆与海岛之间的交通，1982 年在蛤蜊岛西北侧与陆地之间修建了长 1 700 m 的拦海大坝。但是，由于大坝建设严重改变了岛屿周边的水动力条件，导致大坝附近滩涂形成了厚约 1.3 m 的淤泥沉积，致使曾经的"东方蚬库"贝类大量死亡。

蛤蜊岛以北、拦海大坝以东区域，依托海岛岸线填海约 1.031 1 hm²，围海约 13.275 4 hm²。海岛周围有附近村民的底播养殖用海和滩涂养殖，并已取得养殖用海海域使用权。

12.1.3　蛤蜊岛已开展的保护情况

2003 年 6 月以来，不断在岛上植树造林。现在岛上的经济林木主要是银杏、杨柳及其桃树等。目前岛上除房屋建筑、道路、广场和基础设施的建设对岛体地形地貌有一定影响外，岛上生态基本未受到破坏。

12.2　无居民海岛生态景观分类与空间格局分析

根据无居民海岛的自然特征及其土地利用现状，同时考虑到研究区不同地物的光谱特征及在遥感影像的反映，将无居民海岛景观类型划分为自然景观和人工景观。

完成景观类型的信息提取工作，并对结果进行统计分析。为了更好地定量分析无居民海岛的景观空间格局特征，选择基本空间格局指标（多样性、均匀度及优势度）、景观空间构型指标（聚集度、破碎化）等景观格局指数，作为定量分析的依据。

12.3　蛤蜊岛保护与利用分区方法研究

12.3.1　源的确定

根据蛤蜊岛的实际情况，本岛确定源对象包括：海岸线、沙滩、海蚀地貌、海岛植被、宗教庙宇、淡水资源。

源确定的理由如下。

（1）海岸线

海岸线是海岛与海域的分界线，是界定海岛的重要依据，因此，保护海岸线具有重要意义。

（2）沙滩

蛤蜊岛沙滩沙质细腻，最大沙滩面积约 20 000 m²，具有较高的旅游观光价值。但是由于总沙量不大，极易引发沙滩侵蚀；另外，由于海岛孤悬，任何原因引发周边水动力、泥沙动力变化，都可能造成沙滩景观改变或消失。因此将沙滩列为保护对象。

（3）海蚀地貌景观

海岛岩层直接受海浪的冲刷营力作用，海蚀地貌广布，主要有海蚀崖、海蚀洞、海蚀残丘等地貌类型，构成了独特的海蚀地貌景观。比如金鸡祈福、潮汐洞、骆驼石、母子拜佛等奇礁异石，具有很高的观赏价值，又具有很高的科学研究价值。

（4）海岛植被

蛤蜊岛植物类型均为普通常见种类，无珍稀物种，但由于生长茂盛，不仅为岛上的小型生物提供良好的栖息场所，而且起到了重要的防止水土流失的作用，因此需要加以保护。

（5）宗教庙宇

甘露寺、拜佛台为岛上的人文建筑，增加了海岛的宗教色彩，丰富了当地的人文景观，因此应对其加以保护。

（6）淡水资源

蛤蜊岛淡水资源取自地下水，对海岛开发、植被保护、旅游娱乐都显得弥足珍贵，因此对蛤蜊岛淡水要加以保护。

将上述源信息进行空间矢量化。

12.3.2　阻力面的确定及赋值

从海岛固有生态属性、海岛土地的外延生态属性两方面考虑，建立景观过程阻力面，主要包括 4 个方面：高程、景观类型、生态敏感性、生态价值等。

（1）高程的获取

应用蛤蜊岛调查获取的等高线信息，获取其高程信息（图 12-6）。蛤蜊岛的高程值在 0 ~ 115 m。

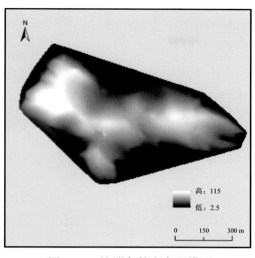

图12-6　蛤蜊岛数字高程模型

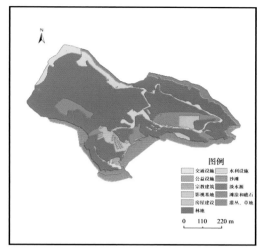

图12-7　蛤蜊岛景观类型

（2）景观类型获取

采用 2010 年 9 月 TM 多光谱卫星遥感数据，应用人机交互式的方法对蛤蜊岛的景观进行信息提取。获取资源分布图（图 12-7）。

（3）生态敏感性（坡度、植被覆盖度）

坡度：采用 ArcGIS 软件，利用 DEM、高程数据计算得到蛤蜊岛的坡度图（图 12-8）。其坡度值为 0 ～ 67.062 7。

植被覆盖度：根据植被覆盖度的计算公式，在 NDVI 图像中，选择 $NDVI_{min} = 0.000\,337$ 和 $NDVI_{max} = 0.512\,219$；带入下面公式进行计算，获取植被覆盖度专题图（图 12-9），因为所采用的计算 NDVI 的数据为 TM，空间分辨率为 30 m，为方便后面数据的处理，将其结果重新采样到 5 m×5 m。

(b1 lt 0.000 337)*0+(b1 gt 0.0.512 219)*1+(b1 ge 0.000 337 and b1 le 0.512 219)*(b1−0.000 337)/(0.512 219−0.000 337)

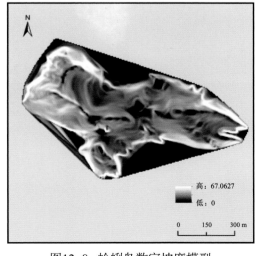

图12-8　蛤蜊岛数字坡度模型

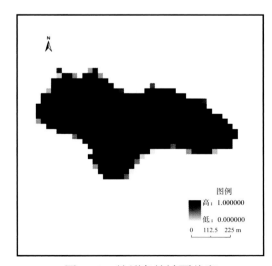

图12-9　蛤蜊岛植被覆盖度

（4）生态价值

蛤蜊岛的生态价值，可以通过蛤蜊岛水源地到海岛空间各个像元的距离及蛤蜊岛的归一化植被指数 NDVI，采用分类矩阵法来实现。

在评价过程中，对单因子要素阻力赋值，采用 5 个级别，分别用 1，2，3，4，5 表示，阻力分值通过专家咨询打分方式获得。对生态敏感性进行评价时，根据海岛的特点，选取了坡度、植被覆盖度 2 个要素作为评价单元；对生态价值评价时，采用分类矩阵法，分析海岛空间各个像元距离水体像元的距离与归一化植被指数（NDVI）之间的关系。景观过程阻力值赋值表见表 12-1 至表 12-3。

表12-1　固有的生态因子景观过程阻力赋值表

生态保护用地扩张阻力值	高程（m）	景观类型	海岛开发用地扩张阻力值
1	> 74	林地、沙滩、滩涂礁石、淡水源	5
2	> 46～74	灌丛、草地	4
3	> 26～46	交通设施	3
4	> 12～26	影视基地、公益设施	2
5	2.5～12	房屋建设	1

表12-2　生态敏感性景观过程阻力赋值表

生态保护用地扩张阻力值	坡度	植被覆盖度	海岛开发用地扩张阻力值
1	> 35	> 85～100	5
2	> 25～35	> 60～85	4
3	> 15～25	> 40～60	3
4	> 8～15	> 20～40	2
5	0～8	0～20	1

表12-3　生态价值的景观过程阻力赋值表

生态保护用地扩张阻力（海岛开发用地扩张阻力）		距离最近水体距离（m）				
		0～100 (1)	> 100～200 (2)	> 200～300 (3)	> 300～400 (4)	> 400 (5)
NDVI	> 0.4	1 (5)	1 (5)	2 (4)	2 (4)	2 (4)
	> 0.3～0.4	1 (5)	2 (4)	2 (4)	3	3
	> 0.1～0.3	2 (4)	3 (3)	3 (3)	4 (2)	4 (2)
	> 0～0.1	2 (4)	3 (3)	4 (2)	4 (2)	4 (2)
	< 0	3 (3)	4 (2)	5 (1)	5 (1)	5 (1)

12.3.3　最小累计阻力值结果

景观阻力评价单元为 5 m×5 m 的栅格，两个过程的最小累积阻力计算利用 Arc GIS 空间分析中的 Cost-distance 模块实现。计算结果如图 12-10、图 12-11 所示。根据模型计算得到两种阻力的差值表面，如图 12-12 所示。

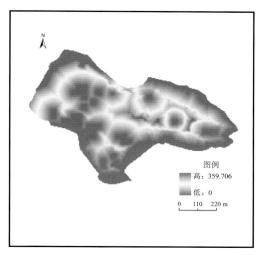

图12-10　生态保护用地扩张最小阻力

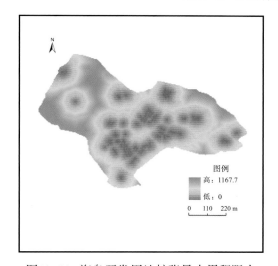

图12-11　海岛开发用地扩张最小累积阻力

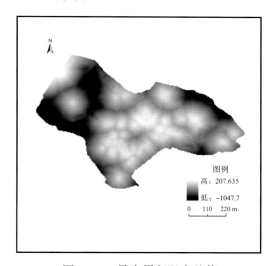

图12-12　最小累积阻力差值

12.3.4　保护与利用分区阈值选择

根据蛤蜊岛最小累积阻力差值及拐点图（图 12-13），最小累积阻力差值中 -127.12 和 82 可被视为突变点，将这两个值作为分区阈值，得到蛤蜊岛的保护与利用分区阈值区间（表 12-4）。

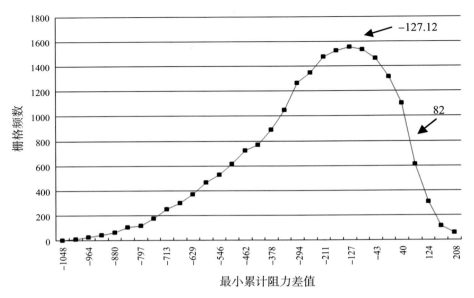

图12-13 蛤蜊岛最小累计阻力差值及拐点

表12-4 蛤蜊岛保护与利用分区阈值区间

类别	像元值区间	像元个数
保护区	−1 047.69～−127.12	13 656
保留区	−127.12～0	4 388
重点开发区	0～82	1 645
优化开发区	82～207.64	468

12.3.5 保护与利用分区结果

根据表12-4中的分区区间结果，得到蛤蜊岛保护与利用分区结果如图12-14所示。保护区面积约0.34 km²，占总研究区面积的68%；保留区面积约0.11 km²，占总研究区面积的22%，适度开发利用区面积约0.04 km²；优化开发利用区面积约0.01 km²。生态保护用地面积总和0.45 km²，占研究区总面积的90%，海岛开发利用地面积总和0.05 km²，占研究区总面积的10%。

保护区以生态保护源为核心，远离人类活动的集中地带，作为景观保护、涵养水源、提高植被覆盖度和维护整体生态的核心区。蛤蜊岛的保护区主要以植被覆盖区为主，另外除码头以外的海岸线也在保护区范围内。保留区为保护区与开发利用区间的生态缓冲区，主要分布在保护区的外围，对维护保护区的生态安全具有关键作用。保留区的存在保护了保护区免受直接干扰，对保留区，在避免破坏重要生态功能区和生态过程的前提下进行。适度开发利用区为具有一定开发利用优势的地区，在保护海岛自然生态的前提下可适当开发利用土地；

蛤蜊岛的适度开发利用区主要以度假村、拓展教育训练营、影视基地的周边区域为主。优化开发利用区为已经具有一定开发利用强度的区域，作为人类活动的核心地带。主要集中在目前开发力度较大的广场、贝类养殖场、影视基地居住区。

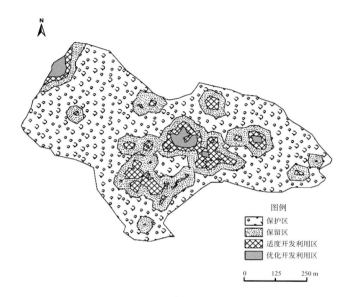

图例
保护区
保留区
适度开发利用区
优化开发利用区

0   125   250 m

图12-14 蛤蜊岛保护与利用分区

12.4 小 结

2011 年 5 月 26 日国家海洋局印发《县级（市级）无居民海岛保护和利用规划编写大纲》的通知中规定，单岛保护区面积一般不小于单岛总面积的 1/3；单岛保护区可以根据实际情况设定一处或多处。本研究得到的保护区面积占全研究区的 68% 满足其规定；同时保护区也根据实际情况被其他区域分割成多个斑块。明确指出了适宜开发利用的区域、适宜保护的区域，可为制定开发利用具体方案提供依据。

无居民海岛保护与利用分区反映的是针对海岛生态保护所做的一种范围界定。本研究尝试用最小累积阻力模型模拟无居民海岛的生态空间扩张过程，通过两个过程的最小累积阻力的差值分析确定生态空间的保护与开发利用性，实现保护与利用分区，明确适宜开发利用和保护的具体位置等，为区域的开发建设提供支持。

结　语

发展海洋事业，建设海洋强国，是我国走向现代化实现中华民族伟大复兴的必由之路。海岛地区作为我国经济社会发展中的特殊区域，在经济发展、环境保护、权益维护等多个方面都发挥着极其重要的作用。为保护海岛生态环境，促进海岛地区经济社会可持续发展，落实《海岛保护法》所确定的海岛保护规划制度，本书就海岛保护与利用规划编制技术进行了探讨，初步构建了基于生态系统的海岛保护与利用规划编制的技术方法体系，为当前我国海岛保护与管理提供了参考。纵观我国土地规划、城乡规划编制技术的发展历程，规划编制技术往往会随着政府、市场之间的关系，尤其是生态保护与社会经济发展主体责任之间的关系而发生调整。随着海洋强国战略、海洋生态文明建设和21世纪海上丝绸之路的推进和实施，海岛地区经济社会发展不断加快，海岛保护与管理的新问题将不断呈现，对海岛保护规划的新要求也将不断提出。在后续的工作中，我们将进一步扩展研究的深度和广度，深化基于生态系统的海岛保护与利用规划编制技术的研究，为推进海岛保护与管理的制度化和科学化提供参考，为促进我国海岛地区的可持续发展贡献力量。

参考文献

曹卫东, 曹有挥, 吴威, 等. 2008. 县域尺度的空间主体功能区划分初探[J]. 水土保持通报, 28(2): 93–97.

陈利顶, 傅伯杰, 徐建英, 巩杰. 2003. 基于"源—汇"生态过程的景观格局识别方法——景观空间负荷对比指数[J]. 生态学报, 23 (11): 24062–2413.

楚道文. 2002. 景观生态学概念起源与发展[J]. 山东师大学报(自然科学版), 17 (1) : 54–57.

杜博. 国家海洋局出台"海十条", 确保海洋工作为国家扩大内需, 促进经济平稳较快发展服务[EB/O1]. http://politics. people. com. cn/GB/1026/8497993. html. 2008–12–10.

福建省海洋开发管理领导小组办公室. 2005. 福建省无居民海岛保护与利用总体规划[R]. 厦门: 福建海洋研究所.

付青, 吴险峰. 2006. 我国陆源污染物入海量及污染防治策略[J]. 中央民族大学学报 (自然科学版), 15(3): 213–217.

高波. 2007. 基于DPSIR模型的陕西水资源可持续利用评价研究[D]. 西北工业大学.

高国力, 2007. 我国主体功能区划分及其分类政策初步研究[J]. 宏观经济研究, (4): 3–10.

龚明, 张鹰, 张芸. 2009. 卫星遥感制图最佳影像空间分辨率与地图比例尺关系探讨[J]. 测绘科学, 34 (4): 232–233.

国家海洋局. 2004. 无居民海岛保护与利用管理规定 (2003年6月17日国海发[2003]10号发布) [J]. 新法规月刊, I: 38–40.

郭仕德, 林旭东, 马廷. 2004. 高空间分辨率遥感环境制图的几个关键技术研究[J]. 北京大学学报 (自然科学版), 40 (1): 116–120.

郭显光. 1998. 改进的熵值法及其在经济效益评价中的应用[J]. 系统工程理论与实践, 12: 98–102.

韩立民, 王爱香. 2004. 保护海岛资源, 科学开发和利用海岛[J]. 海洋开发与管理, 21(6): 30–33.

何广顺, 王晓惠, 赵锐, 等. 2010. 海洋主体功能区划方法研究[J]. 海洋通报, 29(3): 334–341.

胡增祥, 徐文君, 高月芬. 2004. 我国无居民海岛保护与利用对策[J]. 海洋开发与管理, 21(6): 26–29.

胡忠行, 朱爱珍. 2002. 天台山国家风景名胜区旅游环境容量分析[J]. 海南师范大学学报 (自然科学版), (4): 76–80.

黄发明, 谢在团. 2003. 厦门市无居民海岛开发利用现状与管理保护对策[J]. 台湾海峡, 22(4): 531–536.

冀渺一. 2006. 海岛环境资源的利用与保留——论海岛保护性开发原则[D]. 青岛: 中国海洋大学.

李纪宏, 刘雪华. 2006. 基于最小费用距离模型的自然保护区功能分区[J]. 自然资源学报, 21 (2) : 217–224.

李瑾, 安树青, 程小莉, 王云静, 卓元午, 覃风飞. 2001. 生态系统健康评价的研究进展[J]. 植物生态学报, 25(6): 641–647.

李珊, 谢健. 无居民海岛开发相关技术问题研究——以广东省为例[N]. 中国海洋报, 2005–03–20.

李书楷. 2003. 遥感时空信息集成技术及其应用[M]. 北京: 科学出版社.

李杨帆, 朱晓东, 刘青松. 2003. 我国无人岛保护与持续利用途径研究: 生境更新的方法及应用[J]. 农村生态环境, 19(2): 20–23.

廖连招. 2007a. 无居民海岛保护规划编制与厦门案例研究[J]. 海洋开发与管理, 24(4): 26–3l.

廖连招. 2007b. 厦门无居民海岛猴屿生态修复研究与实践[J]. 亚热带资源与环境学报, 2(2): 57–61.

林岳夫. 2003. 厦门市无居民海岛保护与利用管理办法开始实行[J]. 海洋信息, 1: 32.

刘伯恩. 2004. 无居民海岛土地资源开发与合理利用的法律思考[J]. 国土资源, 1: 28–30.

刘容子, 齐连明, 等. 2006. 我国无居民海岛价值体系研究[M]. 北京: 海洋出版社.

刘孝富, 舒俭民, 张林波. 2010. 最小累积阻力模型在城市土地生态适宜性评价中的应用——以厦门为例 [J]. 生态学报, 30 (2): 0421–0428.

卢江宁, 张弘, 刘林林. 2012. 辽宁省海岛工作综述[J]. 海洋开发与管理, 29(4): 30–33.

吕永林, 蔡继晗, 高元森. 2007. 浅析温州沿海无居民海岛保护与开发管理[J]. 海洋开发与管理, 24(2): 47–53.

麻德明, 丰爱平, 石洪华, 等. 2012. 无居民海岛功能定位初探[J]. 测绘与空间地理信息, 35(3): 27–29.

马苏群, 倪定康, 翁良才. 2000. 论舟山市无人岛屿的开发与管理[J]. 浙江海洋学院学报(人文科学版), 17(4): 39–44.

马志远. 2008. 城市化压力的海岛生态系统健康评价研究[D]. 厦门: 国家海洋局第三海洋研究所.

毛汉英, 余丹林. 2001. 区域承载力定量研究方法探讨[J]. 地球科学进展, 16(4): 549–555.

毛赞猷, 周良, 周占鳌, 韩雪培. 2008. 新编地图学教程. [M]. 北京: 高等教育出版社.

潘正风, 杨正尧. 2001. 数字测图原理与方法[M]. 武汉: 武汉大学出版社.

任海, 李萍, 周厚成, 等. 2001. 海岛退化生态系统的恢复[J]. 生态科学, 20(1–2): 60–64.

石洪华, 郑伟, 丁德文. 2009. 海岸带主体功能区划的指型研究[J]. 海洋开发与管理, 26(8): 88–96.

沈国英, 等. 2010. 海洋生态学[M]. 北京: 科学出版社.

司友斌, 王慎强, 陈怀满. 2000. 农田氮、磷的流失与水体富营养化[J]. 土壤, 04: 188–193.

疏震娅. 2008. 试论我国海岛立法的必要性[J]. 政府法制, 15: 22–23.

宋婷, 朱晓燕. 2005. 国外海岛生态环境保护法律制度对我国的启示[J]. 海洋开发与管理, 22(3): 14–18.

宋延巍. 2006. 海岛生态系统健康评价方法及应用[D]. 青岛: 中国海洋大学.

唐剑武, 叶文虎. 1998. 环境承载力的本质及其定量化初步研究[J]. 中国环境科学, 18(3): 227–230.

唐军武, 田国良, 汪小勇, 王晓梅, 宋庆君. 2004. 水体光谱测量与分析I: 水面以上测量法[J]. 遥感学报, 8 (1): 37–44.

王开运, 等. 2007. 生态承载力符合模型系统与应用[M]. 北京: 科学出版社.

王联兵. 2010. 宁夏旅游主体功能分区研究[D]. 西北大学.

王琪, 许文燕. 2011. 中国无居民海岛开发的历史进程与趋势研究[J]. 海洋经济, 1(5): 16–24.

王权明, 苗丰民, 李淑媛. 2008. 国外海洋空间规划概况及我国海洋功能区划的借鉴[J]. 海洋开发与管理, 25(9): 5–8.

王森, 袁栋. 2007. 无居民海岛使用权转让问题探讨[J]. 中国海洋大学学报(社会科学版), (3): 5–8.

邬建国. 2000. 景观生态学——格局、过程、尺度与等级[M]. 北京: 高等教育出版社.

吴建义, 朱志海. 2008. 建立联席会议制度加强无居民海岛的保护和利用管理[J]. 海洋开发与管理, 25(6): 29–33.

吴姗姗. 2011. 我国海岛保护与利用现状及分类管理建议[J]. 海洋开发与管理, 28(5): 40–44.

卞利贤, 刘宝义, 柳庆斌, 等. 2002. 海岛水土保持生态建设及其效益[J]. 中国水土保持, 2: 34–36.

夏梁省, 楼东. 2012. 浙江省海岛资源分类及开发模式研究[J]. 浙江万里学院学报, 25(2): 4–7.

夏梁省, 楼东. 2012. 浙江省海岛资源分类及开发模式研究[J]. 浙江万里学院学报, 02: 4–7+12.

辛红梅. 2007. 基于景观格局海岛生态系统风险评价方法[D]. 中国海洋大学.

邢晓军. 2005. 马尔代夫海岛开发考察[J]. 海洋开发与管理, 22(2): 41–43.

徐祥民, 李海清. 2006. 生态保护优先——制定海岛法应贯彻的基本原则[J]. 海洋开发与管理, 23(2): 66–70.

杨斌, 程巨元. 1999. 农业非点源氮磷污染对水环境的影响研究[J]. 江苏环境科技, 03:19–21.

杨伟民. 2008. 推进形成主体功能区优化国土开发格局[J]. 经济纵横, (5): 17–21.

杨文鹤. 2000. 中国海岛[M]. 北京:海洋出版社, 61–62.

杨曦光, 黄海军, 严放. 2012. 基于决策树方法的海岛土地利用类型分类研究[J]. 国土资源遥感, 2: 116–120.

叶属峰, 等. 2012. 长江三角洲海岸带区域综合承载力评估与决策：理论与实践[M]. 北京: 海洋出版社.

俞孔坚. 1999. 生物保护的景观生态安全格局[J]. 生态学报, 19 (1): 8215.

俞孔坚. 生物保护的景观生态安全格局[J]. 生态学报. 1999, 19 (1): 8215.

张大弟, 陈佩青. 1997. 上海市郊4种地表径流及稻田水中的污染物浓度[J]. 上海环境科学, 16(9): 4–6.

张冉, 张珞平, 方秦华. 2011. 海洋空间规划及主体功能区划研究进展[J]. 海洋开发与管理, 28(9): 16–20.

张岩. 2009. 海岛县主体功能区划研究——以玉环县为例[D]. 辽宁师范学院.

张予晗. 国家海洋局三定方案[EB/O1]. http://www.chinaorg.cn/zt/zt/2008–07/17/content 5229497. html. 2008–07–17.

张元和, 苗永生, 孔梅, 等. 2000. 关注无人岛——浙江省无人岛的开发与管理[[J]. 海洋开发与管理, 17(2): 26–30.

周静. 2003. 我国中部沿海陆域与海岛土壤属性差异的研究[J]. 土壤学报, 40(3).

朱高儒, 董玉祥. 2009. 基于公里网格评价法的市域主体功能区划与调整：以广州市为例[J]. 经济地理, 29(7): 1097–1102.

朱坚真. 2008. 海洋区划与规划[M] . 北京: 海洋出版社, 92–93.

BOYES S J. ELLIOTT M, SHONAM. 2007. Aproposed multiple-use zoning scheme for the Irish Sea.interpretation of current legislation through the use of GIS-based zoning approaches and effectiveness for the protection of nature conservation interests[J]. MarinePolicy, (31): 287–298.

DOUVERE F, EHIER C. 2009. New perspectives on sea use management: Initial findings from European experience with marine spatial planning1[J]. Journal of Environmental Management, 90: 77–88.

DOUVERE F. 2008. The importance of marine spatial Planning in advancing ecosystem-based sea use management[J]. MarinePolicy, (32): 762–771.

EHLER C, DOUVERE F. 2009. Marine spatial planning: a step-by-step approach toward ecosystem-base management[M]. Pairs：Intergovernmental Oceanographic Commission, 35–36.

EHLER C. 2008. Conclusions: Benefits, lessons learned, and future challenges of marine spatial planning[J]. MarinePolicy, (32): 840–843.

FORMAN T. 1983. Corridors in Landscape[J]. Their Ecological Structure and Function. Ekologia(CSSR), (2): 375–378.

FORMAN T, H M. 1995. The ecology of landscape and region. [M]. Cambridge University Press.

GILLILAND P M, LAFFOLEY D. 2008. Key elements and steps in the process of developing ecosystem－based marine spatial planning[J]. MarinePolicy, (32): 787–796.

GOSSLING S. 2001. The consequences of tourism for sustainable water use on a tropical island: Zanzibar, Tanzania[J]. Journal of Environmental Management, 61: 179–191.

ION S Hardlino, MICHAEL J W. 1997. An Ecoregion Classification of the South Island, New ZealandtJ]. Journal of Environmental Management, 51: 275–287.

KAAAPEN J P, Scheffer M H B. 1992. Estimating habitat is olation in landscape[J]. Landscape and Urbain Planning, 23: 1216.

KASS M, WITKIN A T. 1988. Snake: Active contour models. International Journal of computer Vision, 1(4): 321–331.

KENNETH R. 1998. Introductions to the special issue on a modern role for traditional coastalmarine resource management systems in the Pacific Islands[J]. Ocean and Coastal Management, 40: 99–103.

Kronvang B. Bruhn A. J.. 1996. Choice of sampling strategy and estimation method for calculating nitrogen and phosphorus transport in small lowland streams[J]. Hydrological Processes. 10(11): 1483–1501.

LEAN G. 1994. Early warnings from small islands[J]. Choices, 3(3): 27–30.

MATTHEW E, WATTS A, BALL I R, et a1. 2009. Marxan with Zones：Software for optimal conservation based land and sea-usezoning[J]. Environmental Modelling＆Software, (24): 1513–1521.

PORTMAN M E. 2007. Zoning design for cross-border marine protected areas：the Red Sea MarinePeace Park case study[J].Ocean&Coastal Management, (5): 499–522.

RAPPORT D J. 1989. What constitutes ecosystem health? Perspectives in Biology and Medicine, 33: 120–132.

SCHAEFFER D J, HENRICKS E E, KERSTER H W. 1988. Ecosystem health. 1. Measu ringecosystem health. Environ-mental Management , 12: 445-455.

The White House Council on Environmental Quality. Interim framework for effective coastal and marine spatial planning. Interagency ocean policy task force[EB/OL].(2009-12-14) [2010–10–23]. http: // www.Whitehouse. Gov/administration /eop /Ceq /initiatives /oceans /interim－framework.